VANADIUM-BASED
HYDROGEN STORAGE ALLOYS

钒基储氢合金

杭州明 著

化学工业出版社
·北京·

内容简介

本书系统介绍了储氢技术，重点聚焦于钒基储氢合金这一先进材料。内容从储氢技术概述与挑战切入，详细阐述了钒基合金的储氢原理、种类划分及其核心特点。随后，本书深入探讨了多种合金制备工艺（如熔炼法、机械合金化法）和微观结构的表征手段（如X射线衍射、电镜分析），并全面介绍了其热力学、动力学等关键性能的测试方法。最后，通过大量实验研究，具体分析了多种成分（如Ti-V-Fe-Zr系）的钒基合金的微观结构及其对储氢量、循环稳定性等性能的影响，为高性能储氢材料的研发提供了重要的理论与技术支撑。

本书可供氢能、储氢技术以及材料科学等相关领域的科研人员、工程技术人员和高校师生参考。

图书在版编目（CIP）数据

钒基储氢合金 / 杭州明著. -- 北京 : 化学工业出版社，2025. 11. -- ISBN 978-7-122-49363-7

Ⅰ. TG139

中国国家版本馆 CIP 数据核字第 2025FQ5702 号

责任编辑：韩霄翠　仇志刚　　文字编辑：李　玥
责任校对：王　静　　装帧设计：王晓宇

出版发行：化学工业出版社
（北京市东城区青年湖南街 13 号　邮政编码 100011）
印　　装：北京天宇星印刷厂
710mm×1000mm　1/16　印张 12　字数 208 千字
2025 年 12 月北京第 1 版第 1 次印刷

购书咨询：010-64518888　　售后服务：010-64518899
网　　址：http://www.cip.com.cn
凡购买本书，如有缺损质量问题，本社销售中心负责调换。

定　　价：118.00 元

前言

PREFACE

在当今世界，能源问题已然成为全球关注的焦点。传统化石能源的日益枯竭以及其对环境造成的负面影响，促使人们迫切地想寻找清洁、高效、可持续使用的新型能源。氢能，以其高能量密度、无污染等显著优势，成为未来能源体系中极具潜力的候选者。而储氢技术作为氢能大规模应用的关键环节，其发展程度将直接影响氢能产业的前进脚步。

钒基储氢合金，作为储氢材料领域的重要一员，因其独特的晶体结构和优异的吸放氢性能，近年来受到了科研界和产业界的广泛关注。相较于其他储氢材料，钒基储氢合金具有较高的储氢量、良好的吸放氢动力学性能等优势，这些优势使其在氢能储存与应用方面展现出巨大的潜力。

本书聚焦于钒基储氢合金，在广泛了解国内外相关领域的最新研究成果的基础上，系统地介绍了其研究现状、基础理论、制备方法、性能表征以及作者开展的实验研究。本书可作为氢能、储氢技术以及材料科学等相关领域的科研人员、工程技术人员和高校师生的参考书籍。

全书由浙江水利水电学院杭州明高级工程师著。本书在编写中得到了浙江水利水电学院史立秋教授、冯燕副教授和杨丽高工，以及浙江大学陈立新教授和中山大学肖学章教授的指导和帮助。本书的出版得到了浙江水利水电学院以及“南浔学者”项目的资助，在此一并表示感谢！

我们也深知，对于钒基储氢合金的研究仍然处于不断探索和发展的阶段。许多关键科学问题尚未得到完全解决，实际应用中也面临着诸多挑战。本书或许只是这个漫长研究征程中的一个阶段性总结，再加上编者水平有限，书中不足之处，恳请广大读者批评、指正。

著者

2025 年 5 月

目录

CONTENTS

第1章

绪论

在全球能源格局深刻变革的大背景下，寻求可持续、清洁、高效的能源解决方案已成为人类社会发展的关键任务。传统化石能源的大规模使用带来了严重的环境污染和气候问题，如温室气体排放导致全球气温上升、雾霾天气频繁出现等。与此同时，化石能源的储量逐渐减少，能源安全问题日益凸显。在这样的形势下，氢能作为一种极具潜力的清洁能源，正逐渐成为全球能源转型的重要方向，氢能产业也应运而生并展现出巨大的发展潜力。

氢是宇宙中分布最广泛的元素，具有独特的物理和化学性质。从物理性质上看，氢气是一种无色、无味、无毒的气体，密度极低，是自然界中最轻的物质。在化学性质方面，氢气具有高可燃性，其燃烧热值高，每千克氢气燃烧所释放的能量约为汽油的 3 倍。而且，氢气燃烧的产物只有水，不会产生二氧化碳、氮氧化物等污染物，真正实现了零碳排放，对环境友好[1,2]。

氢能产业链涵盖了氢气生产、分配、储存、运输和应用等多个环节，如图 1-1 所示[3]。

目前，主要的制氢技术有化石燃料重整、水电解制氢和生物质制氢等[4-9]。化石燃料制氢技术成熟、成本相对较低，但会产生一定的碳排放；水电解制氢可以利用可再生能源电力，实现零碳排放，但成本较高；生物质制氢具有资源丰富、环境友好等优点，但技术尚不完善。

由于氢气具有低密度、高扩散性等特点，储存和运输难度较大。目前主要的储存方式有高压气态储存、低温液态储存和固态储存等[6,10,11]；运输方式则包括长管拖车运输、液氢槽车运输和船舶运输，以及管道运输等[3,4,7,9,12]。

氢能的应用领域广泛。在交通运输领域，氢燃料电池汽车具有续航里程长、加氢时间短等优点，被认为是未来汽车产业的重要发展方向[13,14]；在分布式发电领域，氢燃料电池可以为家庭、企业等提供稳定的电力供应；在工业领域，氢气可以作为原料用于化工、冶金等行业[3,4,7]。

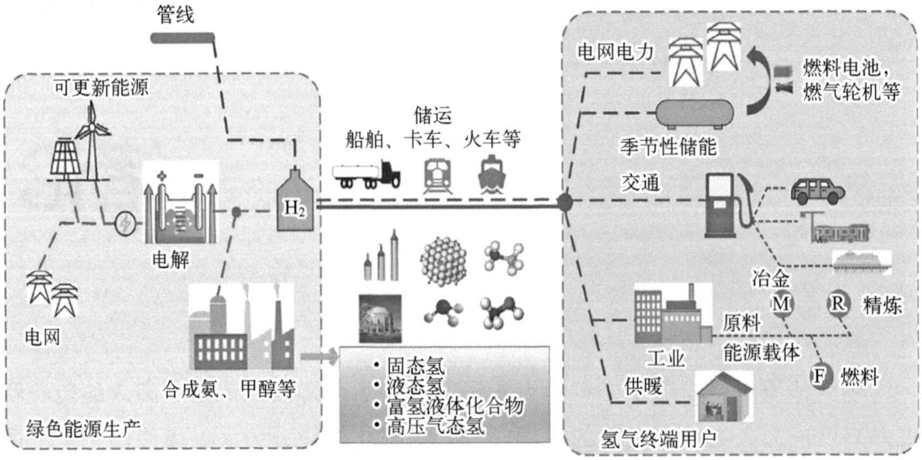

图 1-1　氢气工业的关键阶段：氢气生产、储存和运输以及利用[3]

近年来，全球氢能产业呈现出快速发展的态势。各国政府纷纷出台政策支持氢能产业的发展[3,4]，加大研发投入，推动技术创新和基础设施建设。

在技术方面，氢气制取、储存和运输技术不断取得突破，成本逐渐降低。例如，新型电解水技术的出现提高了水电解制氢的效率，降低了成本[4,5]；新型储氢材料的研发也为氢气的安全、高效储存提供了可能[3,6,12,15-17]。

在市场方面，世界各国对氢燃料电池汽车普遍持积极推动态度，氢燃料电池汽车的销量逐年增长，加氢站等基础设施建设也在不断推进。图 1-2[13] 和图 1-3[5] 分别给出了 2024 年各国或地区氢燃料电池电动汽车的市场份额和氢燃料电池电动汽车领域领先国家的市场预测及目标。

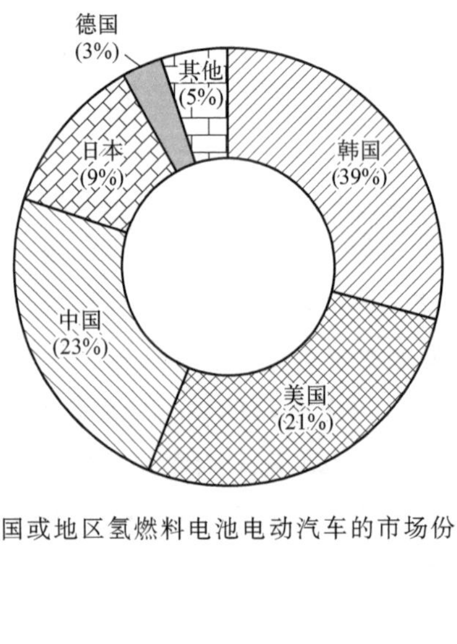

图 1-2　2024 年各国或地区氢燃料电池电动汽车的市场份额（以%显示）[13]

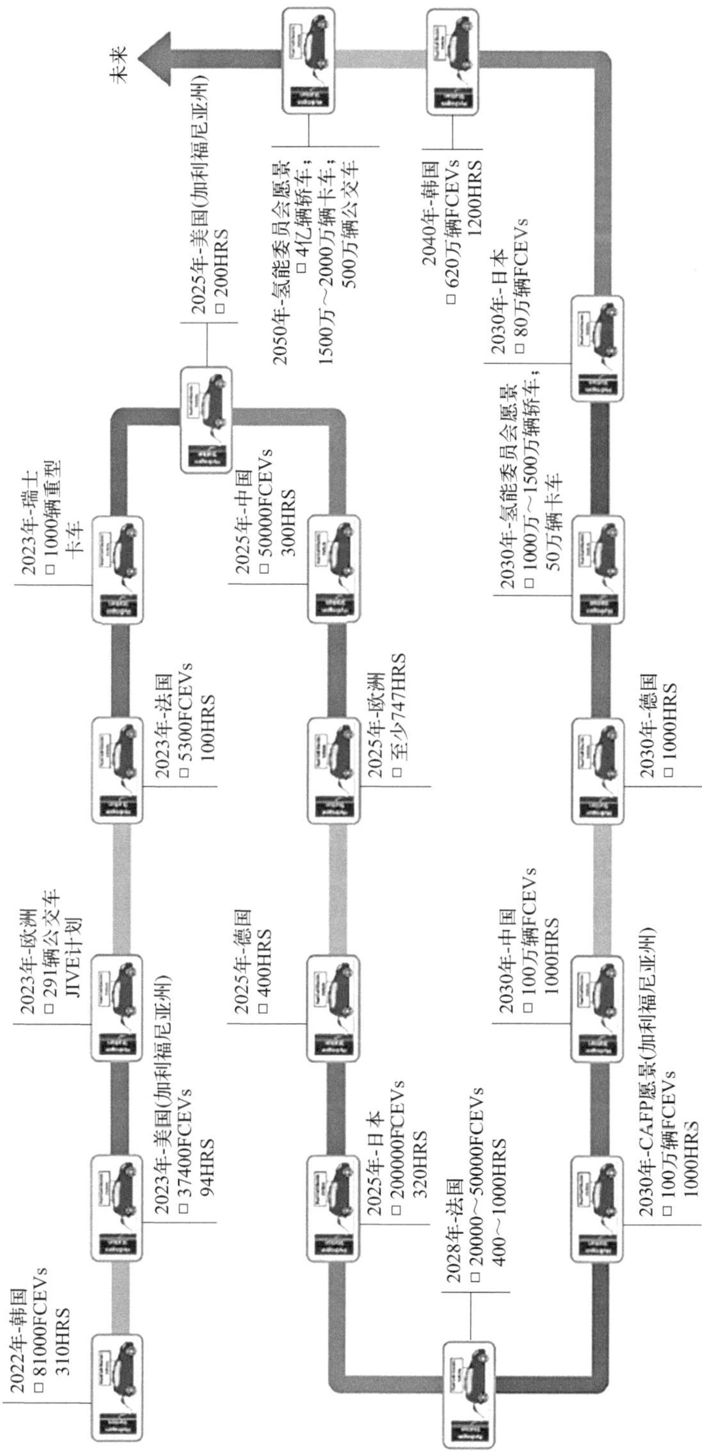

FCEVs—燃料电池电动汽车；
HRS (hydrogen refueling station)—加氢站；
JIVE(Joint Initiative for Hydrogen Vehicles across Europe)—欧洲氢能汽车联合倡议；
CAFP—加州燃料电池伙伴关系

图 1-3　氢燃料电池电动汽车领域领先国家的市场预测及目标[5]

未来，氢能产业有望迎来更大的发展机遇。随着技术的进一步成熟和成本的进一步降低，氢能的应用领域将不断拓展，市场规模将持续增长。同时，氢能产业的发展也将带动相关产业的发展，形成完整的产业链，推动经济的可持续发展[3]。

氢能产业作为一种新兴的战略性产业，具有清洁、高效、可持续等优点，对于解决全球能源问题和环境问题具有重要意义。尽管目前氢能产业发展仍面临着一些挑战[4,7,13]，但随着技术的不断进步和政策的不断支持，氢能产业有望在未来几十年内实现快速发展，成为全球能源转型的重要力量。我们应抓住机遇，积极推动氢能产业的发展，为实现经济的可持续发展和人类社会的绿色未来做出贡献。

1.1 概述

在全球致力于减少碳排放、实现可持续能源转型的背景下，氢能作为一种清洁、高效、可持续的能源载体，正逐渐成为未来能源体系的重要组成部分。而储氢作为氢能产业链中的关键环节，对于氢能经济的发展起着至关重要的作用。

从能源的角度来看，氢能具有能量密度高、来源广泛、零排放等诸多优点，被视为未来能源的理想选择[2]。然而，氢气的特殊物理性质，如低密度、高挥发性和易燃性，使得其储存成为一个极具挑战性的问题[18]。高效的储氢技术能够将氢气以安全、稳定的方式储存起来，以便在需要时随时使用，这是氢能得以大规模应用的基础。如果没有可靠的储氢技术，氢气的运输和使用将受到极大限制，氢能经济也就难以实现[18,19]。

在车辆及交通领域，储氢技术正发挥着日益重要的作用[13]。在乘用车方面，氢燃料电池汽车采用高压气态储氢技术，能快速加氢，可在几分钟内完成，续航里程也能媲美传统燃油车，有效解决了纯电动汽车充电慢、续航短的痛点，为用户提供便捷、高效的出行体验。商用车领域，如公交车、重型卡车等[3]，储氢技术同样具有显著优势。氢燃料公交车续航长，能满足城市公交线路的运营需求，减少频繁停靠充电的时间，提高运营效率；重型卡车使用储氢技术，可承载更多货物并长距离运输，降低物流成本。特种车辆如叉车，储氢叉车加氢快、动力足，可长时间连续作业，在仓库、工厂等场景中大大提高了货物搬运效率[3,13,16]，图 1-4 给出了以金属氢化物储氢的燃料电池电动叉车[16]。

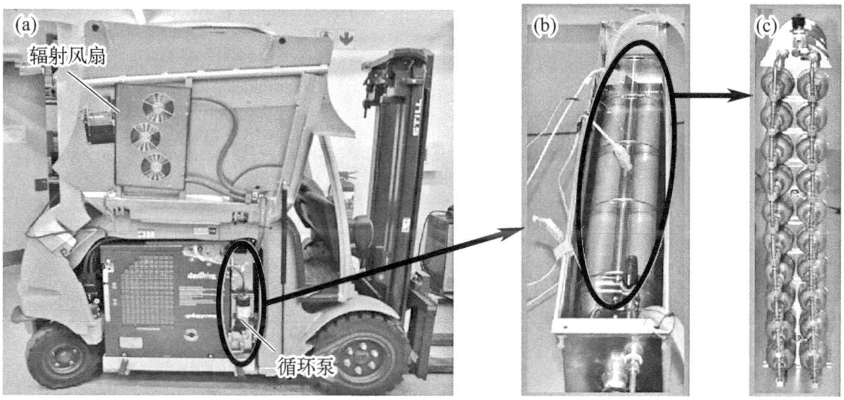

图 1-4 (a) 电动叉车配备燃料电池电源模块和金属氢化物储氢延长罐(圆圈);(b) 金属氢化物储罐;(c) 金属氢化物容器的正确组装[16]

鉴于储氢技术在车辆领域的广阔前景,早在 2002 年,美国能源部(DOE)就首次制定了车载储氢系统的技术指标要求,并随着经济与技术的发展不断对其进行调整。如表 1-1 所示,2025 年车载储氢系统的目标为:在 −40~85℃温度和 5~12bar(1bar=10^5Pa)氢压的条件下,整个车载储氢体系的质量和体积储氢密度不低于 5.5%(质量密度)和 40g/L(体积密度),同时循环寿命应达到 1500 次以上[20]。这要求储氢材料本身的容量要达到 11%和 79g/L。然而,目前所有研发的储氢体系均无法同时满足以上技术指标要求[5,6,11,17]。因此,未来车载储氢材料的研究任重而道远。此外,储氢技术还有望应用于轨道交通、船舶、航空航天等领域[3,13,21],为绿色交通发展及深空探索提供有力支持。

表 1-1 美国能源部对车载储氢系统的各项技术指标要求[20]

技术指标	到 2025 年	最终目标
系统体积密度/(g/L)	40	50
系统质量密度/%	5.5	6.5
工作温度区间/℃	−40~85	−40~85
成本/[美元/(kW·h)]	9	8
工作循环次数/次	1500	1500
系统注满时间(5.6kg H_2)/min	3~5	3~5

在能源存储与电网调峰方面,储氢也发挥着重要作用。可再生能源如太阳能、风能等具有间歇性和波动性的特点,这给电网的稳定运行带来了挑战。通过将多余的可再生能源转化为氢气进行储存,在能源需求高峰期将氢气转化为

电能，可以实现能源的平滑输出，提高电网的稳定性和可靠性[3]。这种储能方式不仅可以解决可再生能源的消纳问题，还可以为电网提供备用电源，增强能源系统的韧性。

从工业应用的角度来看，许多工业过程如化工、冶金等都需要大量的氢气作为原料或还原剂。高效的储氢技术可以确保氢气的稳定供应，提高工业生产的效率和可靠性。同时，储氢技术的发展还可以促进氢能在分布式能源系统中的应用，为工业企业提供更加灵活、高效的能源解决方案[3,4]。

然而，目前储氢技术仍面临着诸多挑战，如储氢密度低、成本高、安全性等问题。为了推动氢能经济的发展，需要加大对储氢技术的研发投入，突破技术瓶颈，开发出更加高效、安全、经济的储氢材料和系统。政府、企业和科研机构应加强合作，共同推动储氢技术的创新和应用，为氢能经济的发展提供坚实的技术支撑[4]。

1.2 氢的储存

氢气具有许多独特的性质。

物理特性上，氢气无色、无味、无臭，是密度最小的气体，仅为空气的1/14。它难溶于水，这一特点使其在收集时可采用排水法。化学特性中，氢气具有可燃性。在空气中燃烧时，产生淡蓝色火焰，产物为水，清洁无污染且热值高，是极具潜力的清洁能源。同时，氢气有强还原性，能将金属氧化物中的金属还原出来，用于冶金工业。从安全相关特性来看，氢气扩散性和渗透性很强。它扩散速度极快，泄漏后迅速与空气混合。其小分子又能渗透多种材料，还可能导致金属氢脆。并且，氢气与空气混合达到4.0％～75.6％的浓度范围时，遇明火、高温易爆炸，使用和储存时需严格把控。

目前氢气的储存方式主要有高压气态储存、低温液态储存和固态储存三种[6,10,12,15,22]。

1.2.1 高压气态储氢

高压气态储氢技术的核心原理是将氢气压缩至高压状态，使其以气态形式储存于特制的容器中。在常温下，氢气分子间距较大，密度较低，通过压缩机将氢气压缩，减小分子间距，从而提高单位体积内氢气的储存量。高压储氢瓶是氢能储存和运输的关键设备，根据材料、结构和压力等级的不同，主要分为

Ⅰ型至Ⅴ型五种类型，如表 1-2 所示[3,6,12,15,23]。图 1-5 和图 1-6 则分别给出了Ⅲ型、Ⅳ型复合物缠绕储氢瓶的制造原理图[12]和Ⅳ型储氢瓶的内部结构简图[24]。

表 1-2　不同类型储氢瓶的技术对比[3,6,12,15,23]

类型	内衬材料	增强材料	压力范围/MPa	典型应用	发展阶段
Ⅰ型	钢/铝合金	无	20～30	工业固定存储	成熟
Ⅱ型	钢/铝	玻璃纤维(环向)	10～50	工业/部分车载	成熟
Ⅲ型	铝	碳纤维(全缠绕)	30～70	燃料电池汽车	成熟
Ⅳ型	聚酰胺/高密度聚乙烯	碳纤维/玻璃纤维	30～70	乘用车(日韩主导)	量产推广
Ⅴ型	无	碳纤维(无衬里)	70～100	航天	研发阶段

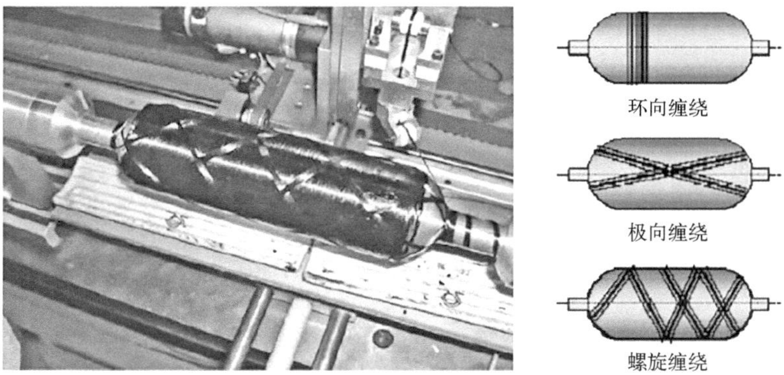

图 1-5　Ⅲ型、Ⅳ型复合物缠绕储氢瓶的制造原理图[12]

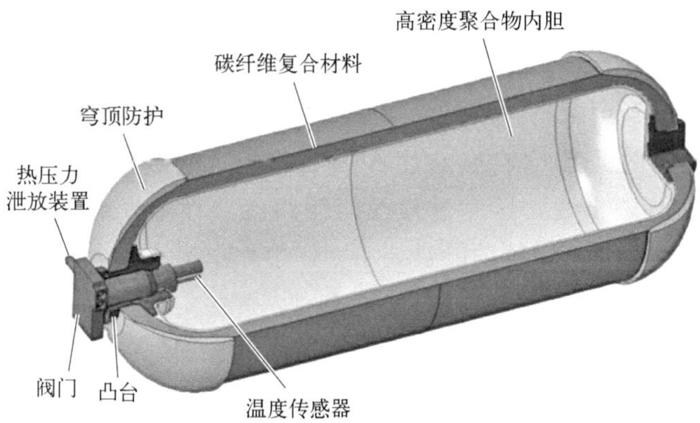

图 1-6　Ⅳ型储氢瓶的内部结构简图[24]

五种类型的储罐之间的主要区别在于制造它们的材料及其产生的性能特征。以下是关键因素的比较[6,12,15]：

重量效率：Ⅰ型＜Ⅱ型＜Ⅲ型＜Ⅳ型≈Ⅴ型，Ⅳ型和Ⅴ型储罐具有最高的重量效率，这对移动应用至关重要。

压力容量：Ⅰ型＜Ⅱ型＜Ⅲ型≤Ⅳ型≈Ⅴ型，Ⅲ型、Ⅳ型和Ⅴ型储罐可以承受最高压力，从而实现更高的储存密度。

制造复杂性：Ⅰ型＜Ⅱ型＜Ⅲ型＜Ⅳ型＜Ⅴ型，更先进的储罐类型需要更复杂的制造工艺，增加了成本，但提高了性能。

抗氢渗透性：Ⅰ型≈Ⅱ型≈Ⅲ型＞Ⅳ型＞Ⅴ型，与聚合物衬里或无衬里设计相比，金属衬里具有更好的抗渗透性。

成本：Ⅰ型＜Ⅱ型＜Ⅲ型＜Ⅳ型＜Ⅴ型，由于材料和制造复杂性，先进的储罐通常更昂贵。

在氢燃料电池汽车中，高压气态储氢系统是目前主流的储氢方式[12-15,23]。它能够在相对较小的空间内储存足够的氢气，为车辆提供较长的续航里程。此外，在叉车、公交车、重型货车和船舶等领域[3]，高压气态储氢技术也有广泛应用，推动了这些领域的零排放转型。

经过多年的发展，高压气态储氢技术已经相对成熟，相关的设备和标准也较为完善。这使得该技术能够快速实现产业化应用，降低了研发和生产成本。与其他储氢方式相比，高压气态储氢的充放氢过程相对简单，速度较快[25]。在加氢站中，车辆可以在几分钟内完成加氢，与传统燃油汽车的加油时间相当，提高了使用的便利性[26]。

高压气态储氢技术的缺点也不容忽视，首先安全性风险高，高压氢气具有极高的能量密度，一旦发生泄漏，在与空气混合后形成可燃混合气，遇到火源极易发生爆炸。此外，高压容器在长期使用过程中可能会出现疲劳裂纹、腐蚀等问题，增加了安全隐患。因此，高压气态储氢系统需要配备复杂的安全监测和防护装置，以确保运行安全。其次，能量损失大，氢气的压缩过程需要消耗大量的能量，一般来说，压缩过程的能耗约占储存氢气能量的10％～20％。这不仅降低了整个氢能系统的能量效率，还增加了运行成本。再次，储氢密度有限，尽管通过提高压力可以增加储氢密度，但在实际应用中，受到容器材料和制造工艺的限制，储氢密度仍然相对较低。与汽油、柴油等传统燃料相比，高压气态储氢的能量密度仅为它们的几十分之一，这限制了氢能在一些对能量密度要求较高的领域的应用。最后，容器成本比较高，为了承受高压，储氢容器需要采用高强度、高性能的材料，如碳纤维复合材料等。这些材料的成本较高，导致储氢容器的制造成本居高不下，增加了整个氢能系统的投资成本[27]。

综上所述，高压气态储氢技术虽然在当前氢能应用中占据重要地位，但也存在着安全性风险高、能量损失大、储氢密度有限和容器成本高等缺点。未来，需要进一步研发新型储氢材料和技术，以克服这些缺点，推动氢能的大规模应用。

1.2.2 低温液态储氢

氢气在常温常压下是气态，分子间距离较大，密度很低。低温液态储氢技术的核心原理是将氢气冷却至其沸点（－252.87℃）以下，使其转变为液态。在液体状态下，氢气分子间的距离大幅缩小，密度显著增加，从而可以在相对较小的体积内储存大量的氢气[6,28]。这一过程需要通过一系列复杂的制冷系统来实现，先对氢气进行压缩，然后逐步降温，最终达到液化的条件。

在航天领域，低温液态储氢技术有着广泛且成熟的应用。火箭发动机通常需要高能量密度的燃料，液态氢因其具有较高的比冲（衡量火箭发动机性能的重要指标），成为理想的燃料选择。例如，美国的土星五号运载火箭、航天飞机等都采用了液态氢作为燃料，为航天器的发射和飞行提供了强大的动力[23]。

对于需要大规模储存和长距离运输氢气的场景，低温液态储氢技术具有明显的优势。液态氢的密度高，相同质量的氢气，液态储存所需的体积远小于气态储存。这使得在建设大型氢能储存设施和进行长途运输时，低温液态储氢更为高效。例如，在一些氢能示范项目中，采用低温液态储氢技术将氢气从生产地运输到消费地，以满足不同地区的用氢需求。图 1-7 给出了目前主要液氢运输方式的比较[3]。

与高压气态储氢相比，低温液态储氢的密度要高得多[6,29]。在液态下，氢气的密度可以达到气态时的数百倍，这意味着在相同的储存体积下，液态储氢能够储存更多的氢气，从而提高了氢能的储存效率。此外，液态氢还可以像传统的液体燃料一样进行储存和运输，使用现有的一些液体运输设备和基础设施，如槽罐车、管道等，具有较强的运输灵活性。这为氢能的大规模应用提供了便利条件。

低温液态储氢技术作为一种重要的储氢方式，具有独特的优势和应用前景，但也存在一定的缺点。氢气的液化过程需要消耗大量的能量。从常温气态到低温液态的转变，需要通过多级制冷系统不断降温，整个液化过程的能耗约占氢气本身能量的 30％～40％。这不仅增加了制氢成本，还降低了整个氢能

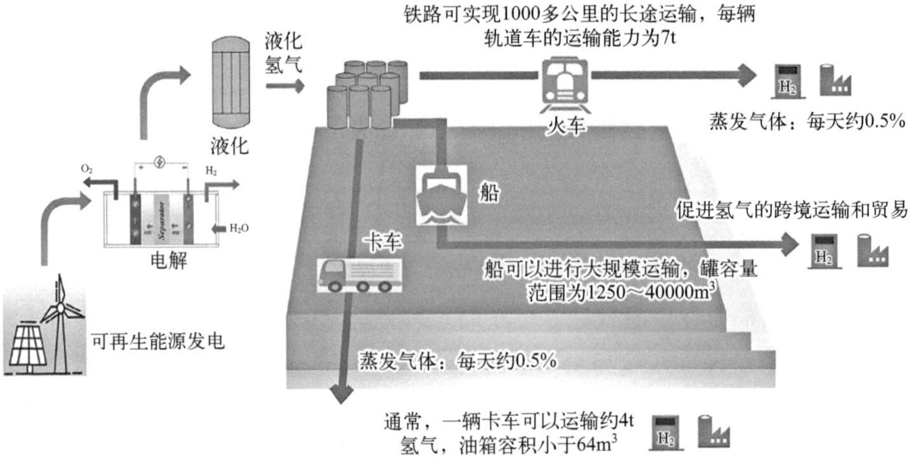

图 1-7 液氢运输方式的比较[3]

系统的能量效率。此外，储存成本高，为了保持氢气的液态状态，需要使用特殊的低温储存容器，这些容器需要具备良好的绝热性能，以减少热量的传入，如图 1-8 所示[5]。制造这种高性能的低温容器成本高昂，而且在储存过程中，即使容器的绝热性能再好，也会有一定的热量泄漏，导致部分液态氢蒸发，造成氢气的损失[30]。

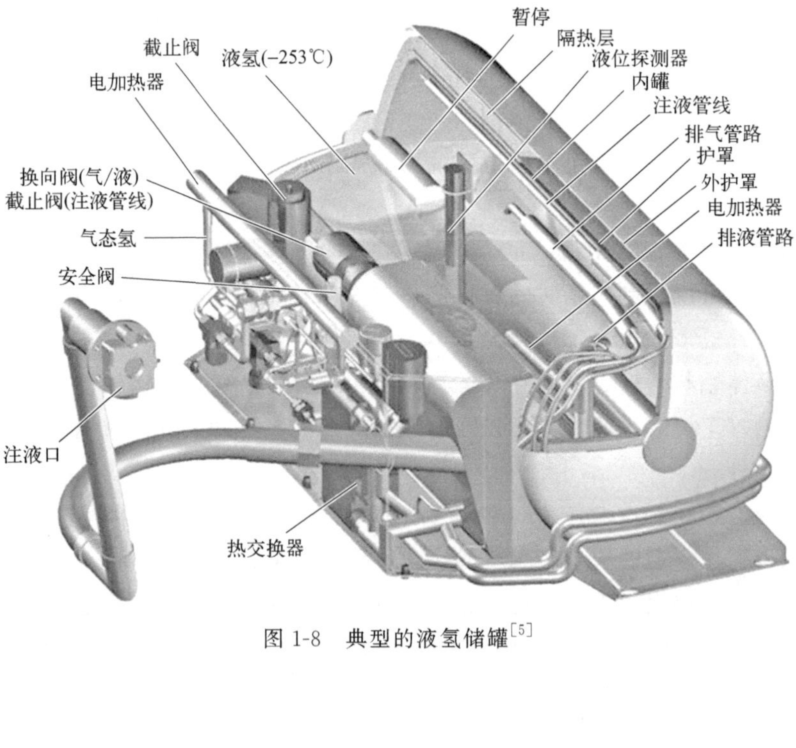

图 1-8 典型的液氢储罐[5]

1.2.3 固态储氢

固态储氢技术是极具潜力的氢气储存方式。它主要依靠金属氢化物、配位氢化物等固态材料与氢气发生化学反应或物理吸附来实现储氢[6,11,16,17,31-33]。相比传统的气态和液态储氢，固态储氢优势明显。在安全性上，氢气以固态形式储存，不易泄漏，降低了爆炸等风险，其储氢密度高，单位体积能储存更多氢气，有助于提高氢能应用的能量密度[6,31]，如图 1-9 所示[31]。此外，固态储氢系统的工作压力较低，对容器材料和结构要求不那么苛刻，可降低成本。固态储氢技术作为一种新兴的氢气储存方式，为氢能的广泛应用提供了新的解决方案。

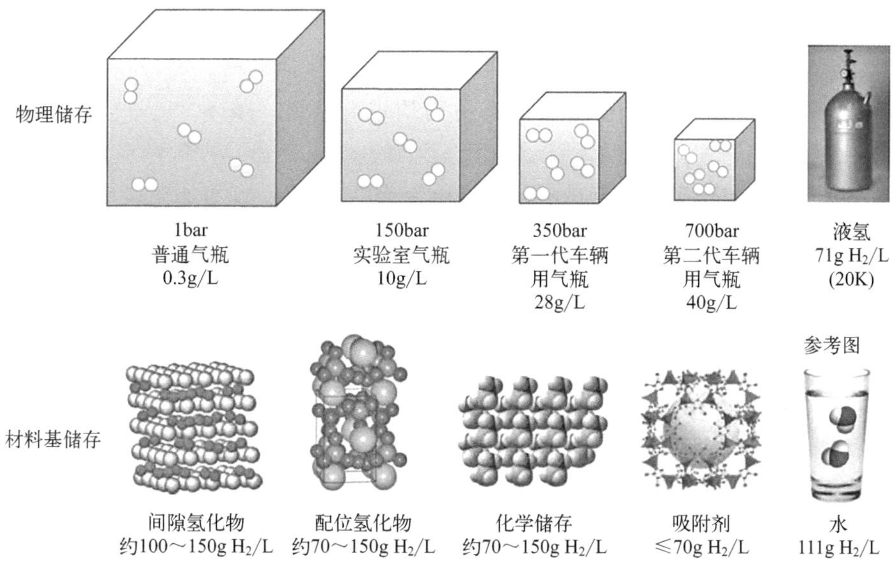

图 1-9　压缩储氢与基于材料的储氢的比较[31]

固态储氢技术主要是利用储氢材料与氢气之间发生物理或化学作用，实现氢气的储存和释放。没有合适的储氢材料，固态储氢技术就无法实现。储氢材料的性能直接决定了固态储氢技术的各项指标。不同的储氢材料其储氢性能差异很大。目前，储氢材料主要有金属氢化物储氢材料、配位氢化物储氢材料、无机物及金属有机框架储氢材料等[6,11,15,16,32-35]。

1.2.3.1 金属氢化物储氢材料

金属氢化物储氢主要是指元素周期表中的ⅠA 族碱金属、ⅡA 族碱土金属、ⅢB～ⅤB 族过渡金属、稀土金属及金属间化合物等与氢气反应生成金属氢化物，氢表现为 H^- 与 H^+ 之间的中间特性。其储氢机理是氢分子与金属接触时吸附于合金表面上，氢分子通过 H—H 键解离成为氢原子，由于氢原子半径仅为 0.053nm，故氢原子可以从金属表面向内部扩散，进入比氢原子半径大得多的金属间隙中（晶格间）形成固溶体。固溶于金属中的氢再向内部扩散时，这种扩散必须具有由化学吸附向溶解转换的激活能，当固溶体吸氢达到饱和后，过剩的氢原子就与固溶体反应生成金属氢化物，从而达到储氢的目的。其中，ⅠA、ⅡA 族金属与氢反应可生成碱金属、碱土金属氢化物，氢与金属以较强离子键结合，故生成热大，稳定性高，如 LiH、MgH_2 等。尽管这类金属氢化物储氢密度较高，但如何降低它们的生成热及吸放氢温度等热力学和动力学问题一直困扰着研究者。氢与过渡金属或稀土金属结合力比较弱，有利于氢的吸收和释放，动力学性能较好，但储氢密度较低，如 $LaNi_5$、$ZrMn_2$ 等[32,36]。

储氢合金作为典型的金属氢化物储氢材料，性能比较稳定，在制备技术、工艺流程、吸放氢机理及储氢评价等方面均较为成熟。迄今，已开发应用和正在研究中的用于气-固储氢的储氢合金主要包括：AB_5 型稀土系储氢合金、AB_2 型 Laves 相储氢合金、AB 型钛系储氢合金、A_2B 型镁基储氢合金、AB_3 型储氢合金以及具有体心立方（BCC）结构的固溶体型储氢合金等。

（1）AB_5 型稀土系储氢合金

AB_5 型稀土系储氢合金中，A 代表稀土金属，B 代表过渡族金属。$LaNi_5$ 是稀土系储氢合金的典型代表，具有 $CaCu_5$ 型晶体结构，空间群为 $P6/mmm$，它由荷兰 Philips 实验室的 J. V. Vucht 等[37] 首先研制，室温下可与几个大气压的氢反应，生成六方晶格结构的 $LaNi_5H_6$，储氢量为 1.4%（质量分数，下同），分解焓为 30.1kJ/mol，很适合于室温下应用。其最引人注目的优点是活化容易、吸放氢平台压力适中且平坦、吸放氢滞后小以及良好的动力学和抗杂质气体中毒等特性[38]，很早就被认为是在热泵、空调、电池等方面的候选材料之一。由于 $LaNi_5$ 价格偏高，故采用其他元素部分替代 La 和 Ni，以期降低成本及改善合金吸放氢性能。在 A 侧元素替代中，采用了富镧 Ml 和富铈 Mm 混合稀土替代纯 La，研究表明，以 $MmNi_5$ 为基的富铈混合稀土-镍储氢合金与 $LaNi_5$ 合金的性能相当[39]。在 B 侧元素替代中，已研究过的元素有 Co、Al、Ca、Mn、Si、Ti、Cu、Cr、Fe 和 Li 等，元素替代的目的主要在于克服合金粉化，调节吸放氢平台压力，改善合金的可逆储氢性能等。

（2）AB_2 型 Laves 相储氢合金

AB_2 型储氢材料具有 Laves 相结构，所涉及的 Laves 相有两种：六方密堆积结构的C14型和面心立方结构的C15型。A代表原子半径较大的Ti、Zr等元素，B代表半径稍小的过渡族元素如Mn、Ni等。目前研究得较多、有望实际应用的Laves相合金包括：$TiCr_2$、$TiMn_2$、$ZrCr_2$和$ZrMn_2$为基的多元合金。此类合金具有储氢量较大、循环寿命较长等优点，是目前高容量储氢电极合金的一个重要研究方向。1966年，Pebler等[40]首先将二元Zr基Laves相合金作为储氢材料进行研究，发现ZrV_2、$ZrCr_2$与$ZrMn_2$能大量吸氢并分别形成氢化物$ZrV_2H_{5.3}$、$ZrCr_2H_{4.0}$与$ZrMn_2H_{3.6}$。这些合金具有储氢量较大(1.8%～2.4%)、易活化、动力学性能良好等优点，但生成的氢化物过于稳定，吸放氢平台压力较低，放氢困难。20世纪80年代中期，人们开始以二元Laves相合金为基础，通过对A、B两侧元素进行多元替代，产生了性能各异的多元合金Ti-Zr-Ni-M(M＝Mn、V、Cr、Fe、Co、Al、Mo、Hf中的一种或几种元素)。

Sinha等[41]研究了Zr基合金后，发现$Zr_{0.8}Ti_{0.2}MnCr_{1.25}$、$ZrMnFeCr_{0.25}$和$ZrCrFe_{1.4}$合金具有比较理想的吸放氢性能和平台特性。Osomi等研究了以$TiCr_2$为基的Ti-Cr-Mn系列合金，发现$Ti_{1.1\sim1.3}Cr_{1.2\sim1.9}Mn_{0.1\sim0.8}$合金的活化性能较好、吸氢量可达2.0%、滞后小、吸放氢平台压力适中（0.4～1MPa）等。Liu等[42]则在Ti-Zr-Mn-Cr-V合金系的基础上，研究了Cr、V、Cu、Ni、Fe元素替代Mn后对合金性能的影响，认为Cr改善了合金的滞后，V降低了平台压力而又不损失合金储氢量，Cu降低了平台倾斜程度，Ni、Fe使平台压力上升，吸氢能力下降。优化出的$Ti_{0.85}Zr_{0.15}MnCr_{0.8}V_{0.1}Cu_{0.1}$合金比$Ti_{0.9}Zr_{0.1}Mn_{1.4}Cr_{0.4}V_{0.2}$合金性能更佳，尤其是吸放氢滞后得到了明显改善。研究表明，多元合金化是改善AB_2型Laves相储氢合金的重要和有效手段。

（3）AB型储氢合金

AB型钛系储氢合金主要是指TiFe、TiCo、TiNi和以它们为基、采用其他元素部分替代A或B元素后形成的多元合金。AB型储氢合金的典型代表为TiFe合金，它是1974年由美国布鲁克海文国立研究所的Reilly和Wiswall两人首先研究发现的[43]。TiFe合金在室温附近可以与氢反应生成氢化物$TiFeH_{1.04}$（β相）和$TiFeH_{1.95}$（γ相），前者为正方晶结构，后者为立方晶结构。TiFe合金具有资源丰富、储氢量较大（1.86%）、吸放氢平台压力适中及成本低廉等优点，但是该合金存在活化困难与抗气态杂质毒化能力差等缺点。为了改善TiFe合金的储氢性能，自20世纪70年代开始，世界各国进行了广泛的研究，研究表明，采用其他金属（如Mn[44]、Zr和V[45]、Cr[46]与

Ni[47]）部分替代合金中的 Ti 或 Fe 后，可有效改善合金的活化性能，同时合金的抗中毒能力也得到了一定程度的提高。

TiNi 合金比较容易活化，但其室温吸放氢量较小，吸放氢平台压力也较低。TiNi 合金在碱液中具有良好的耐腐蚀性，故可用作氢化物电极材料[48]。

（4）A_2B 型（镁基）储氢合金

A_2B 型（镁基）储氢合金被认为是很有开发前景的高容量新型储氢材料之一，特别是它在二次碱性电池、燃料电池以及氢能汽车储氢罐上的应用更是引起了众多研究者的兴趣。镁基储氢合金具有密度小、储氢量高、价格低廉等优点[49,50]，但这类合金的吸放氢动力学性能较差，而且放氢温度太高，限制了其实际应用，目前的研究主要集中在改善其动力学性能上[51]。纯 Mg 需在较高温度和压力条件下才能生成 MgH_2（储氢量为 7.6%），0.1MPa 下的分解温度高于 250℃。研究表明，元素合金化可显著改善 Mg-H 的储氢性能[52]。如用 Ni 合金化形成 Mg_2Ni 降低了吸放氢温度，在室温至 200℃和 1.4MPa 氢压下能与氢快速发生反应，0.1MPa 放氢温度约为 253℃。氢固溶在 Mg_2Ni 的 α 相内，生成 $Mg_2NiH_{0.3}$，在一定的平台压力下生成氢化物，并在平台终点，变成化学计量组成为 Mg_2NiH_4 的金属氢化物，理论吸氢量约为 3.6%[33]。

常见的 A_2B 型合金还有 Mg_2Cu，在 250℃下 Mg_2Cu 能快速与氢发生歧化反应，生成 MgH_2 和 $MgCu_2$，但这一反应不是完全可逆反应。Mg_2Cu-H 在 0.1MPa 下的放氢温度约为 239℃，理论吸氢量约为 2.7%。此外，在有望获得实用化的镁基储氢合金中，Mg_2FeH_6 的理论吸氢量为 5.5%，Mg_2CoH_5 的理论吸氢量为 4.5%，但 Mg_2Fe 和 Mg_2Co 并不存在稳定相。

（5）AB_3 型储氢合金

近年来，为了开发容量高、成本低、对环境友好的储氢材料，研究了 AB_3 型储氢合金[35]。AB_3 合金与 AB_5 和 AB_2 合金密切相关，AB_3 结构具有广泛重叠排列结构，1/3 像 AB_5，2/3 像 AB_2。$LaNi_3$ 和 $CaNi_3$ 在室温下能与氢迅速反应形成 $LaNi_3H_5$ 和 $CaNi_3H_{4.6}$。Kadir[53,54] 等对 RMg_2Ni_9（R＝Y，Ca，稀土元素）体系的研究发现，替代的 AB_3 化合物是一类有希望的可逆储氢候选材料。由于 AB_3 相含有 AB_2 相，故理论预计它比 AB_5 相会更易于吸氢。由于 AB_3 相的特殊晶体结构，也可以在 A 位置上结合 Mg、Ca、稀土元素等。Chen 等[55] 研究了 $LaNi_3$、$CaNi_3$ 及其替代合金的储氢性能。所有合金（$LaNi_3$、$CaNi_3$、$La_{0.5}Co_{0.5}Ni_3$、$LaCaMgNi_9$、$La_{0.5}Ca_{1.5}MgNi_9$、Ca $TiMgNi_9$、$LaCaMgNi_6Al_3$ 和 $LaCaMgNi_6Mn_3$）均采用粉末冶金烧结法制得。

1.2.3.2 以体心立方（BCC）结构钒基固溶体为主相的V基储氢合金

钒基固溶体是指1个或1个以上的元素（溶质）溶入金属元素钒（V，溶剂）中的固体互溶物。固溶体中，溶质不必对溶剂以整体的化学计量关系存在，而是以随意的替换物或间隙分布在基本基体结构内存在[35]。以BCC结构钒基固溶体为主相的V基储氢合金是一种新型高容量储氢合金，是近年来的一个研究热点[56-61]。单质V吸氢时可生成VH及VH_2两种氢化物，其中VH_2的理论储氢量高达3.8%；虽然室温下由于VH的放氢平台压太低，导致其放氢量只有最大吸氢量的一半左右，但V基固溶体的可逆储氢量仍高于现有AB_5和AB_2型合金。氢在钒氢化物中的扩散速度较快，但是也存在有效放氢量偏低、吸放氢压力滞后较大、循环稳定性较差以及金属V的成本较高等缺点。现有的研究思路主要包括：开发以低成本原料替代纯V的新型多元合金、制备工艺优化和热处理等。有关V基储氢合金的特点和种类将在下一章中进行详细论述。

1.2.3.3 配位（化学）氢化物储氢材料

近年来，以$NaAlH_4$为代表的金属配位氢化物和以$LiNH_2/LiH$为代表的化学氢化物已成为国际上新型储氢材料的研究热点[17,32,34,62-68]。

碱金属或碱土金属和第三主族元素可与氢形成配位氢化物，其与金属氢化物之间的主要区别在于吸氢过程中向离子或共价化合物的转变。迄今，已经开展的研究体系主要包括：$NaAlH_4$、$NaBH_4$、$LiAlH_4$、$LiBH_4$、$Mg(AlH_4)_2$等，其中铝基配位氢化物$M(AlH_4)$和硼基配位氢化物$M(BH_4)$被认为是目前最具发展前景的储氢材料之一[69]。金属配位氢化物的最大优势在于储氢量高，如$LiBH_4$的理论储氢量高达18.51%；$NaAlH_4$和$NaBH_4$的理论储氢量则分别为7.41%和11.66%，其中$NaAlH_4$显示出很好的综合储氢性能[70]。

$NaAlH_4$加热分解，其反应式为[71]：

$$NaAlH_4 \rightleftharpoons 1/3Na_3AlH_6 + 2/3Al + H_2$$

$$1/3Na_3AlH_6 \rightleftharpoons NaH + 1/3Al + 1/2H_2$$

1997年，Bogdanović等[72]首先报道采用化学法在$NaAlH_4$中掺入有机Ti化合物催化剂，使上述反应能在120～160℃和150bar（$1bar=10^5Pa$）的较温和条件下可逆进行。这一突破性进展引起了国际上对金属配位氢化物的研究热潮。

Sandrock和Gross等[71] 采用无机Ti化合物作为催化剂，以消除有机催化剂引起的碳氢化合物污染氢源的缺点。虽然相关研究取得了一定的进展，但在实际条件下，只能获得3%～4%的可逆储氢量，这与5.6%的理论容量差距较大。

Li-N-H体系开始被广泛研究是从2002年Chen等首次提出Li_3N可以可逆地吸放大量的氢开始的。Chen等[63] 发现Li_3N理论上储氢量达11.5%。储氢反应如下：

$$Li_3N + H_2 \rightleftharpoons Li_2NH + LiH$$

$$Li_2NH + H_2 \rightleftharpoons LiNH_2 + LiH$$

Li-N-H体系储氢具有一定优势，一是储氢量可观，能满足高能量密度储氢需求。二是热力学性质适宜，吸放氢时所需的温度和压力条件相对温和，可降低对设备的要求和能量损耗。三是具备良好的可逆吸放氢性能，可多次循环使用，延长材料寿命、降低成本。不过，其缺点也不容忽视：吸放氢动力学性能较差，反应速率慢，难以满足快速充放氢需求；操作条件苛刻，需高温和精确的压力控制，增加了能耗和系统复杂性；此外，材料稳定性欠佳，对空气和水分敏感，接触后会降低储氢性能，防护成本较高。近年来，虽有不少学者对其进行了改性研究，但其放氢温度仍然比较高，且动力学性能也有待提高，尚不能满足车载储氢材料的要求[6,12,15-17,32,73-75]。

目前研究的重点主要包括：催化剂种类（钛锆醇盐、ⅣA～ⅣB和各种过渡金属卤化物等）、结构（微米及纳米结构等）、添加工艺（机械球磨掺杂等）及催化机理研究等方面。

1.2.3.4 无机物及金属有机框架储氢

有些无机物（如N_2、CO_2）能与H_2发生反应，其产物既可以作燃料，又可分解获得H_2，是一种目前正在研究的新型储氢技术[19]。有些金属可与水反应生成氢气，例如Na，反应后生成NaOH，其氢气的质量储存密度可达3%。虽然这个反应是不可逆的，但NaOH可以通过太阳能炉还原为金属Na。此外，Li也有这种变化过程，其氢气的质量储存密度达到6.3%。这种储氢方式的主要困难之处是反应的可逆性。

金属-有机框架材料（metal-organic frameworks，简称MOFs）是一种新型多孔材料，因其具有高孔隙率、比表面积大、合成方便、骨架规模大小可变等优点，现已在气体吸附、催化及光电材料等领域受到了人们的广泛关注。制备MOFs的金属离子和有机配体种类繁多，可以根据材料的特性，如官能团、孔道的尺寸和形状等加以选择。最常用的有机连接配体是含有 N、O 等能提供孤对电子的原子刚性配体，如多羧酸、多磺酸、多磷酸、吡啶等。有机连接配体通过离子键与中心金属离子键合。中心金属离子几乎包含了所有过渡金属元素形成的离子。美国密歇根大学以 Yaghi 为首的材料设计与研究小组在 MOFs 材料的合成方面做了大量的基础性工作。早在 1995 年，该小组就选择了不同的有机分子与 Cu(Ⅱ) 和 Zn(Ⅱ) 络合，生成了不同结构的 MOFs。后来该研究小组又系统地研究了不同有机配体对 MOFs 孔结构的影响[76]。2003 年，Yaghi 等[77] 首次利用 MOF-5 实现了氢气的储存，在 78K 和 0.7bar 的条件下 MOF-5 的氢气吸附量能够达到 4.5%。自此以后，很多不同种类的 MOFs 材料在氢能存储领域被广泛应用和研究，取得了一系列的研究进展[76,78-86]。Chen 等[87] 采用合成后修饰策略制备了一种储氢性能优异的 Zn 基 MOFs 材料 MFU-4L-Li。在 77K/100bar→160K/5bar 的工作条件下，MFU-4L-Li 的体积和质量储氢量分别达到了 50.2g/L 和 9.4%，这一储氢性能优于已经报道的大部分 MOFs 材料。图 1-10 给出了 MOF 材料的研发历程[88]。

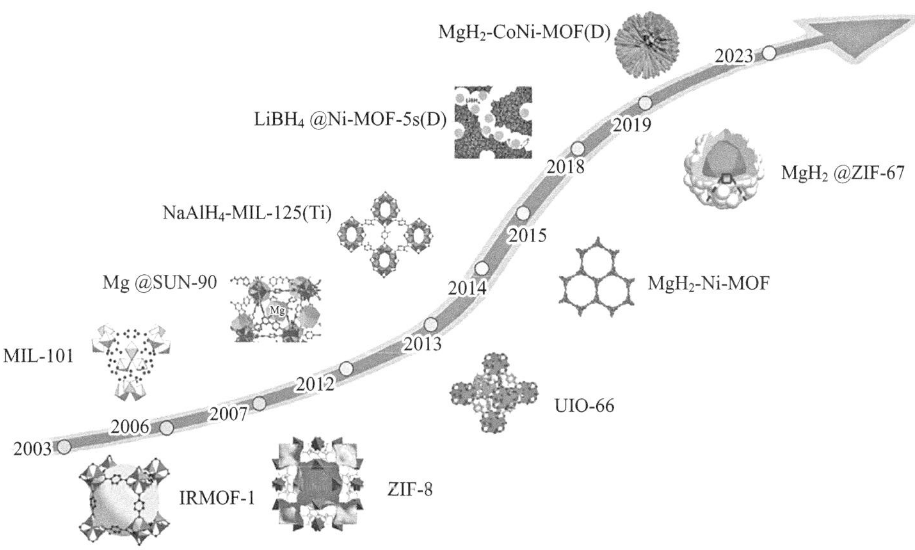

图 1-10　MOF 材料在固态储氢技术中的应用进展[88]

目前，MOFs 材料在氢能存储方面的研究仍然停留在实验室阶段，在性能、稳定性、成本、批量合成和成型方面等还存在诸多问题。在未来，MOFs 材料在储氢领域的基础研究仍需进一步深入[89,90]。

1.2.4 其他储氢方式

液氢作为火箭燃料，在使用中存在的缺点包括：低体积密度、温度分层和低气化热等。为解决这些问题，研究人员提出用氢浆或氢胶代替纯液氢。氢浆是指氢在三相点温度下气、液、固共存的平衡混合物。采用氢浆储氢既可以提高体积密度，又可缓解温度分层，减少飞行过程中的晃动及由漏热引起的液氢冷化损失[91]。

有机液体储氢（liquid organic hydrogen carriers，LOHCs）技术最早可追溯到 1975 年，由 O. Sultan 和 M. Shaw 首次提出利用甲苯等芳香化合物作为储氢载体，开辟了储氢技术研究的新方向。

LOHCs 储氢通过不饱和液体有机物，如苯[21]、甲苯[21]、甲醇[90]、甲酸[90,92]、*N*-乙基咔唑[93]、二苄基甲苯[94] 等与氢的可逆反应，即利用催化加氢和脱氢的可逆反应来实现[95,96]。

LOHCs 储氢作为一种新型储氢技术有很多优点：储氢量大，如苯和甲苯的理论储氢量分别为 7.19% 和 6.16%[21]；性质与汽油相似，所以储存、运输、维护安全方便；在合适的催化剂和反应条件下，循环次数可达上千次；大部分 LOHCs（放氢产物仅为液相）还便于使用现有的油类储存和运输设施[90]。但这类方法在加氢和脱氢时条件要求比较苛刻，而且所使用的催化剂容易失去活性，因此还需做进一步的研究[90,96]。

1.3 储氢技术展望与挑战

目前，无论是物理储氢还是化学储氢，成本都相对较高。高压气态储氢需要高强度的压力容器，其制造和维护成本较高；低温液态储氢的液化过程能耗大，设备投资高；吸附储氢和化学储氢所需的新型材料成本也较为昂贵。降低储氢成本是推广储氢技术应用的关键，需要在材料研发、生产工艺优化等方面进行大量的投入和创新[8,32]。此外，氢气具有易燃易爆的特性，储氢过程中的安全问题不容忽视。高压气态储氢存在压力容器爆炸的风险，低温液态储氢存在泄漏和低温冻伤的风险，化学储氢在吸放氢过程中可能会产生一些副反应，影响安全性能。因此，需要加强储氢系统的安全设计和管理，建立完善的安全标准和规范，确保储氢过程的安全可靠。

目前，高压气态储氢和低温液态储氢是较为成熟的储氢方式，已能满足某些特定场合的用氢需求[3-6,11]，但在体积能量密度或低温要求方面存在局限性[8]。未来，在高压气态储氢方面，将致力于研发更高强度、更轻量化的储氢容器材料，以提高储氢密度，降低容器重量和成本，同时提升容器的安全性和可靠性。对于低温液态储氢，重点在于优化制冷技术，降低液化过程中的能耗，开发高效的绝热材料，减少液氢在储存和运输过程中的蒸发损失。

固态储氢依赖于各类储氢材料，目前一些储氢材料及技术离氢能的实用化还有较大的差距，在质量和体积储氢密度、工作温度、可逆循环性能及安全性等方面，还不能同时满足实用化要求[6,31,86,90,97]。今后储氢材料研究的重点将集中在新型、高效、安全的储氢材料的研发及性能综合评估等方面[6,90]。就储氢材料性能而言，一方面，不断提高储氢量是关键。通过对金属氢化物、配位氢化物等材料进行深入研究，利用纳米技术和先进的合金化方法，优化材料微观结构，使单位质量或体积的材料能够储存更多氢气[6,16,51]。另一方面，改善吸放氢动力学性能也十分重要。研究人员将致力于降低吸放氢反应的活化能，缩短吸放氢时间，提高反应速率，以满足实际应用中快速充放氢的需求。此外，提高材料的循环稳定性，确保在多次吸放氢循环后性能不发生明显衰减，延长材料使用寿命，也是重要的发展方向。

安全性是固态储氢技术大规模应用的重要前提。未来，研究人员将通过优化材料设计和容器结构来进一步提升安全性。开发具有良好热稳定性和化学稳定性的储氢材料，降低在不同环境条件下发生危险反应的可能性。同时，设计更加合理的储氢容器，采用先进的安全防护装置，如压力释放阀、温度传感器等，实时监测和控制储氢系统的运行状态，确保在各种极端情况下都能保障安全[6]。

储氢技术的大规模应用需要完善的基础设施支持，包括氢气的生产、运输、储存和加注等环节。目前，氢气的基础设施建设还相对滞后，加氢站的数量较少，分布不均，制约了氢燃料电池汽车等氢能应用的发展[5]。此外，氢气的运输成本较高，也影响了氢能的市场竞争力。需要加大对氢气基础设施建设的投入，建立健全的氢气产业链。

未来的能源系统将是多元化、智能化的。储氢技术将与太阳能、风能等可再生能源紧密结合，解决可再生能源间歇性和波动性的问题。当可再生能源发电过剩时，将多余的电能用于电解水制氢，并储存起来；在能源需求高峰期，将储存的氢气通过燃料电池等方式转化为电能，实现能源的有效利用和稳定供应[4]。

同时，储氢技术还将与交通、工业等领域深度融合。在交通运输方面，氢燃料电池汽车的推广将带动储氢技术的发展，促进储氢基础设施的建设。在工业领域，氢气可作为燃料和原料，用于钢铁、化工等行业的生产过程，实现节能减排和产业升级[7]。

此外，将不同的储氢技术进行集成，发挥各自的优势，构建复合储氢系统是未来的重要发展方向[16]。例如，将高压气态储氢与吸附储氢相结合，可以在提高储氢密度的同时降低储存压力，提高安全性。同时，随着物联网、大数据、人工智能等技术的发展，储氢系统将朝着智能化方向发展。通过实时监测储氢系统的温度、压力、氢气浓度等参数，并利用智能算法进行优化控制，可以提高储氢系统的安全性和可靠性，实现更加高效的运行[4]。

随着储氢技术的不断发展，标准化工作将变得尤为重要，例如车载储氢由于储存体积和重量的限制而有一套独特的标准[8]。制定切实可行的储氢设备标准、安全规范和检测方法，有助于提高储氢技术的质量和安全性，促进不同地区和企业之间的技术交流和合作。

总之，储氢技术在未来有着广阔的发展前景。通过不断的技术创新和产业升级，储氢技术将为氢能的广泛应用提供坚实的保障，助力全球能源转型和可持续发展。

第2章

钒基储氢合金的特点和种类

2.1 储氢合金的特点及用途

储氢合金是一种能够在特定条件下与氢气发生可逆反应，实现氢气高效存储和释放的金属或合金材料。这类材料通过化学吸附（形成金属氢化物）或物理吸附（氢气分子吸附于孔隙）的方式储存氢气，通常以固态形式存储，具有高安全性、高体积储氢密度和可重复循环使用的特点。

20世纪70年代初期，荷兰Philips实验室的J.V.Vucht等[37]和美国Brookhaven实验室的J.J.Reilly等[43]先后发现$LaNi_5$、Mg_2Ni与FeTi等合金具有可逆吸放氢的性能。1970年，德国的Justi等[98]通过进一步的研究表明，这类合金除了可以气相充放氢外，也可进行可逆的电化学充放氢。

许多金属和合金在一定条件下可以与氢气反应形成金属氢化物，但作为优良的储氢材料，需要满足一些特定的性能，主要包括：

① 在合适的温度和压力范围下，储放氢量大；

② 氢化物的生成焓一般在$-29\sim-46$kJ/mol H_2之间。储氢应用时，生成焓要小；储热应用时，生成焓应该大；

③ 具有较平坦和较宽的平衡压力平台区；

④ 具有合适的平衡氢压。储氢应用时，室温附近分解压宜为0.2～0.3MPa；

⑤ 容易活化，反应动力学性能好，且滞后性小（滞后现象就是指金属或合金在吸收、释氢过程中出现的平衡氢压差现象）；

⑥ 再生能力强，即经过多次吸氢、放氢循环后，其性能衰减较小；

⑦ 耐氧化腐蚀能力好；

⑧ 有效热导率大；

⑨ 原料丰富，成本便宜。

储氢合金的显著特点之一是具备较高的储氢能力。某些储氢合金在一定条件下，其单位体积或单位质量的储氢量相当可观。与传统的高压气态储氢和低温液态储氢相比，储氢合金能够在相对温和的条件下储存大量氢气[35]。例如，一些金属氢化物储氢合金可以将氢气以原子态的形式存储在合金的晶格中，实现高密度的氢气储存。这种高储氢能力为氢能的大规模储存和运输提供了可能，有助于解决氢能应用中的瓶颈问题。

储氢合金具有良好的可逆吸放氢特性。在一定的温度和压力条件下，合金能够迅速吸收氢气，形成金属氢化物；而当条件改变时，又可以将储存的氢气释放出来。这种可逆的吸放氢过程使得储氢合金可以反复使用，实现氢气的循环储存和释放。这一特性不仅提高了储氢合金的使用效率，还降低了使用成本。例如，在燃料电池汽车中，储氢合金可以根据车辆的运行需求，适时地吸收和释放氢气，为燃料电池提供稳定的氢气供应[99-101]。

相较于高压气态储氢和低温液态储氢，储氢合金储氢具有更高的安全性。高压气态储氢需要承受巨大的压力，存在爆炸的风险；低温液态储氢则需要极低的温度，能耗大且技术要求高。而储氢合金储氢是在相对温和的条件下进行的，氢气以原子态形式存在于合金晶格中，不易泄漏和爆炸。即使在发生意外情况时，储氢合金也不会像高压气态储氢那样瞬间释放大量氢气，从而降低了安全隐患。这使得储氢合金在一些对安全性要求较高的领域，如民用和车载储氢系统中具有明显的优势。

储氢合金在吸放氢过程中会伴随着热效应。吸氢过程通常是放热反应，而放氢过程则是吸热反应。这种热效应可以被合理利用，例如在热泵系统中，利用储氢合金吸放氢的热效应实现热量的传递和转换，达到制冷或制热的目的[102-105]。同时，热效应也对储氢合金的性能产生影响，在实际应用中需要对温度进行控制，以确保储氢合金能够在合适的温度范围内进行吸放氢操作。

储氢合金在氢分离领域发挥着重要作用[101,106,107]。不同储氢合金对氢气的吸附和解吸特性存在差异，利用这一特性可实现氢气的分离。在混合气体中，储氢合金会优先吸附氢气，将其从其他气体组分中分离出来。当条件改变，如升温或降压时，合金可释放出高纯度氢气。这种分离方法具有高效、选择性好的特点，能获得高纯度氢气。而且，储氢合金分离氢气的过程能耗相对较低，设备相对简单。它在化工、电子等行业的氢气提纯以及燃料电池氢气供应等方面有着广泛的应用前景。

此外，储氢合金在压缩机领域也有着重要应用。它基于吸放氢的可逆特性工作，当外界温度和压力改变时，储氢合金吸收或释放氢气。在压缩机里，高温时合金吸氢，内部压力升高；低温时放氢，压力降低。利用这种压力差推动活塞运动，实现氢气的压缩。与传统压缩机相比，储氢合金压缩机具有结构简单、无摩擦部件、无噪声、寿命长等优势[108-112]。此外，它还能与太阳能、工业余热等热源结合，提高能源利用效率，在氢气压缩、氢能存储等方面有广阔的应用前景。

储氢合金的性能可以通过调整合金的组成来进行调控。不同的金属元素组合可以形成具有不同晶体结构和性能的储氢合金。通过改变合金中各元素的种类和比例，可以优化合金的储氢量、吸放氢动力学性能、平台压力等关键性能指标。例如，在 AB_5 型储氢合金中，通过部分取代 A 或 B 元素，可以改善合金的吸放氢性能和循环稳定性。这种可调控性为开发新型高性能储氢合金提供了广阔的空间。

2.2　合金储氢的基本原理

氢气的安全、高效储存是氢能大规模应用的关键瓶颈之一。储氢合金凭借其高储氢密度、良好的安全性和可逆吸放氢特性，成为极具前景的储氢材料。深入理解储氢合金的吸放氢热力学基本原理，对于开发高性能储氢合金、推动氢能产业发展具有至关重要的意义。

从微观角度来看，吸放氢过程涉及氢原子在合金晶格中的扩散和占位。合金的晶体结构决定了氢原子可能占据的间隙位置。不同的晶体结构具有不同的间隙类型和大小，例如面心立方（FCC）结构的合金具有八面体和四面体间隙，体心立方（BCC）结构的合金也有其特定的间隙结构。氢原子在这些间隙中的扩散速率和稳定性影响着合金的吸放氢动力学和热力学性能。

2.2.1　吸放氢的化学反应本质

储氢合金的吸放氢过程本质上是一个可逆的化学反应过程。当氢气与储氢合金接触时，氢气分子首先在合金表面发生物理吸附，随后分解为氢原子。这些氢原子通过表面扩散进入合金内部，并占据合金晶格中的间隙位置，与金属原子形成金属-氢键，从而形成金属氢化物，此为吸氢过程。而放氢过程则是在一定条件下，金属氢化物分解，氢原子从晶格间隙中脱出，重新结合成氢气分子并释放出来。

储氢材料的吸放氢相变过程可表示为[33]：

$$\frac{2}{y-x}MH_x + H_2 \rightleftharpoons \frac{2}{y-x}MH_y + \Delta H^{\ominus} \tag{2.1}$$

式中，MH_x 表示氢溶解在金属间隙中形成的饱和固溶体 α 相，MH_y 表示氢在 α 相中的溶解度达到饱和后继续吸氢生成的金属氢化物相（$y \gg x$），$\Delta H^{\ominus}$ 表示生成焓。一般来说，对于工程应用的可逆储氢材料，吸氢过程通常是放热反应，即 $\Delta H^{\ominus}<0$；而放氢过程则是吸热反应，即 $\Delta H^{\ominus}>0$。

储氢材料吸放氢热力学特性通常可用图 2-1 所示的压力-组成-等温线（PCI）曲线来描述[11]。

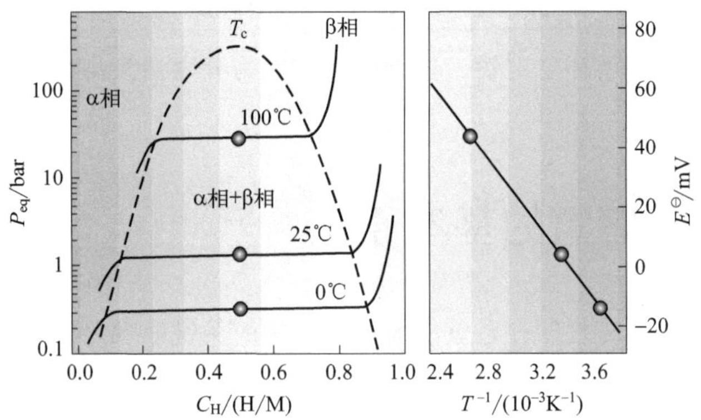

图 2-1　典型储氢材料 $LaNi_5$ 的 PCI 曲线及范特霍夫曲线[11]

根据化学平衡原理，对于反应式（2.1）：

$$\Delta G^{\ominus} = -RT\ln Kp = RT\ln P_{H_2} \tag{2.2}$$

$$\ln P_{H_2} = \frac{\Delta H^{\ominus}}{RT} - \frac{\Delta S^{\ominus}}{R} \tag{2.3}$$

式(2.3）为储氢材料吸放氢相变反应的范特霍夫方程。P_{H_2} 为吸放氢平台压力（atm）；$\Delta S^{\ominus}$ 为熵变；$\Delta H^{\ominus}$ 为相变反应的生成焓，是表征氢化物稳定性的一个重要参数，也是选择氢化物材料的一个重要指标。

由于在常温下，几乎所有金属的 $\Delta S^{\ominus}$ 值均约为 -125J/(mol・K)，因此，式(2.3）中的吸放氢平台压力基本取决于 $\Delta H^{\ominus}$，实际应用的氢化物平台压力大多在 0.01～1MPa 之间，据此得到反应的 $\Delta H^{\ominus}$ 范围在 -29～46kJ/mol H_2。对应用于氢气储运的储氢材料来说，由于大气环境压力为 0.1MPa，故氢化物平台压力须高于 0.1MPa，否则在环境温度下氢难以释放，因此，一般应用时氢化物的平衡压力应在 0.1～1MPa 之间，相应选择的 $\Delta H^{\ominus}$ 范围更小。

由 Gibbs 相率可得：

$$f=C-P+2 \tag{2.4}$$

式中，f 为金属氢体系的自由度，C 为独立组分，P 为相数。在金属氢体系中，独立组分为金属及氢，即 $C=2$，故 $f=4-P$。在 α 固溶体区域，体系存在 α 相和气相，即 $P=2$，得 $f=2$；在 β 固溶体区域，体系存在 β 相和气相，即 $P=2$，所以 $f=2$，因此即使温度保持一定，在两个固溶体区域，压力也可以变化。在 α→β 相变区域，由于体系存在 α 相、β 相及气相，故 $P=3$，得 $f=1$。因此，在温度一定时，吸放氢相变的平台区域的压力应是恒定的。在实际应用中，许多合金的压力平台会出现不同程度的倾斜，导致平台倾斜的原因有很多，如氢溶于多元合金产生的应力和合金成分不均匀等。

以储氢合金为例，吸氢（生成单氢化物相）过程一般由以下三个步骤组成（图 2-2），而放氢过程则按相反顺序进行[6,11]：

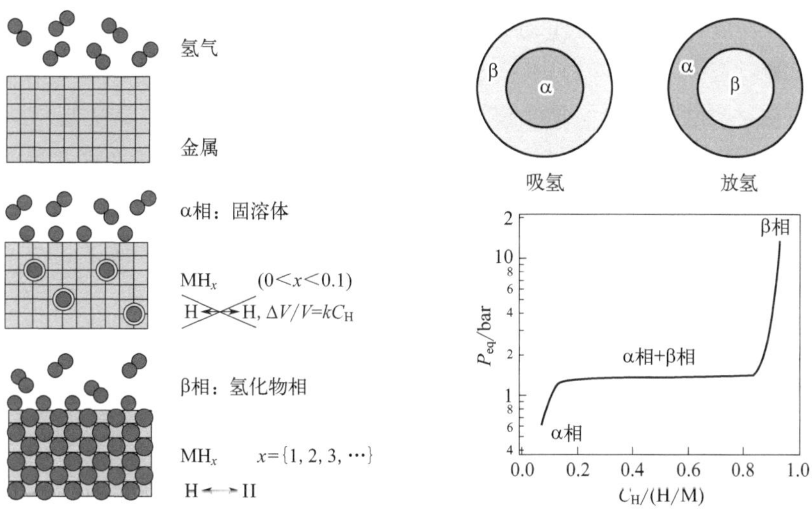

图 2-2　储氢合金的吸放氢过程示意图

① 氢的表面吸附和分解。氢分子在储氢合金表面解离为活性氢原子，该活性原子被储氢合金表面吸附并进一步形成化学吸附，此过程的反应速率取决于储氢合金表面的催化活性。

② 氢的扩散。氢被吸附越过固气界面后，在储氢合金基体中的扩散，该过程的速度受合金颗粒表面氧化膜的厚度及致密性、合金的颗粒尺寸及氢在合

金和氢化物中的扩散系数等因素影响。

③ α→β 相变。当储氢合金表面的氢容量 C_α 升至高于 β 相氢容量 C_β 时（即 $C_\alpha > C_\beta$），在过饱和度（$C_\alpha - C_\beta$）的作用下，α 相开始逐渐转变为 β 相，并不断吸氢，此过程的速度主要受 β 相的形核与生长速度制约。

2.2.2 吸放氢反应动力学模型

储氢合金吸放氢反应既可以使用气固反应动力学模型，也可以使用 JMAK（Johnson-Mehl-Avrami-Kolmogorov）模型，具体选择取决于反应体系的特点、研究目的和反应条件。这里介绍两者的基本原理，其相关数学表达和计算将在 4.2.2 中详述。

2.2.2.1 气固反应动力学模型

如果吸放氢反应的速率主要受气体（氢气）与固体（储氢材料）界面上的吸附、脱附、化学反应等步骤控制，气固反应动力学模型是一个合适的选择。例如，当储氢材料的表面性质对吸放氢速率有显著影响时，如表面的活性位点数量、表面能等，气固反应动力学模型可以较好地描述这些界面过程对反应速率的影响。

对于一些结构相对简单、反应机理相对明确的储氢体系，气固反应动力学模型能够以较为直观的方式描述吸放氢过程。例如，某些金属单质或简单金属合金的吸放氢反应，其反应过程主要涉及氢气在固体表面的吸附和与金属原子的化合反应，气固反应动力学模型可以提供一个初步的动力学描述。

气固反应动力学模型通常可以将反应过程分解为多个步骤，如气体扩散、吸附、表面反应等，能够清晰地展示每个步骤对整体反应速率的贡献，有助于深入理解反应的微观机制。

2.2.2.2 JMAK 模型

JMAK 模型是描述相变动力学的经典理论，由 Avrami[113]、Johnson、Mehl[114] 和 Kolmogorov 等在 20 世纪 30～40 年代逐步发展完善。最初用于描述金属材料在固态下的相变过程，随着研究的深入，其应用范围扩展到包括吸放氢反应[115,116]、聚合物结晶等众多涉及相变的领域。该基本模型亦称为经典 JMAK(Classical-JMAK，简称 C-JMAK）模型。

C-JMAK 模型基于相变动力学中的形核与长大机制来描述吸放氢反应。在吸氢过程中，当氢气与储氢材料接触时，氢分子首先在材料表面分解为氢原子，然后氢原子向材料内部扩散。在材料内部的某些特定位置，如缺陷、晶界或特定的晶格位置，由于能量较低，氢原子会聚集形成微小的氢化物晶核，这就是形核过程。形核模式可以分为瞬时形核（位置饱和形核）模式和线性连续形核模式[116]。瞬时形核模式假设所有的晶核在相变开始的瞬间就全部形成，后续过程只是已形成晶核的长大，不存在新晶核的产生。例如在一些特定的快速冷却条件下，可能近似出现这种形核方式；而线性连续形核模式则是形核速率在整个相变过程中保持恒定，即单位时间内形成的晶核数目是固定的。晶核形成后，会不断吸收周围的氢原子而长大。长大过程受到多种因素的影响，如氢原子的扩散速率、晶核与周围基体的界面能等。在放氢过程中，氢化物中的氢原子会从晶核中脱离，通过扩散到材料表面，然后结合成氢分子释放出来，这一过程同样涉及形核与长大的逆过程。

C-JMAK 模型能够很好地描述具有特定形核模式（位置饱和形核和线性连续形核）、长大模式（界面控制和扩散控制）和碰撞模式（随机分布晶核各向同性长大）（形核-长大-碰撞模式）下的吸放氢过程[116,117]。此外，C-JMAK 模型为研究吸放氢反应的动力学过程提供了一种定量分析的方法，有助于深入理解反应的本质和影响因素。然而，C-JMAK 模型也存在一定的局限性。它假设反应体系是均匀的，忽略了材料内部的微观结构差异和杂质的影响。在实际的吸放氢反应中，材料的微观结构和杂质可能会对形核和长大过程产生显著影响，导致实验数据与模型预测存在一定的偏差。此外，该模型没有考虑到反应过程中的热效应和应力变化等因素，这些因素在某些情况下也可能对反应动力学产生重要影响。尽管如此，C-JMAK 模型仍然是研究吸放氢反应动力学的重要工具，通过不断改进和完善，可以更好地描述和预测实际的吸放氢反应过程。例如，研究人员为了更精确地描述相变过程中的形核行为，通过考虑形核的自催化作用，对 C-JMAK 模型进行了扩展[115,116,118,119]，并将线性连续形核模式拓展为连续形核模式[119-121]，提出了引入形核指数的 JMAK(Nucleation index incorporated JMAK 简称 NI-JMAK) 模型[118]。

2.2.3　吸放氢过程的热力学参数

储氢合金的吸放氢热力学参数描述了合金与氢气之间反应的能量变化和平衡状态，对于理解储氢过程的本质、评估合金的储氢性能以及设计储氢系统都具有重要意义。以下是几个重要的储氢合金吸放氢热力学参数。

2.2.3.1　生成焓（ΔH）

定义：生成焓是指在一定温度和压力下，由稳定单质生成化合物时的热效应。对于储氢合金的吸氢反应，生成焓表示合金与氢气反应生成金属氢化物时所释放或吸收的热量。当 ΔH 为负值时，吸氢反应为放热反应；当 ΔH 为正值时，吸氢反应为吸热反应。大多数储氢合金的吸氢反应是放热反应。

意义：生成焓反映了氢化物的稳定性。$|\Delta H|$ 值越大，说明氢化物越稳定，意味着需要更高的能量（如更高的温度）才能使氢化物分解放氢。例如，对于一些高温储氢合金，其生成焓的绝对值较大，氢化物在较高温度下才能稳定存在和分解。通过研究生成焓，可以选择合适的储氢合金以满足不同应用场景对储氢稳定性和放氢条件的要求。

2.2.3.2 生成熵（ΔS）

定义：生成熵是指在一定温度和压力下，由稳定单质生成化合物时的熵变。在储氢合金的吸氢反应中，生成熵表示反应前后系统混乱度的变化。一般来说，吸氢反应是气体（氢气）被固定在合金晶格中的过程，系统的混乱度减小，所以生成熵通常为负值。

意义：生成熵与吸氢反应的自发性和放氢的难易程度有关。ΔS 的大小影响着吸放氢反应的平衡压力。根据热力学公式 $\Delta G=\Delta H-T\Delta S$（$\Delta G$ 为吉布斯自由能变，T 为温度），在一定温度下，ΔS 的绝对值越大，为使 $\Delta G<0$（反应自发进行）所需的温度变化就越大，这会影响到放氢的温度条件。

2.2.3.3 平衡压力（P_{eq}）

定义：平衡压力是指在一定温度下，储氢合金与氢气达到热力学平衡时的氢气压力。在吸放氢过程中，当氢气压力高于平衡压力时，合金会吸收氢气；当氢气压力低于平衡压力时，合金会释放氢气。

意义：平衡压力是衡量储氢合金吸放氢性能的重要参数之一。它与温度和合金的成分有关，遵循范特霍夫方程［式(2.3)］。通过测量不同温度下的平衡压力，可以绘制出 PCI 曲线，从而全面了解合金的吸放氢热力学特性。较低的平衡压力意味着在较低的氢气压力下合金就能吸氢，而较高的平衡压力则表示需要较高的压力才能实现吸氢，但同时放氢也相对容易。

2.2.3.4 吉布斯自由能变（ΔG）

定义：吉布斯自由能变是判断化学反应自发性的重要判据。对于储氢合金的吸放氢反应，ΔG 表示反应过程中系统自由能的变化。根据公式 $\Delta G=\Delta H-T\Delta S$，它综合考虑了焓变和熵变以及温度的影响。

意义：当 $\Delta G<0$ 时，吸氢反应自发进行；当 $\Delta G>0$ 时，放氢反应自发进行。在实际应用中，通过控制温度和氢气压力来改变 ΔG 的值，从而实现储氢合金的吸放氢过程。例如，升高温度会使 $T\Delta S$ 项增大，有利于放氢反应的进行（使 $\Delta G>0$）。

2.2.4　吸放氢过程的动力学参数

储氢合金的吸放氢动力学参数是衡量其吸放氢性能和速率的重要指标，这些参数对于评估储氢合金的实际应用价值至关重要。以下介绍几个关键的储氢合金吸放氢动力学参数。

2.2.4.1　吸氢速率

定义：指单位时间内储氢合金吸收氢气的量。通常用单位质量或单位体积的合金在单位时间内吸收氢气的物质的量或质量来表示，例如 mol/(kg·s) 或 g/(m^3·s)。

意义：吸氢速率反映了合金在实际应用中快速储存氢气的能力。在一些需要快速充氢的应用场景，如氢燃料电池汽车的加氢过程，高吸氢速率的储氢合金能够显著缩短加氢时间，提高使用效率。

2.2.4.2　放氢速率

定义：单位时间内储氢合金释放氢气的量，同样可以用单位质量或单位体积的储氢合金在单位时间内释放氢气的物质的量或质量来衡量。

意义：在实际应用中，如氢燃料电池系统中，需要储氢合金能够按照一定的速率稳定地释放氢气，以满足燃料电池的工作需求。高放氢速率的合金可以为燃料电池提供充足的氢气供应，保证其正常运行。

2.2.4.3　反应活化能

定义：无论是吸氢还是放氢过程，都需要克服一定的能量障碍才能发生反应，这个能量障碍就是反应活化能。它表示反应进行所需的最小能量。

意义：反应活化能是评估储氢合金吸放氢动力学性能的重要参数之一。较低的反应活化能意味着反应更容易进行，吸放氢过程可以在较低的温度和压力条件下实现，这对于降低储氢系统的能耗和提高其安全性具有重要意义。

2.3　钒基储氢合金的种类

近 80 年来，储氢合金已经发展到了第三代，其中包括以 BCC 结构钒基固溶体为主相的 V 基储氢合金，如图 2-3 所示[58]。钒基储氢合金由于成分差异，

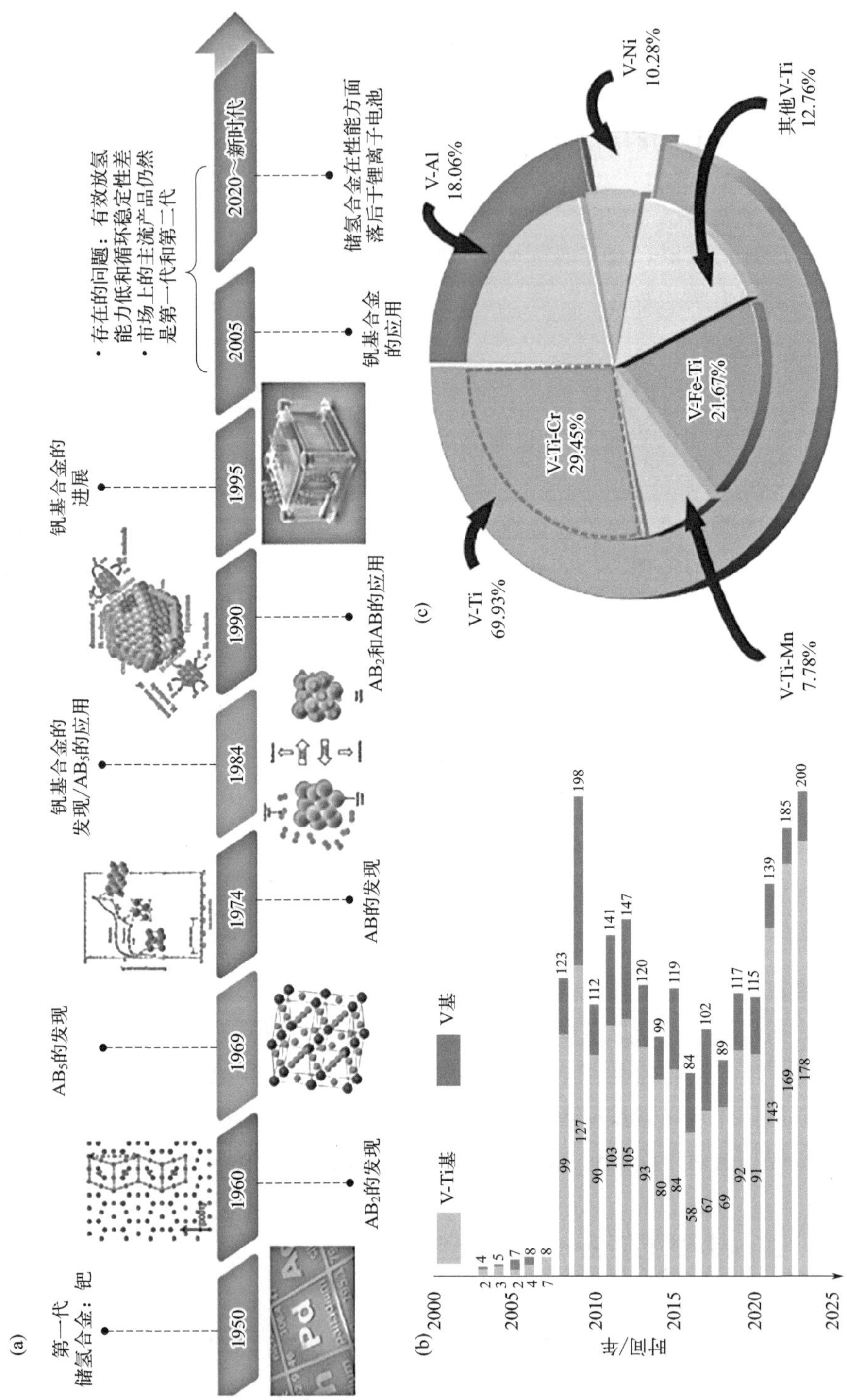

图 2-3 （a）储氢合金的发展历程；（b）过去 20 年的文献分析图谱；（c）V 基合金的分类和文献比例[58]

可能会有副相生成，包括 Laves 相[60,122-135]（如图 2-4[58]）、FCC 相[124,136]、TiNi 相[137] 等。作为一种新型高容量储氢合金，钒基储氢合金是近年来的一个研究热点，一些钒基储氢合金在合适的温度和压力下，理论储氢量达到 3.8%以上，显示出其在储氢领域的巨大潜力[56-58,60,61,138]。

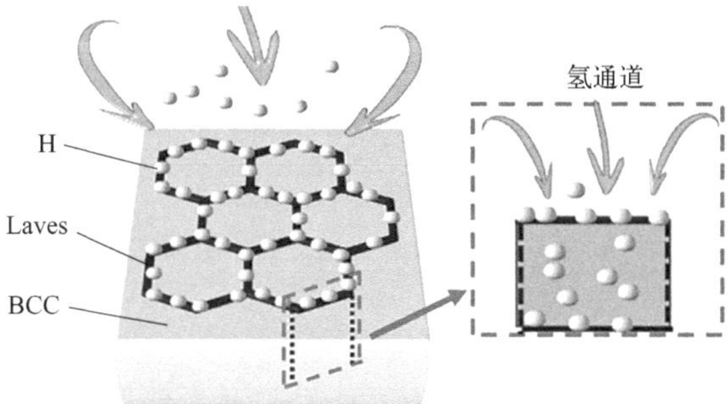

图 2-4 V 基双相储氢合金示意图[58]

2.3.1 V 金属的结构和储氢特性

金属钒的空间群为 $Im3m$，具有体心立方（BCC）结构，晶格参数 $a=3.028\text{Å}$，单位晶胞的原子数为 2。当纯钒吸氢时，氢占据四面体间隙位置，由于每个晶胞中存在 12 个四面体间隙，这样适合氢原子进入的间隙位置较多，因此，此类固溶体的理论储氢量较高。如果所有的四面体间隙都被占满，那么理论储氢量可达到 6H/M（3.8%）[139]。当 V 吸收微量 H 时，生成变形的体心立方（deformed BCC）结构的含氢固溶相（α 相），进一步吸氢可依次形成体心四方（BCT）结构的 VH 相（β 相）和面心立方结构（FCC）的 VH_2 相（γ 相）两种氢化物，如图 2-5 所示[58]。VH 的晶格参数 $a=3.02\text{Å}$，$c=3.36\text{Å}$；VH_2 的晶格参数 $a=4.270\text{Å}$[140]。

钒的 P-C-T 放氢曲线有着高、低两个压力平台（图 2-6）[141]。Papathanassopoulos 等[142] 测量了这两个平台压力，较低的放氢平台压力约为 0.1Pa（353K），而较高的平台压力为 10^5Pa（263K）。由于低压平台太低，不能有效利用，故合金只能释放出所吸收氢量的一半左右[143,144]，但仍高于 $LaNi_5$ 的理论储氢量[145]。

众所周知，温度对储氢合金的 P-C-T 曲线的平台压有着很大的影响，J. J. Reilly 等[145] 测得了钒高压平台部分温度下的吸氢 P-C-T 曲线（图 2-7）。

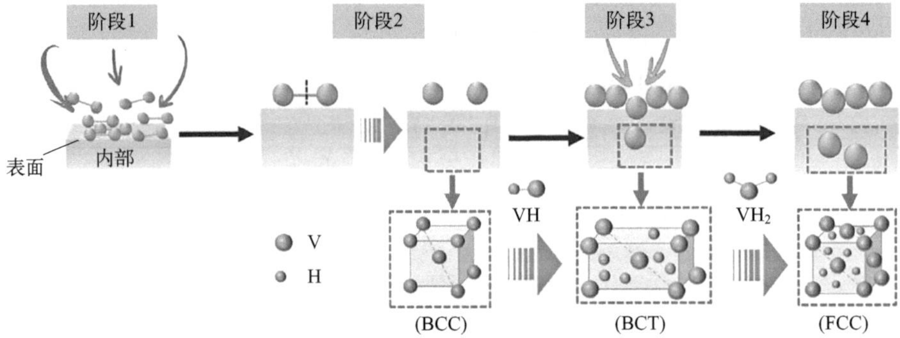

图 2-5　V 的吸氢相变过程示意图[58]

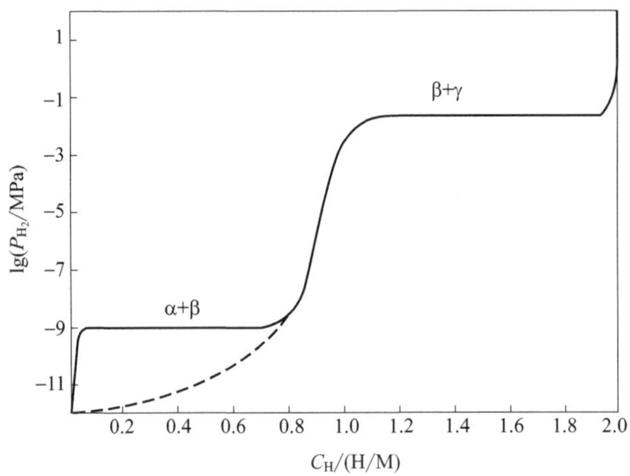

图 2-6　V 的吸放氢 P-C-T 曲线

2.3.2 Ti-V 二元钒基储氢合金

Ti 和 V 这两种元素各自都很容易吸收大量的氢，而 Ti-V 二元体系中无论两种元素以任何比例混合都能形成 BCC 固溶体。

Ono 等[146] 对部分 Ti-V 基二元储氢合金进行了研究。图 2-8 给出了 $Ti_{0.2}V_{0.8}$ 合金的 P-C-T 曲线，这种合金具有一个相对平坦的吸放氢压力平台。图 2-9 给出了 $Ti_{0.2}V_{0.8}$ 合金及其氢化物的 X 射线衍射峰示意图，由图可见，$Ti_{0.2}V_{0.8}$ 合金具有 BCC 结构，但当吸氢量 $C_H \approx 1H/M$ 时具有 BCT 结构，而当吸氢量达到 $C_H \approx 2H/M$ 时又具有 FCC 结构，这说明该合金的点阵结构变化与纯钒的一致。

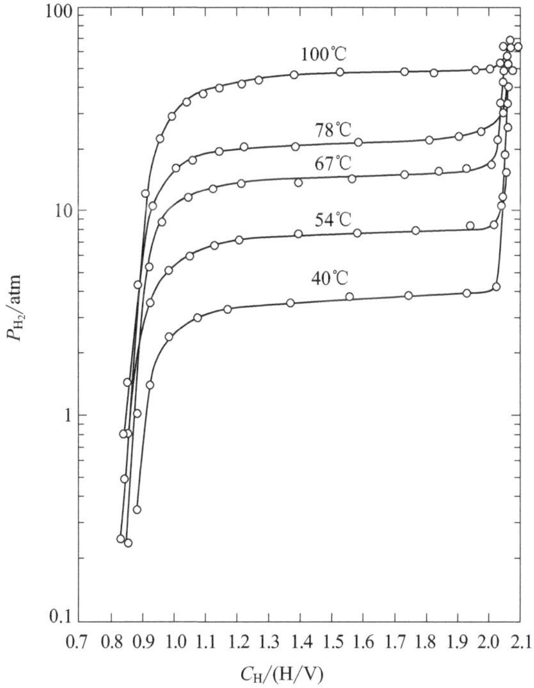

图 2-7　钒在不同温度下的吸氢 P-C-T 曲线（高压平台部分）

（1atm＝101.325kPa）

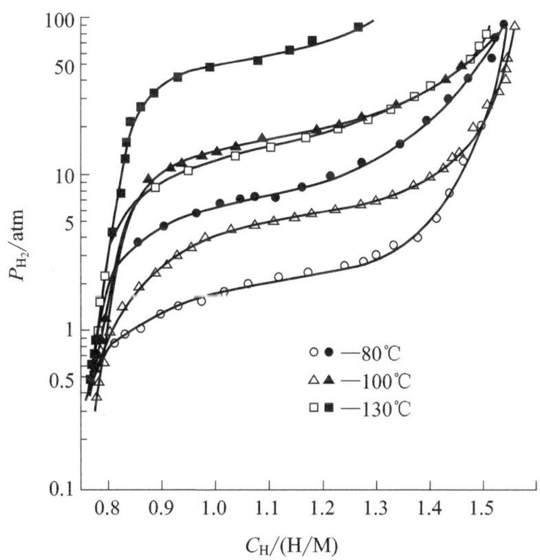

图 2-8　$Ti_{0.2}V_{0.8}$ 合金的 P-C-T 曲线

（1atm＝101.325kPa）

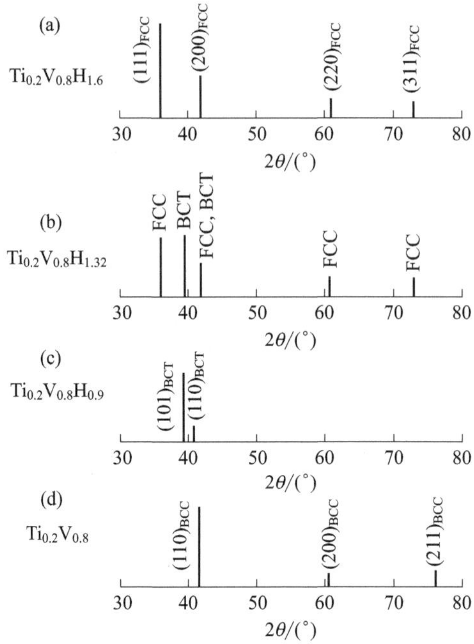

图 2-9　$Ti_{0.2}V_{0.8}$ 的 X 射线衍射图谱

2.3.3　三元钒基储氢合金

由于 Ti-V 等二元固溶体合金难以直接实际应用，因而经常通过添加第三金属元素来改善合金的综合性能。目前研究较多的三元合金主要有 Ti-V-Fe[59,144,147]、Ti-V-Cr[143,148-156]、Ti-V-Mn[60,130,157-164]。

2.3.3.1　Ti-V-Fe 系三元合金

J. F. Lynch 等[59] 研究了（$V_{0.9}Ti_{0.1}$）$_{1-x}Fe_x$（$x=0, 0.01, 0.02, 0.05, 0.075$）合金的点阵常数、热力学常数和储氢特性，该系列合金的点阵常数随 Fe 含量的增加而线性递减；热力学常数也与 Fe 含量呈线性关系。在所研究的合金中，$(V_{0.9}Ti_{0.1})_{0.95}Fe_{0.05}$ 合金的综合性能最佳，353.2K 下，最大吸放氢量分别为 1.9H/M、1H/M，平台压为 1MPa（图 2-10），$\Delta H=-43.2$kJ/mol H_2，$\Delta S=-0.140$kJ/(mol·K)。

Akiba 等[144] 对 26 种成分为 Ti(33%～4%)-V(42%～67%)-Fe(0～14%)（摩尔分数）的合金进行了较为细致的研究，其中性能较优的典型合金 $Ti_{43.5}V_{49.0}Fe_{7.5}$ 在 573K、473K、373K 和 253K 下的 P-C-T 曲线如图 2-11 所

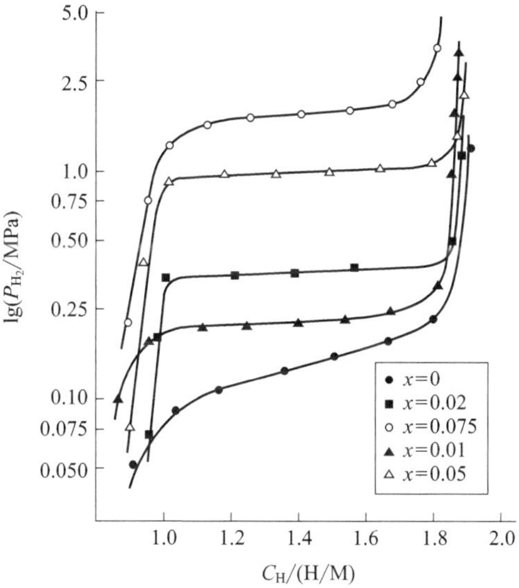

图 2-10　353.2K 下（$V_{0.9}Ti_{0.1}$）$_{1-x}$$Fe_x$ 合金的放氢 P-C-T 曲线

示。从 P-C-T 曲线可以看出，$Ti_{43.5}V_{49.0}Fe_{7.5}$ 合金具有很好的吸氢能力，在 253K 下，最大吸氢量高达 3.9%（C_H = 1.90H/M），有效储氢量也达到了 2.4%。

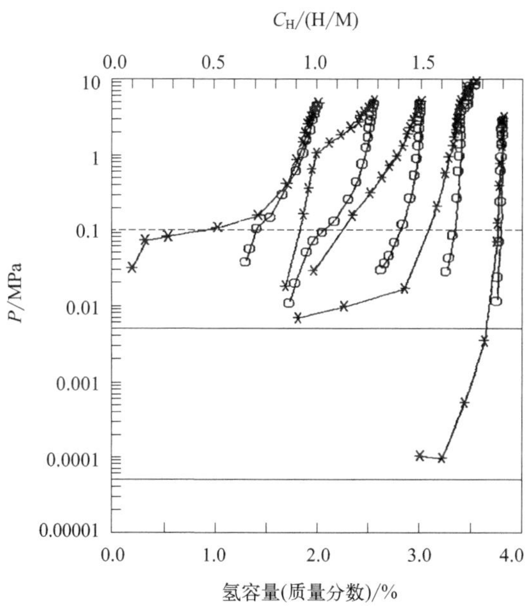

图 2-11　$Ti_{43.5}V_{49.0}Fe_{7.5}$ 合金在 573K、473K、373K 和 253K（左起）时的 P-C-T 曲线

Singh 等[165] 利用固相扩散法制备了 $V_{0.85}Ti_{0.10}Fe_{0.05}$ 合金，并研究了其相结构和储氢性能，研究表明，该合金具有 BCC 结构，在 30℃下，合金的最大吸氢量和放氢量分别为 1.6H/M 和 1.0H/M，如图 2-12 所示。

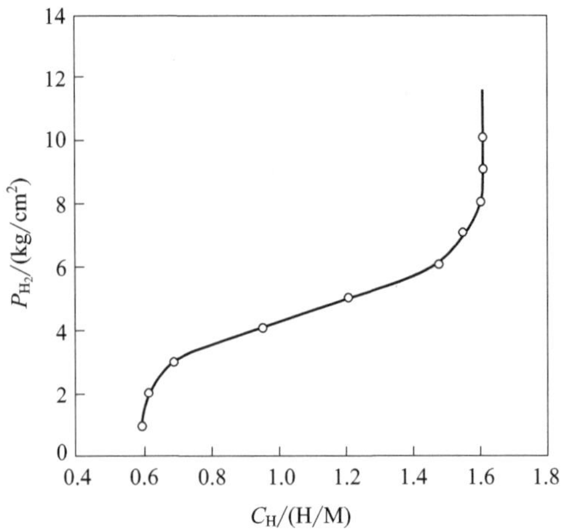

图 2-12　$V_{0.85}Ti_{0.10}Fe_{0.05}$ 合金在 303K 下的放氢 P-C-T 曲线

（$1kg/cm^2=0.1MPa$）

Park 等[166] 对 $(V_{0.53}Ti_{0.47})_{0.925}Fe_{0.075}$ 合金进行了循环衰退机制研究，发现该合金在吸放氢循环前是由单一的 BCC 结构的固溶体相组成，在 10atm（1atm＝101.325kPa）的初始氢压条件下经过 400 次循环后出现了 BCT 结构的氢化物相，吸氢量下降了 40％，点阵常数增大了 20％，这同循环过程中形成的弹性应变力和非晶相有关。

Basak 等[167] 对系列 $Ti_{1-x}VFe_x$（$x=0.0,0.1,0.15,0.2,0.4$）的研究表明，$x=0.1$、0.15、0.2、0.4 时的电子原子比分别为 4.5、4.7、4.8、4.9，最大吸氢量在 $x=0.15$ 处，此时的电子原子比为 4.7，吸氢量为 3.7％，晶格常数是 0.308nm。$x=0.1$ 时，电子密度是 4.5，与 4.7 相差较大，但它的晶格常数为 0.309nm，与 0.308nm 相差较小，所以 $x=0.1$ 与 $x=0.15$ 的吸氢量相差相对较小，为 3.53％；而当 $x=0.2$ 时，晶格常数是 0.301nm，与 0.308nm 相差较大，由于两者的综合作用，使 $x=0.2$ 时的吸氢量要小得多（2.42％）。

Challet 等[162] 研究了$(Ti_{0.355}V_{0.645})_{100-x}Fe_x$（$x=7,14$）的结构和储氢性能，298K 下吸氢量分别为 3.95％和 3.8％。研究还表明，温度变化对合金的可逆容量影响很大，如 $(Ti_{0.355}V_{0.645})_{93}Fe_7$ 合金在 298K 下，可逆容量仅为 0.33％，温度升至 573K，可逆容量骤升至 3.18％。

2.3.3.2　Ti-V-Cr 系三元合金

Ti 在高温下的β相为 BCC 结构，而在低温下的 α 相为 HCP 结构。Cr 和 V 在达到它们的熔点之前都是单一的 BCC 结构。二元合金 Ti-V、V-Cr、Cr-Ti 在高温下也都是完整的 BCC 型固溶体。因此可以预期，Ti-Cr-V 系合金也会形成 BCC 结构的固溶体。图 2-13 给出了 Ti-Cr-V 体系在 1473K 下的相图[168]。

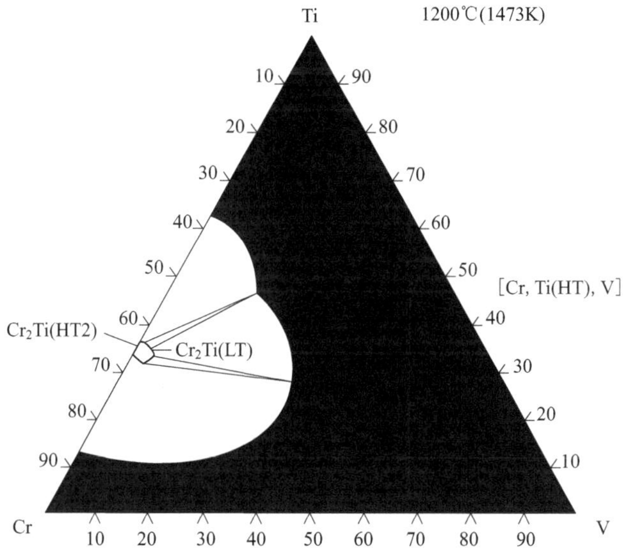

图 2-13　Ti-V-Cr 合金的三元相图

Cho 等[169] 研究了 303K 下 Ti-V-Cr 系合金的吸氢量和有效放氢量，发现当 Ti/Cr 为 0.75 左右（0.70～0.8）时合金的吸氢量和有效吸氢量都相对较大（如图 2-14 所示）。这可能是由于 Ti 在三种元素中原子半径最大，而 Cr 最小，

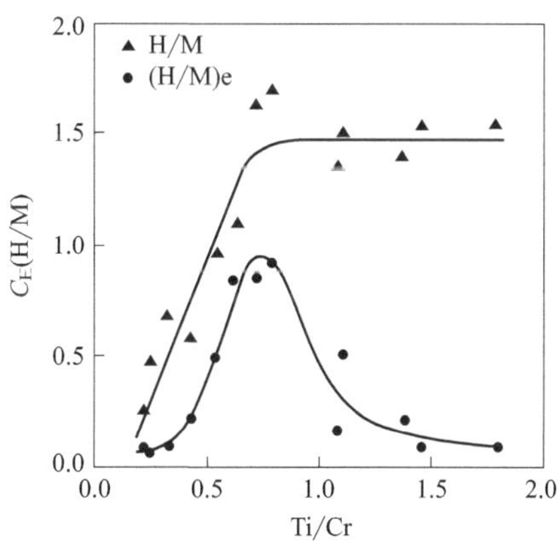

图 2-14　吸氢量与 Ti/Cr 比率的关系

所以晶体点阵常数基本上由 Ti/Cr 决定，进而影响合金吸放氢的容量和稳定性。图 2-15 为点阵常数与 Ti/Cr 比率的关系。

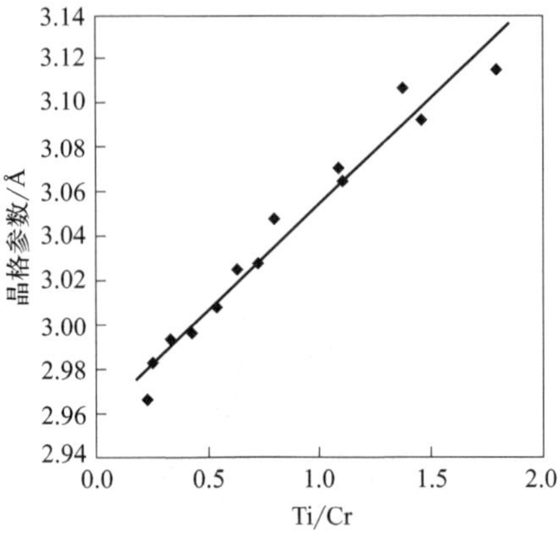

图 2-15　点阵常数与 Ti/Cr 比率的关系

Okada[143,170] 等指出，V-Ti-Cr 合金的吸氢性能也与 Ti/Cr 比有关。在 BCC 组成范围内，随 Ti 含量的增加晶格常数增加，而随 Cr 含量的增加晶格常数则减小，晶格常数越大，平台压力越低，因此改变 Ti/Cr 比可以调整晶格常数，从而控制平台压力。对 Ti/Cr=5/8，V 含量为 0～35%（原子分数）的 V-Ti-Cr 合金中进行的研究表明：当 V 含量低于 5%（原子分数）时，合金主相是 Laves 相；当 V 含量超过 5%（原子分数）时，合金中出现 BCC 相，且随着 V 含量的增加，BCC 相含量增加，Laves 相含量降低；当 V 含量超过 15%（原子分数）时，合金主相转变为 BCC 相（图 2-16）。图 2-17 为上述合金的 P-C-T 曲线，V 含量 15%（原子分数）以上的合金，有效吸氢量约为 2.4%，而以 Laves 相为主相的合金容量低于 1.8%。

2.3.3.3　Ti-V-Mn 系三元合金

Ti-V-Mn 储氢合金是由 C14 型 Laves 相和 BCC 固溶体组成的两相共存合金，Akiba 等[60,171,172] 对 Ti-Mn-V 系合金进行了研究，图 2-18 是 $Ti_{1.0}Mn_{0.9}V_{1.1}$ 合金的 SEM 照片，研究发现该合金主要由 A 相 C14 型 Laves（基体）和 B 相 BCC（网状析出物）组成。这类合金可假想为固溶体与 C14 型 Laves 相合金按不同比例的组合形成的，即 $X_{TiMnV}=AX_{BCC}+BX_{C14}$。当各元素按不同比例变化时，两相的含量也相应的发生变化[171]。通过进一步的 EDS 分析，发现整个系统 Mn 的含量分布比较均匀，A 处为 BCC 相，Ti 含量较低，V 含量较高，而 B 处为 C14 相，Ti 含量较高。通过 Rietveld 分析知 TiMnV 中 BCC 和

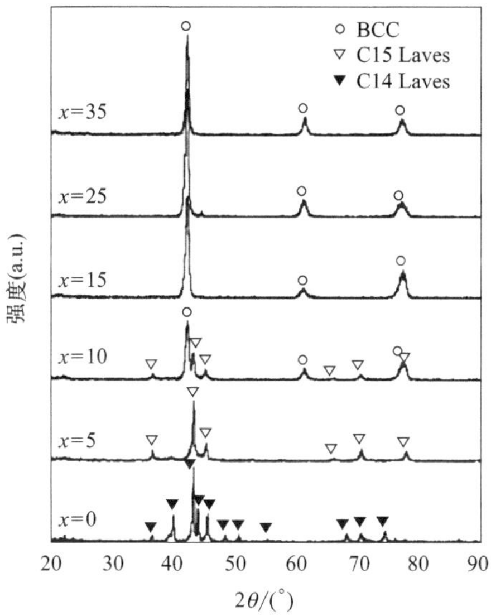

图 2-16 Ti-xV-Cr(Cr/Ti=40/25)(x=0～35)合金的 XRD 图谱

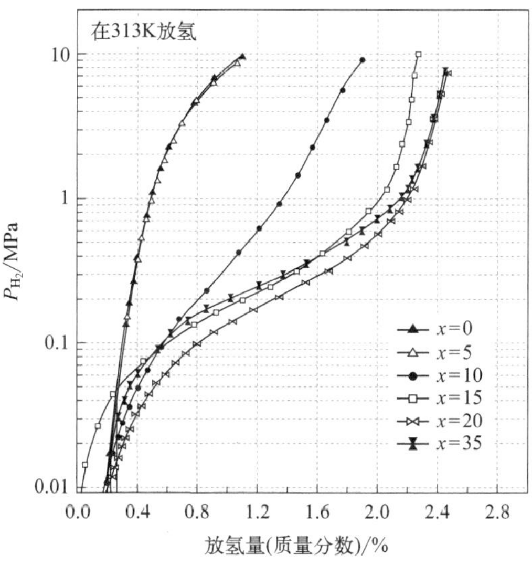

图 2-17 Ti-xV-Cr(Cr/Ti=40/25)(x=0～35)合金的放氢 P-C-T 曲线

C14 相所占比例分别为 78%和 22%。同时还发现，在 C14 相 $Ti_{1.0}Mn_{1.2}V_{0.8}$ 和 BCC 相 $Ti_{0.9}Mn_{1.0}V_{1.1}$ 之间存在着晶间相，这是由于某些亚稳相的分解形成了厚约 10nm、宽约 200nm 的纳米层状结构，EDX 分析表明，此层状合金组成为 $Ti_{1.0}Mn_{0.9}V_{1.1}$。该相的储氢量是 BCC 主相 $Ti_{0.9}Mn_{1.0}V_{1.1}$ 吸氢量的 1.5～2 倍，达到 1.5H/M（见图 2-19）。

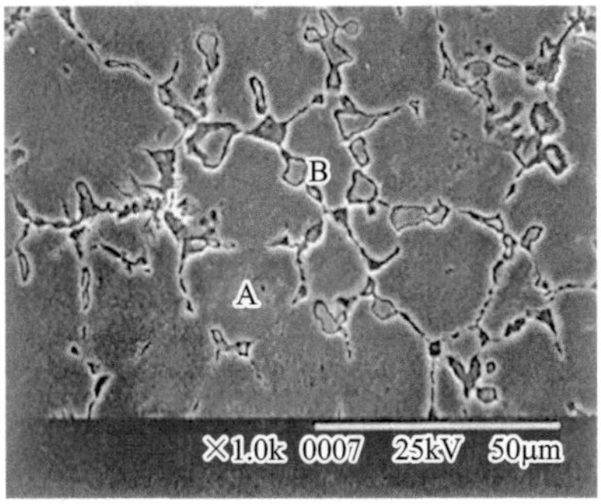

图 2-18　$Ti_{1.0}Mn_{0.9}V_{1.1}$ 合金的 SEM 照片

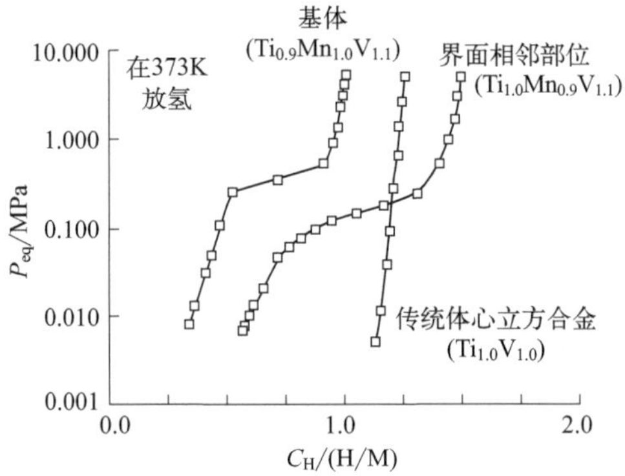

图 2-19　Ti-Mn-V 合金（相界合金）的 P-C-T 放氢曲线

Mouri 等[130] 研究了 $Ti_1V_xMn_{2-x}$（x=1.4～0.6）合金，当 x=0.6 时，合金由 BCC 单相构成，随着 x 值的减小，BCC 相减少，C14 相增加，同时合金的吸氢量降低；当 x=1.4 时，合金变成 C14 单相。由于 C14 相具有很好的活性，因而可以大大降低合金的活化性能，而当合金完全活化后，由 BCC 相构成的合金的氢化速率还高于其他合金。其中，$Ti_1V_{1.4}Mn_{0.6}$ 的吸氢量达到了 2.0H/M 左右。

Challet 等[162] 研究了 $(Ti_{0.355}V_{0.645})_{100-x}Mn_x$（$x$=7,14）的结构和储氢性能，25℃下吸氢量分别为 3.99%和 3.8%。研究还表明，温度变化对合金的可逆容量影响很大，如 $(Ti_{0.355}V_{0.645})_{93}Mn_7$ 合金在 25℃下，可逆容量仅为 0.17%，温度升至 300℃，可逆容量骤升至 3.08%。

2.3.4 四元钒基储氢合金

为了进一步提高合金的储氢性能，人们在三元合金的基础上，又开发出四元钒基储氢合金。目前研究较多的四元钒基固溶体型储氢合金主要有 Ti-V-Fe-Cr[173-183]、Ti-Cr-V-Zr[184-189]、Ti-Cr-V-Mn[123,154,181,190-196] 等。

2.3.4.1　Ti-V-Fe-Cr 系合金

Chen 等[183] 系统研究了 V(30%)-Ti(15%～55%)-Cr(7%～43%)-Fe(2%～18%)（原子分数）体系的储氢性能，研究发现，该系合金均为 BCC 相结构。在 Ti/(Cr+Fe)<1.0 时合金的储氢量随 Ti/(Cr+Fe) 的增加而增加，在 Ti/(Cr+Fe)≥1.0 时，合金的储氢量基本保持不变，而合金的有效储氢量则先随 Ti/(Cr+Fe) 的增加而增加，在 Ti/(Cr+Fe)=1.0 时，达到最大，然后急速减少。随着 Ti/(Cr+Fe) 从 0.9 增加到 1.05，合金的晶格参数和氢化物的生成焓增加，放氢平台压减小。298K 下，$V_{30}Ti_{35}Cr_{25}Fe_{10}$ 合金具有 3.6% 的储氢量和 2.0%的有效储氢量。接下来该研究组又研究了 V_x－$(Ti\text{-}Cr\text{-}Fe)_{100-x}$ [Ti/(Cr+Fe)=1.0,Cr/Fe=2.5，x=20～55] 体系的结构和储氢性能，当合金的晶格参数为 0.3042nm 时，放氢量达到最大，即 $V_{40}Ti_{28.4}Cr_{23.6}Fe_8$ 合金在 298K 下，吸氢量为 3.82%，放氢量为 2.30%[197]。随后，该研究组又在以上研究的基础上，确定了 V 含量为 30%（原子分数）后，通过调整 Cr/Fe、Ti/Cr 的比值，进一步研究了 30V-Ti-Cr-Fe 体系的结构和储氢性能[179]。在所研究的众多合金中，在晶格参数 a≤0.303nm 时，吸氢量随 a 的增加而呈增加趋势，在 a=0.303nm 时，容量基本达最大，约为 3.5%，a 继续增加时，容量变化不大。在晶格参数 a<0.3035nm 时，放氢量随 a 的增加而增加，在 a=0.3035nm 时，达最大，约为 2%，随后，容量随 a 的增加而减小。此外，研究合金中存在 5.25 的 e/a 临界值，当 e/a<5.25 时，合金具有较高的吸氢量，当 e/a 超过 5.25 时，吸氢量有比较大的下降（图 2-20）。这与之前报道[60] 的 e/a 临界值 5.1 有很大差别。

Yoo 等[182] 系统研究了 $Ti_{0.32}Cr_{0.43}V_{0.25}$ 合金在 423K 下，放氢量达到 2.63%，氢化物生成焓约－38kJ/mol H_2。通过 Fe 替代 Cr 对 $Ti_{0.32}Cr_{0.43}V_{0.25}$ 合金的相结构和储氢性能的影响研究表明，合金仍为 BCC 单相结构，在 Fe 含量不超过 8%（原子分数）时，其有效储氢量减少不大，但可以提升平台压至好几个大气压，见图 2-21。通过 DSC 分析，认为 Fe 替代 Cr 对残留 H 的释放无积极作用。

2.3.4.2　Ti-Cr-V-Zr 系合金

Cho 等[187] 研究表明，加入 Zr 能显著改善 Ti-Cr-V 系合金的平台压力和 P-C-T 曲线的滞后。但由于形成了 $ZrCr_2$ 相，使 P-C-T 曲线的平坦度变差，储

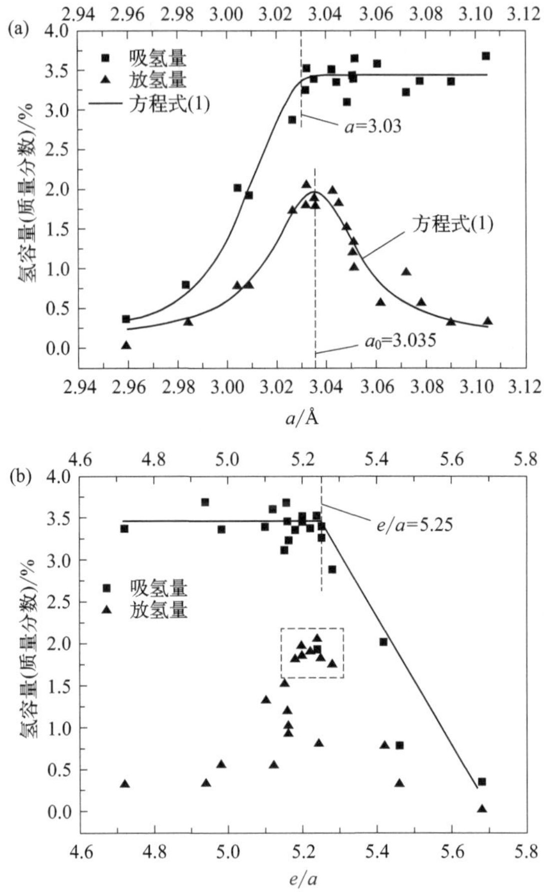

图 2-20 30V-Ti-Cr-Fe 体系中合金的吸放氢量与晶格参数（a）和电子原子比（b）的关系

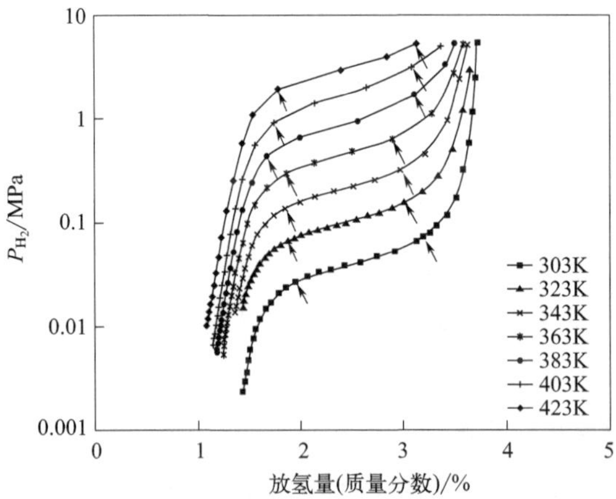

图 2-21 $Ti_{0.32}Cr_{0.43}V_{0.25}$ 合金在不同温度下的放氢 P-C-T 曲线

氢量减少。图 2-22 和图 2-23 分别给出了 $Ti_{0.27-x}Zr_xCr_{0.36}V_{0.37}$（$x=0.05$，0.10，0.15）合金和 $Ti_{0.20-x}Zr_xCr_{0.25}V_{0.55}$（$x=0.05$，0.10，0.15）合金的 P-C-T 曲线。

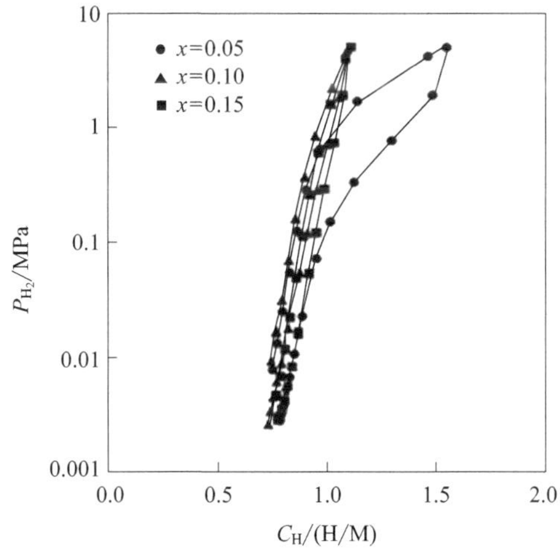

图 2-22　在 303K 下 $Ti_{0.27-x}Zr_xCr_{0.36}V_{0.37}$（$x=0.05$，0.10，0.15）合金的 P-C-T 曲线

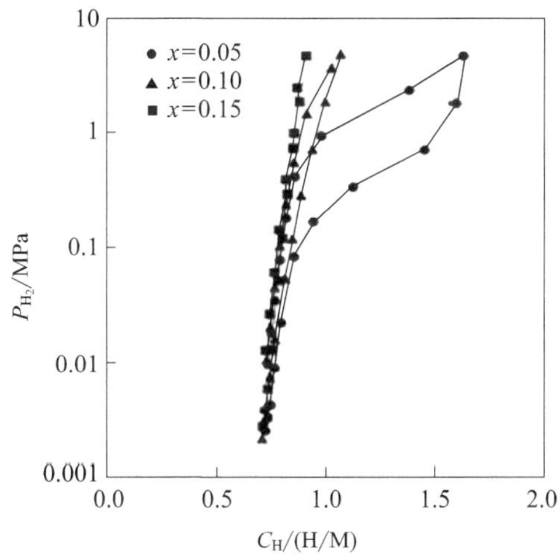

图 2-23　在 303K 下 $Ti_{0.20-x}Zr_xCr_{0.25}V_{0.55}$（$x=0.05$，0.10，0.15）合金的 P-C-T 曲线

从这两幅图中可以看到，储氢量随着 Zr 含量的增加而减少，可以认为是由于生成了 $ZrCr_2$ 相，减少了 BCC 固溶体相所致，因为后者的吸氢量要大于前者，因此抑制 $ZrCr_2$ 相的形成是一个关键问题。通过对合金添加少量 Zr（不超过 5%，原子分数），并严格控制 Ti/Cr 比，设计出以下 8 种合金成分，

如表 2-1 所示。图 2-24 和图 2-25 分别给出这 8 种合金的 XRD 图谱以及相应在 303K 下的 P-C-T 曲线。

表 2-1 Ti-Zr-Cr-V 系列合金成分设计表

样品	组成	Ti/Cr	不形成 $ZrCr_2$ 的 Ti/Cr 比
C-1	$Ti_{0.32}Zr_{0.03}Cr_{0.45}V_{0.20}$	0.71	0.70≤Ti/Cr
C-2	$Ti_{0.31}Zr_{0.05}Cr_{0.44}V_{0.20}$	0.71	0.69≤Ti/Cr
C-3	$Ti_{0.35}Zr_{0.05}Cr_{0.40}V_{0.20}$	0.88	0.69≤Ti/Cr
C-4	$Ti_{0.25}Zr_{0.03}Cr_{0.35}V_{0.37}$	0.71	0.70≤Ti/Cr
C-5	$Ti_{0.23}Zr_{0.05}Cr_{0.32}V_{0.40}$	0.72	0.69≤Ti/Cr
C-6	$Ti_{0.25}Zr_{0.05}Cr_{0.30}V_{0.40}$	0.83	0.69≤Ti/Cr
C-7	$Ti_{0.19}Zr_{0.05}Cr_{0.26}V_{0.50}$	0.73	0.69≤Ti/Cr
C-8	$Ti_{0.16}Zr_{0.05}Cr_{0.22}V_{0.57}$	0.73	0.69≤Ti/Cr

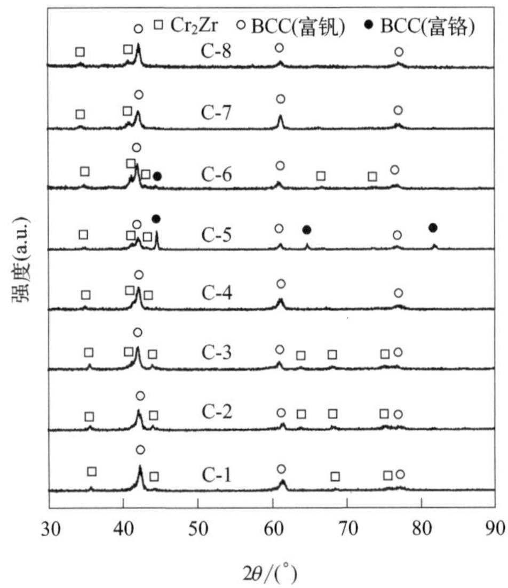

图 2-24 Ti-Zr-Cr-V 合金的 XRD 图谱

由图 2-25 可以看到，C-4、C-7 和 C-8 三种合金中的 $ZrCr_2$ 相已被有效的抑制，而相应的它们在 P-C-T 曲线中也表现出较高的吸氢量和较好的平台特性。

2.3.4.3 Ti-Cr-V-Mn 系合金

Tamura 等[196] 研究发现，对于 Ti-V-Cr 系合金，添加低于 10%（原子分数）的 Mn 能有效改善 P-C-T 曲线平台平坦度而不影响合金的吸放氢量。

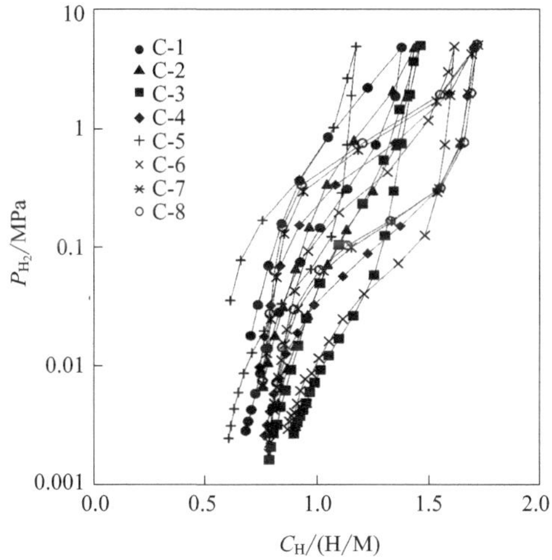

图 2-25　Ti-Zr-Cr-V 合金在 303K 下的 P-C-T 曲线

图 2-26 是经热处理后的 Ti-35V-(37－x)Cr-xMn(x=0,5,10,15) 合金的 P-C-T 曲线。随着 Mn 含量的增加，放氢平台的平坦度增加。除了加入 Mn 含量 x=15 的合金外，其余合金的储氢量几乎与无 Mn 的 Ti-35V-37Cr 合金相同，均为 2.6%，而 Mn 含量 x=15 的样品，其吸放氢量明显减少，这表明添加适量的 Mn 是提高合金吸放氢平台特性的有效手段。

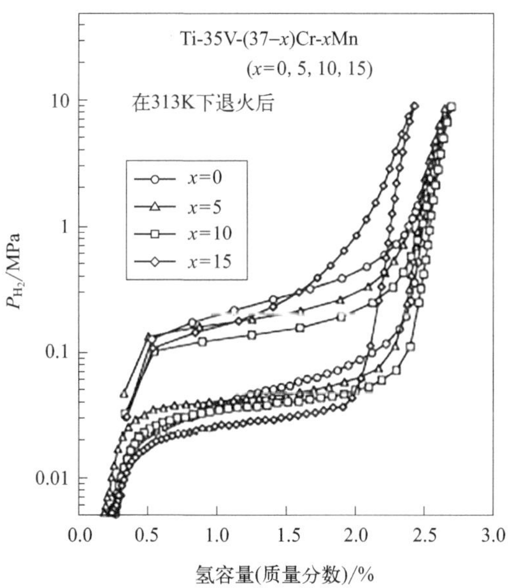

图 2-26　热处理后的 Ti-35V-(37－x)Cr-xMn(x=0,5,10,15) 合金 P-C-T 曲线

为了研究 V 含量对合金储氢特性的影响，Tamura[196] 测试得到了 Ti-xV-Cr-Mn(x=35,45,55)（Ti∶Cr∶Mn=24∶31∶10）热处理后合金的 XRD 图谱和 P-C-T 曲线，如图 2-27 所示。XRD 图谱显示，x=35 的合金主要由 BCC 固溶体相组成，同时含有少量 α-Ti 相。x=45 和 x=55 的合金为单一的 BCC 相。通过抑制 α-Ti 相的生成，Ti-xV-Cr-Mn(x=35,45,55；Ti∶Cr∶Mn=24∶31∶10）合金的放氢量普遍较高，x=35 时，有效放氢量为 2.44%，x=45 和 x=55 时，有效放氢量在 2.47%左右，且放氢平台压基本在 0.1MPa 附近。这说明适当增加 V 含量能有效抑制 α-Ti 相的形成，并能稍微提高合金样品的有效放氢量。

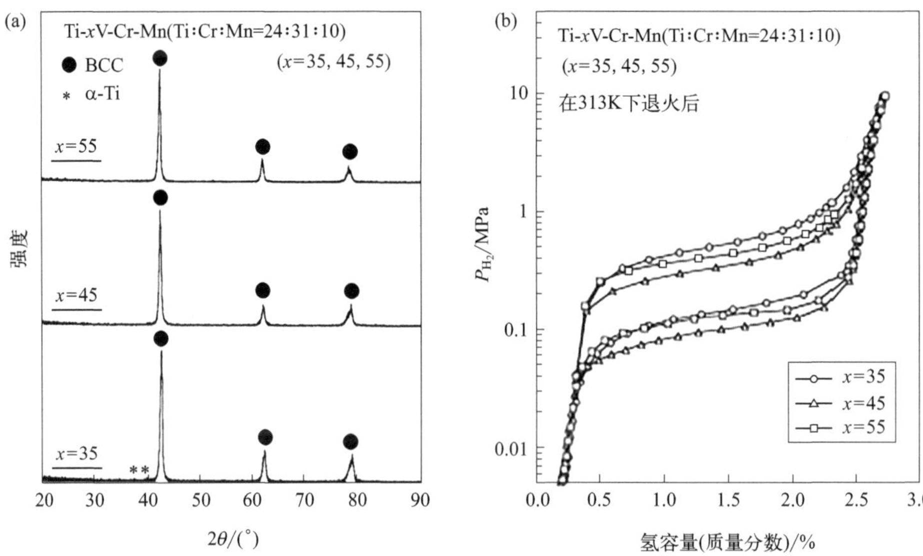

图 2-27 热处理后 Ti-xV-Cr-Mn(x=35,45,55）合金的 XRD 图谱（a）和 P-C-T 曲线（b）

Seo 等[198] 系统研究了 $V_{0.68-x}Ti_{0.20}Cr_{0.12}Mn_x$ 合金、$V_{0.555-x}Ti_{0.25}Cr_{0.12+x}Mn_{0.075}$ 合金以及 $V_{0.505-x}Ti_{0.30}Cr_{0.12+x}Mn_{0.075}$ 合金的储氢性能，其 P-C-T 曲线如图 2-28～图 2-30 所示。研究表明，Mn 的添加减小了吸氢量，提高了 P-C-T 曲线平台的高度和平坦度。在 x=0.075 时，其有效放氢量最大，故确定了 Mn 含量为 0.075 后，再研究了 Cr 含量的变化对储氢性能的影响，发现随着 Cr 含量的增加，平台压增加，储氢量减小，有效储氢量在 x=0.12 左右达到最大值。

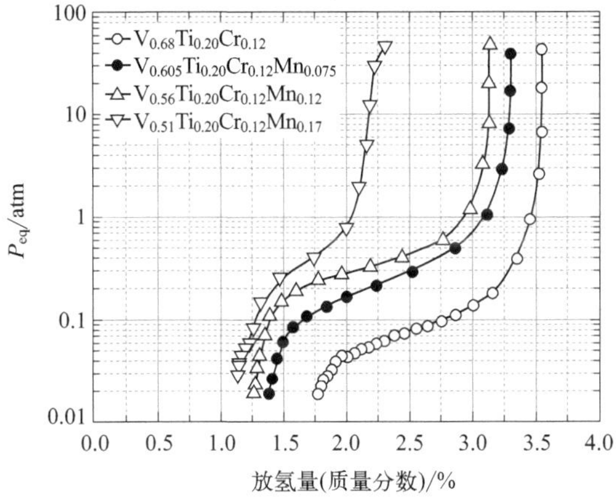

图 2-28　$V_{0.68-x}Ti_{0.20}Cr_{0.12}Mn_x$ 的放氢 P-C-T 曲线

（1atm＝101.325kPa）

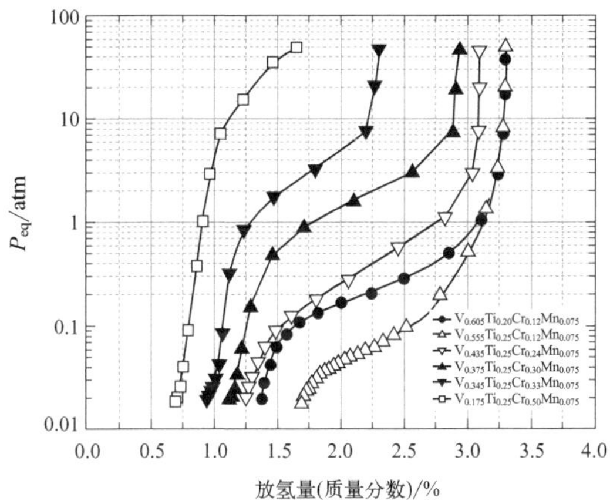

图 2-29　$V_{0.555-x}Ti_{0.25}Cr_{0.12+x}Mn_{0.075}$ 的放氢 P-C-T 曲线

（1atm＝101.325kPa）

Yu 等[195] 研究了 Cr 元素对 Ti-25V-xCr-(35－x)Mn(x＝0,10,20,30)合金储氢性能的影响，结果表明，Cr 元素的加入能抑制合金中 C14 相的形成，BCC 相点阵常数随 x 的增大而增大，虽然合金首次吸氢的孕育期有所增长，但合金的有效储氢量有了明显提高。图 2-31 是 Ti-25V-xCr-(35－x) Mn 合金的 P-C-T 放氢曲线，由图可知，当 x＝30 时，平台的倾斜度有了很大改善，其最大吸氢量（293K 和 3MPa 氢压下吸氢）和有效储氢量（353K 下放氢至 0.003MPa）分别达到最高值 3.99％和 2.44％。

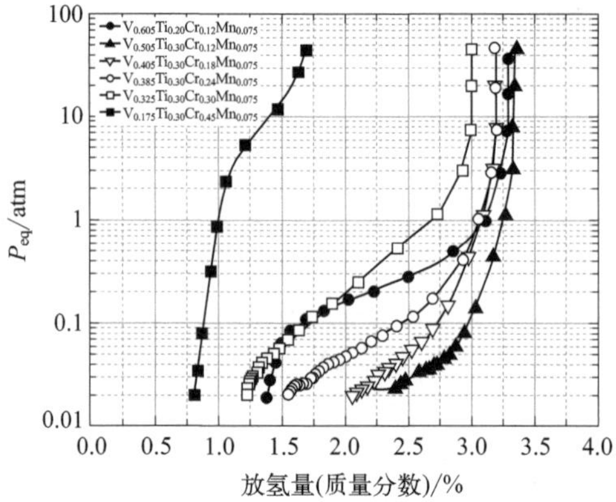

图 2-30　$V_{0.505-x}Ti_{0.30}Cr_{0.12+x}Mn_{0.075}$ 合金的放氢 P-C-T 曲线

(1atm＝101.325kPa)

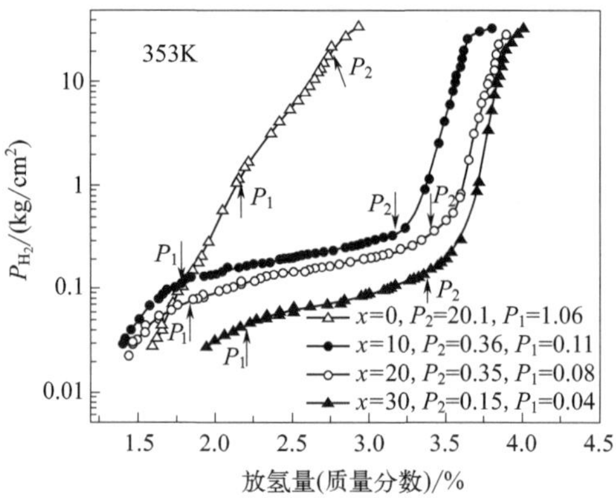

图 2-31　Ti-25V-xCr-(35－x)Mn(x＝0,10,20,30) 合金的放氢 P-C-T 曲线

(1kg/cm^2＝0.1MPa)

2.3.4.4　其他钒基四元合金

除了上述三种常见的四元钒基储氢合金外，其他四元钒基合金亦被相继报道[122,125,128,133,134,199-206]。

Cho 等[203] 研究了 B 添加对 $Ti_{0.32}Cr_{0.43}V_{0.25}$ 合金的结构和储氢性能的影响。研究发现，B 的添加会夺取基体相中的 Ti，形成含 Ti 和 B 元素的第二相。当 B 含量超过 8%（原子分数）时，这种现象显得更加明显，如图 2-32 所示。P-C-T 测试表明，随 B 含量增加，合金的吸放氢量减小，平台压升高（图 2-33）。

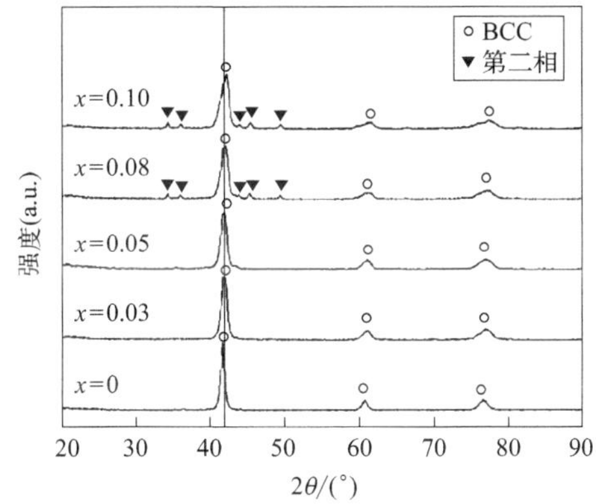

图 2-32 $(Ti_{0.32}Cr_{0.43}V_{0.25})_{1-x}B_x$ 合金的 XRD 图谱

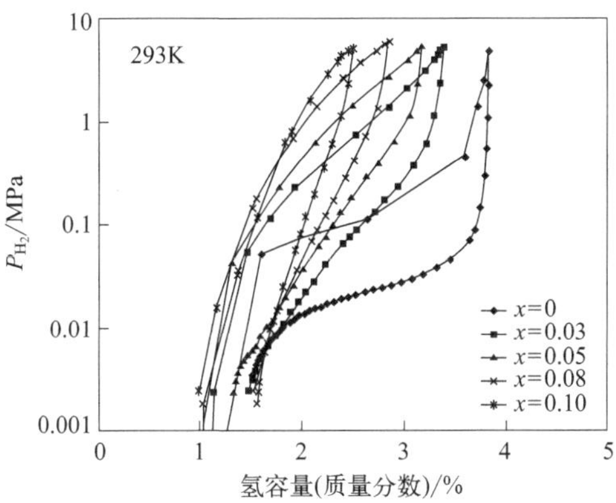

图 2-33 $(Ti_{0.32}Cr_{0.43}V_{0.25})_{1-x}B_x$ 合金在 293K 下的 P-C-T 曲线

Jeng 等[204] 研究了 Pd 添加对 $Ti_{33}V_{33}Cr_{34}$ 合金的吸放氢特性的影响。研究表明 0.05%～0.5%（原子分数）的 Pd 添加可以改善合金的活化性能，且不会明显降低合金的吸氢量。$(Ti_{33}V_{33}Cr_{34})_{99.5}Pd_{0.5}$ 合金在 50 次循环后，仍有 1.6%的可逆储氢量。

2.3.5 其他钒基多元合金

由于多元合金化可有效改善合金的储氢性能，五元及以上的多元钒基储氢合金亦被相继开发出来[127,131,135,181,191,207-222]。

Chen 等[214,222] 研究了 Al 和 Si 元素对 $V_{30}Ti_{35}Cr_{25}Fe_{10}$ 合金的相结构和储氢性能的影响。添加 Al 的合金均为 BCC 单相，Al 的添加导致吸放氢量的减少和平台压的升高。当 Al 含量不超过 1%（原子分数）时，合金的储氢性能没有明显的变化，表 2-2 列出了该系合金的储氢性能数据。而在添加 Si 的合金中，当 Si 添加量达到 0.32%（原子分数）时，合金由单一的 BCC 相结构转变为 BCC 和 Laves 双相结构。Si 主要存在于 Laves 相中，而且 Laves 相中，Ti 和 Fe 的含量也比 BCC 相中的多，见图 2-34。图 2-35 为该系合金的放氢 P-C-T 曲线，由图可见，随着 Si 含量的增加，合金的吸放氢量减小，平台压升高。随后该研究组[223,224] 研究了 Ce 含量对 $V_{55}Ti_{22.5}Cr_{16.1}Fe_{6.4}$ 和 Ni、Mn 含量对 $V_{55}Ti_{20.5}Cr_{18.1}Fe_{6.4}$ 的结构和储氢性能的影响，如图 2-36 所示，含 Ce 合金中有明显的 Ce 偏析，在 BCC 相中，很难探测到 Ce，含 Ce 合金中，BCC 相的晶格参数随 Ce 含量的增加变化不大。Ce 的添加大大改善了合金的活化性能。当 Ce 含量从 0 提升到 3%（原子分数）时，P-C-T 性能改善有限（见图 2-37）。含 Ce 合金中，可以发现 Ce 和 CeO_2，其中 Ce 在合金的活化过程中起到关键作用。对于 $V_{55}Ti_{20.5}Cr_{18.1}Fe_{6.4}$，如图 2-38 所示，随着 Ni 或 Mn 含量的增加，有效吸氢量先增加后减少，放氢 P-C-T 曲线的平台压增加，吸氢动力学性能先改善，然后变差，添加 0.1%（原子分数）Ni 或 0.3%（原子分数）Mn 有利于合金的吸放氢性能的改善。单胞体积的变化，放氢 P-C-T 曲线的平台压的增加和杂质相的产生是影响合金的有效吸氢量和动力学性能的主要因素。含 Ni 合金的结构转变可逆性比含 Mn 合金的高。含 Ni 合金的膨胀率比含 Mn 合金的小。

表 2-2 $(V_{30}Ti_{35}Cr_{25}Fe_{10})_{100-x}Al_x$ ($x=0\sim5$) 合金的储氢性能

Al 含量（原子分数）/%	吸氢量（质量分数）/%	放氢量（质量分数）/%	剩余容量（质量分数）/%	平台压/MPa
0	3.6	2.0	1.6	0.071
0.6	3.58	1.99	1.59	0.073
1	3.55	1.96	1.59	0.085
2.5	2.98	1.43	1.55	0.21
5	1.71	0.23	1.48	—

Yu 等[225] 研究了 Fe 添加对 Ti-10Cr-18Mn-32V 合金的结构和储氢性能的影响。添加 5%（原子分数）的 Fe 后，合金由 BCC 单相结构转变为 BCC 和 C14 Laves 双相结构。研究发现，Fe 的添加改善了合金的活化性能。由图 2-39 可以明显看到，Fe 的添加提高了放氢量和平台压，减小了合金的吸氢量和吸放氢滞后。

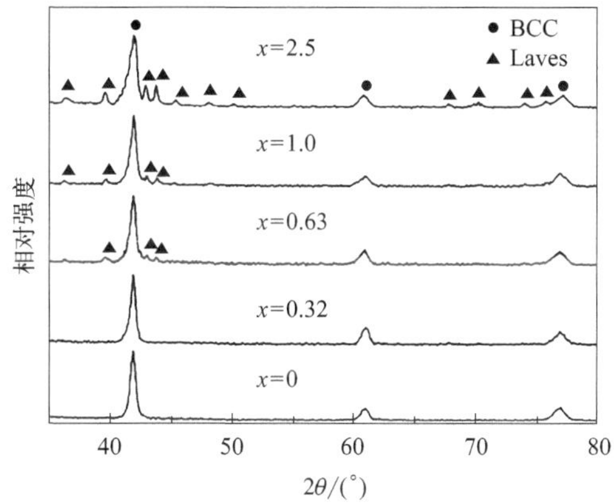

图 2-34　$(V_{30}Ti_{35}Cr_{25}Fe_{10})_{1-x}Si_x$ 合金的 XRD 图谱

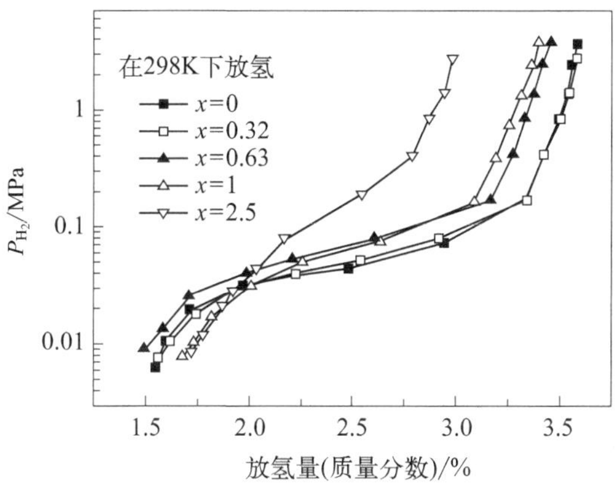

图 2-35　$(V_{30}Ti_{35}Cr_{25}Fe_{10})_{1-x}Si_x$ 合金在 298K 下的放氢 P-C-T 曲线

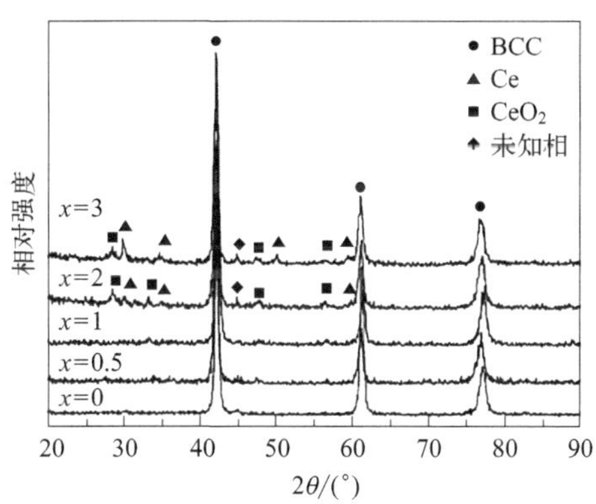

图 2-36　$(V_{55}Ti_{22.5}Cr_{16.1}Fe_{6.4})_{100-x}Ce_x$（$x$=0～3）合金的 XRD 图谱

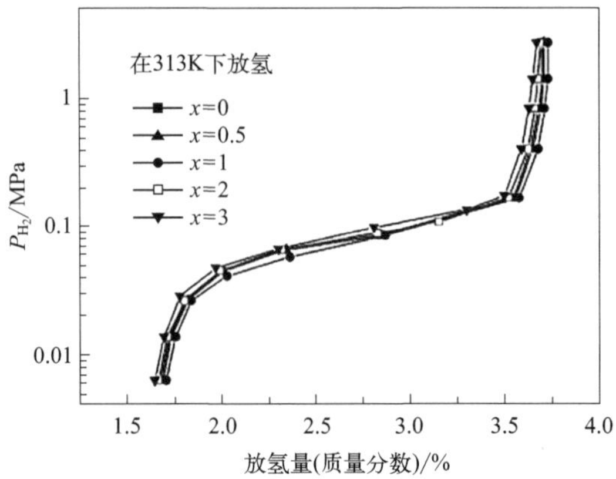

图 2-37 $(V_{55}Ti_{22.5}Cr_{16.1}Fe_{6.4})_{100-x}Ce_x$（$x=0\sim3$）合金在 313K 下的放氢 P-C-T 曲线

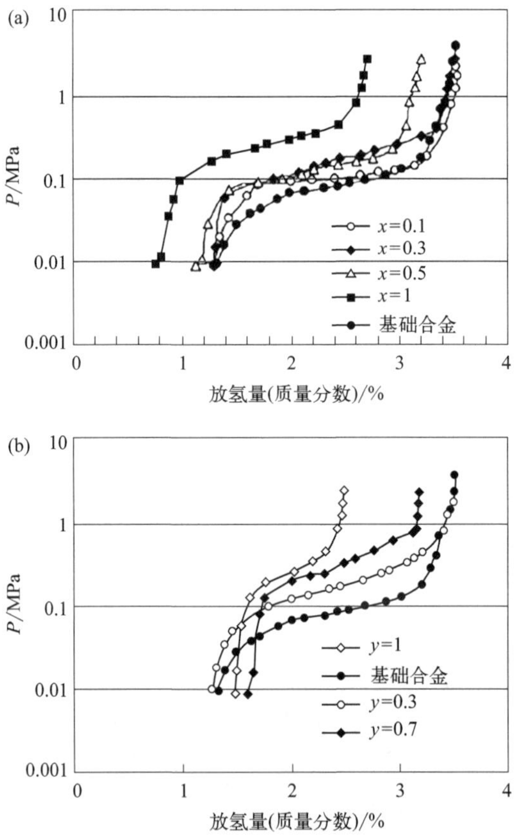

图 2-38 $V_{55-x}Ti_{20.5}Cr_{18.1}Fe_{6.4}Ni_x$（a）和

$V_{55-y}Ti_{20.5}Cr_{18.1}Fe_{6.4}Mn_y$（b）合金在 298K 下的放氢 P-C-T 曲线

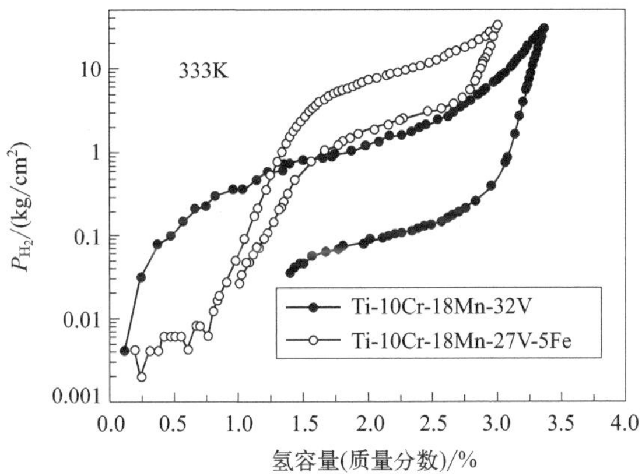

图 2-39　Ti-10Cr-18Mn-32V 和 Ti-10Cr-18Mn-27V-5Fe 合金在 333K 下的 P-C-T 曲线

（$1kg/cm^2=0.1MPa$）

第3章

钒基储氢合金的制备方法

合适的制备方法对于获得高性能的钒基储氢合金至关重要，不同的制备方法会影响合金的组织结构、相组成以及储氢性能。因此，深入研究钒基储氢合金的制备方法具有重要的理论和实际意义。

目前，钒基固溶体合金的制备方法有很多种，如传统的熔炼法、机械合金化法和自蔓延高温合成法等。钒基固溶体储氢合金所采用的制备方法不同，所得合金的性能有较大的差异。

3.1 熔炼法

熔炼法是目前制取钒基固溶体合金最常用的方法，工艺较成熟。原料为高纯度的金属，纯度一般在99.9%以上，多数原料为电解产物，主要是为了减少杂质对储氢合金储氢性能的影响[35]。

3.1.1 电弧熔炼法

电弧熔炼法利用电弧产生高温使合金原料熔化，在惰性气氛中充分混合均匀，冷却后形成合金。该方法操作简单、熔炼速度快，能保证合金成分均匀，可有效提高储氢合金的性能，广泛用于钒基储氢合金研发与生产[59,128,148,164,180,190,205,226-230]。

3.1.1.1 原理

电弧熔炼法制备钒基储氢合金的原理是基于电弧放电产生的高温来熔化金属原料。当在电极（通常为钨电极）和置于水冷铜坩埚中的金属原料之间施加高电压时，会击穿电极与原料之间的气体介质，形成电弧。电弧具有极高的温度，可达数千摄氏度，在如此高温下，钒及其他合金元素的原料会迅速熔化。在熔化过程中，不同元素的原子充分混合，随着冷却凝固，最终形成具有特定成分和组织结构的钒基储氢合金。

3.1.1.2 工艺过程

具体制备工艺过程如下。

(1) 原料准备

选用高纯度的钒以及其他所需合金元素（如钛、镍、铬等）作为原料，确保原料纯度一般在99.9%以上，以减少杂质对合金性能的影响。

根据目标合金的成分比例，精确称量各元素的原料。

(2) 设备准备与装料

检查电弧熔炼设备，包括真空系统、电源系统、电极和水冷铜坩埚等，确保设备正常运行。

将称量好的原料放入水冷铜坩埚中，关闭熔炼室。

(3) 抽真空与充入保护气体

启动真空系统，将熔炼室内的真空度抽至$10^{-3}\sim10^{-4}$Pa，以排除室内的空气和杂质，防止金属氧化。

当达到所需真空度后，向熔炼室内充入高纯惰性气体（如氩气）至一定压力，一般略高于大气压，为熔炼过程提供保护气氛。

(4) 电弧熔炼

接通电源，使电极与原料之间产生电弧，调节电弧电流和电压，控制熔炼温度和速度。通常，电弧电流在几百安培到上千安培之间，具体数值根据原料的种类和质量而定。

熔炼过程中，为保证合金成分均匀，需多次翻转合金锭进行重复熔炼，一般重复熔炼3～5次。每次熔炼时间根据合金的熔化情况而定，通常为几分钟。

(5) 冷却成型

熔炼完成后，停止供电，让合金在水冷铜坩埚中自然冷却，形成合金锭。

3.1.1.3 优缺点

该方法能够快速熔化金属，制备出的合金组织致密，成分均匀，适合制备各种形状和尺寸的合金锭。缺点是设备成本较高，能耗较大，且在熔炼过程中可能会出现元素的烧损现象，影响合金的成分准确性。

3.1.1.4 影响因素

(1) 原料纯度和配比

原料的纯度直接影响合金的质量和性能，杂质可能会影响合金的相结构和储氢性能。准确的配比是保证合金具有预期成分和性能的关键，配比不准确会导致合金性能不稳定。

(2) 电弧参数

电弧电流和电压决定了电弧的温度和能量密度。电流过大可能导致合金熔体飞溅、元素挥发加剧；电流过小则可能使原料熔化不充分。

电弧熔炼时间也很重要，时间过短会使合金混合不均匀，时间过长会增加元素挥发和坩埚污染的风险。

(3) 保护气氛

保护气体的纯度和压力对合金的质量有重要影响。不纯的保护气体会引入杂质，导致合金氧化；保护气体压力不当可能影响电弧的稳定性和金属的挥发情况。

(4) 冷却速率

冷却速率会影响合金的组织结构和性能。快速冷却可以形成细小的晶粒组织，提高合金的强度和储氢性能；但过快的冷却速率可能导致合金内部产生较大的内应力。

3.1.2 感应熔炼法

感应熔炼法是利用电磁感应原理产生热量来熔化金属的一种熔炼方法，这里以目前较为常用的真空感应熔炼和较为先进的磁悬浮感应熔炼为例，进行详细介绍。

3.1.2.1 感应熔炼

感应熔炼在钒基储氢合金制备中应用广泛[150,152,162,211]。感应熔炼能创造低氧环境，减少杂质氧化，避免污染合金。其依靠电磁感应加热使原料均匀熔化，还可利用电磁搅拌促进成分均匀分布，提升合金纯度和致密度，保障储氢性能。

(1) 原理

真空感应熔炼法制备钒基储氢合金的原理是利用交变磁场在金属炉料中产生感应电流，依靠炉料自身的电阻热使炉料迅速熔化。在真空环境下进行熔炼，可有效减少金属与空气中氧、氮等气体的反应，降低杂质含量，保证合金的纯度。同时，通过精确控制熔炼过程中的温度、时间等参数，使各种合金元素均匀混合，形成具有特定成分和组织结构的钒基储氢合金。

（2）工艺过程

① 原料准备　选用高纯度的钒及其他合金元素（如钛、镍、铬等）作为原料。这些原料通常为块状或颗粒状，需进行清洗和干燥处理，以去除表面的油污、氧化物等杂质。

按照目标合金的化学成分准确称量各原料。

② 装料　将称量好的原料依次装入感应炉的坩埚中。一般先装入熔点较高的金属，再装入熔点较低的金属，以确保熔炼过程的顺利进行。

③ 抽真空　关闭炉门，启动真空泵，将炉内抽成高真空状态，一般真空度达到 $10^{-2}\sim10^{-3}$ Pa，以减少熔炼过程中金属的氧化和吸气。

④ 熔炼　接通电源，使感应线圈产生交变磁场，炉料在交变磁场的作用下产生感应电流而发热熔化。逐渐升高功率，使炉料完全熔化，并保持一定时间，以确保合金成分均匀。在熔炼过程中，可通过观察窗或温度传感器等设备监测炉内温度和熔炼情况。

⑤ 精炼　为进一步去除合金中的杂质和气体，可在熔炼后期进行精炼操作。例如，适当降低功率，使合金液在一定温度下保持一段时间，让杂质和气体有足够的时间上浮排出。

⑥ 浇铸　当合金成分均匀且杂质含量符合要求后，将合金液浇铸到预先准备好的模具中，冷却后得到钒基储氢合金铸锭。

（3）优点

① 合金纯度高　在真空环境下熔炼，能有效避免金属与空气的反应，减少杂质的引入，提高合金的纯度。

② 成分均匀性好　通过感应加热和搅拌作用，合金元素能充分混合，保证了合金成分的均匀性，有利于提高合金的性能。

③ 可精确控制成分　可以根据目标合金的要求准确称量和加入各种合金元素，精确控制合金的化学成分。

④ 可重复性强　工艺过程相对稳定，只要严格控制工艺参数，就可以多次制备出性能一致的合金。

（4）缺点

① 设备投资大　真空感应熔炼设备价格昂贵，且需要配备完善的真空系

统和控制系统，投资成本较高。

② 能耗高　感应加热需要消耗大量的电能，熔炼过程中的能耗较大。

③ 生产效率较低　每次熔炼的装料量有限，且熔炼和浇铸过程需要一定的时间，生产效率相对较低。

（5）影响因素

① 原料纯度　原料的纯度直接影响合金的质量，杂质含量过高会降低合金的性能。

② 真空度　真空度越高，越能减少金属的氧化和吸气，但过高的真空度会增加设备成本和操作难度。

③ 熔炼温度和时间　熔炼温度和时间会影响合金的熔化程度、成分均匀性和杂质去除效果，需要根据合金的特性进行合理控制。

④ 坩埚材质　坩埚材质会与合金液发生一定的相互作用，选择合适的坩埚材质可以减少杂质的引入。

3.1.2.2　磁悬浮感应熔炼法

磁悬浮感应熔炼作为一种先进的金属熔炼技术，目前在钒基储氢合金的研发中应用也较为普遍[123,195,220,221,225,231-233]。

（1）原理

磁悬浮感应熔炼法结合了磁悬浮技术和感应加热原理。当交变电流通过感应线圈时，会产生交变磁场。将钒及其他合金元素原料置于这个交变磁场中，原料内部会产生感应电流（涡流）。根据焦耳定律，涡流在原料内部流动会产生热量，使原料升温直至熔化。

同时，利用电磁力与重力平衡，将熔化的金属悬浮起来，避免了其与坩埚接触。这种非接触式的熔炼方式减少了坩埚材料对合金的污染，同时由于悬浮状态下的金属熔体能够快速冷却，有助于形成均匀的组织结构和细小的晶粒，从而改善合金的性能。在熔炼过程中，不同元素的原子充分混合，形成具有特定成分和结构的钒基储氢合金。

（2）工艺过程

将称量好的金属原料放入感应炉的坩埚中，关闭炉门，抽真空后通入惰性气体保护。开启电源，调节感应电流的频率和大小，使金属原料逐渐升温熔化。在熔炼过程中，可以通过搅拌装置使熔池中的金属充分混合。熔炼完成后，停止加热，让合金在坩埚中冷却凝固[131-135,234]。

① 原料准备　选择高纯度的钒以及其他合金所需元素的原料，例如钛、

镍等，确保原料的纯度符合要求，一般纯度需达到99.9%及以上。

根据设计的合金成分比例，准确称量各元素原料。

② 设备准备 检查磁悬浮感应熔炼设备，确保设备正常运行，包括感应线圈、电源系统、真空系统等。

对熔炼室进行清洁和检查，安装好必要的监测仪器，如温度传感器等。

③ 装料与抽真空 将称好的原料放入熔炼室的悬浮区域。

关闭熔炼室，启动真空系统，将熔炼室内的真空度抽至$10^{-3}\sim10^{-4}$Pa，以排除室内的空气和杂质，防止金属氧化。

④ 充入保护气体 当达到所需真空度后，向熔炼室内充入高纯惰性气体（如氩气）至一定压力，一般为略高于大气压，以保护金属在熔炼过程中不被氧化。

⑤ 熔炼过程 接通感应电源，调节电流和频率，使原料开始升温。随着温度升高，原料逐渐熔化并在电磁力作用下悬浮起来。

控制熔炼功率和时间，确保合金元素充分熔化和混合均匀。一般熔炼时间根据合金的种类和质量而定，通常在几分钟到十几分钟之间。在熔炼过程中，可以通过调节电磁力的大小和方向，对熔体进行搅拌，促进元素的均匀分布。

⑥ 冷却成型 熔炼完成后，停止供电，使悬浮的合金熔体自然冷却或通过强制冷却方式（如通入冷却气体）快速冷却，形成合金锭。

(3) 优点

① 纯度高 由于金属熔体与坩埚无接触，避免了坩埚材料的污染，能够制备出高纯度的钒基储氢合金。

② 组织均匀 电磁搅拌作用使熔体充分混合，且快速冷却过程有助于形成均匀细小的晶粒组织，提高合金的综合性能。

③ 可精确控制成分 在熔炼过程中可以精确控制各元素的加入量和熔炼参数，保证合金成分的准确性和一致性。

④ 能熔炼高熔点合金 利用感应加热的高效性，可以熔炼熔点较高的钒基合金，拓宽了合金的制备范围。

(4) 缺点

① 设备成本高 磁悬浮感应熔炼设备价格昂贵，且需要配备复杂的真空系统和电源系统，增加了设备投资成本。

② 生产规模小 由于设备的限制，每次熔炼的合金量相对较少，难以实现大规模工业化生产。

③ 操作难度大 对操作人员的技术要求较高，需要精确控制电磁力、温

度、时间等参数，否则容易出现熔体飞溅、熔炼不均匀等问题。

④ 能耗较高　感应加热和维持磁悬浮状态需要消耗大量的电能，导致生产成本增加。

(5) 影响因素

感应电流的频率、功率、熔炼时间以及坩埚材料等因素会对感应熔炼产生影响。合适的感应电流频率可以提高金属的加热效率，而坩埚材料的选择则要考虑其耐高温、抗腐蚀等性能。

① 原料纯度　原料中的杂质会影响合金的纯度和性能，杂质可能会与合金元素发生反应，形成有害相，降低合金的储氢能力和稳定性。因此，应选用高纯度的原料。

② 电磁参数　感应电流的大小和频率直接影响加热效率和熔炼效果。电流过大或频率过高可能导致熔体过热、飞溅，甚至损坏设备；电流过小或频率过低则可能使原料熔化不充分，合金成分不均匀。

电磁力的大小和分布决定了金属熔体的悬浮状态和搅拌效果。合适的电磁力可以使熔体稳定悬浮，并实现良好的搅拌，促进元素均匀混合。

③ 冷却速率　冷却速率对合金的组织结构和性能有显著影响。快速冷却可以抑制晶粒长大，形成细小的晶粒组织，提高合金的强度和储氢性能；但冷却速率过快可能会导致合金内部产生较大的内应力，影响合金的稳定性。

④ 熔炼时间　熔炼时间过短，合金元素可能无法充分熔化和混合，导致成分不均匀；熔炼时间过长，可能会增加合金元素的挥发和氧化，同时也会增加能耗和设备损耗。

3.2 机械合金化法

机械合金化（MA）或机械磨碎法（MG）是20世纪60年代末由J. C. Benjamin发展起来的一种制备合金粉末的技术，一般在高能球磨机中进行。机械合金化法与传统熔炼法显著不同，它无需使用任何加热手段，只利用机械能，在远低于合金组元熔点的温度下通过固相反应完成合金的制备[136,199,235,236]。

(1) 原理

机械合金化法是通过高能球磨的方式，使金属粉末在球磨过程中反复变形、断裂和冷焊，实现原子间的扩散和合金化。在球磨过程中，磨球与粉末之间的碰撞和摩擦提供了能量，促使粉末颗粒细化，晶体结构发生变化，最终形成合金相。

（2）工艺过程

首先，将钒及其他合金元素的粉末按一定比例放入球磨罐中，同时加入适量的磨球。球磨罐一般采用不锈钢或硬质合金等材料制成。然后，将球磨罐密封，抽真空后充入惰性气体保护，以防止粉末氧化。启动球磨机，设置合适的球磨转速、球料比和球磨时间。球磨过程中，定期取出少量粉末进行分析，观察合金化的进展情况。球磨结束后，将粉末从球磨罐中取出，进行后续的处理[237]。

（3）优缺点

机械合金化法可以在室温下进行，避免了高温熔炼过程中可能出现的元素挥发和偏析问题，能够制备出具有均匀微观结构和纳米晶组织的合金粉末[235,236]。此外，该方法还可以制备一些传统熔炼方法难以制备的合金体系[238]。机械合金化法的球磨时间较长，能耗较大，且在球磨过程中可能会引入杂质，影响合金的纯度。

3.3　自蔓延高温合成法

自蔓延高温合成法（self-propagating high-temperature synthesis，简称 SHS 法）又称燃烧合成法（combustion synthesis，简称 CS 法）。它是利用高放热反应的能量使化学反应自发的持续下去，从而实现材料合成的一种方法，由苏联科学家 A. G. Merzhonov 等在 1967 年发明。SHS 法在钒基储氢合金的制备中也有一定的应用[200,239]。

（1）原理

SHS 法制备钒基储氢合金的原理是基于化学反应自身释放的热量来维持反应的持续进行。当反应物被点燃后，在局部区域引发化学反应，反应放出大量的热，使反应区域的温度急剧升高。这部分热量又会传递给相邻的反应物，促使其发生反应，如此循环，反应以燃烧波的形式在反应物中迅速蔓延，直至整个反应物体系反应完全，最终形成钒基储氢合金。

（2）工艺过程

① 原料准备　选择合适的钒源以及其他合金元素的原料，如钛、镍等金属粉末，要求原料具有较高的纯度和合适的粒度。一般来说，粉末粒度在几十

微米到几百微米之间。

按照目标合金的化学成分准确称量各原料粉末，并进行充分混合。混合过程可采用球磨机等设备，以确保原料均匀分布。

② 坯体制备　将混合好的粉末原料装入模具中，在一定压力下压制成为具有一定形状和密度的坯体。压制压力根据原料的性质和坯体的要求而定，通常在几兆帕到几十兆帕之间。

③ 点火引发反应　将坯体放入反应容器中，采用合适的点火方式引发反应。常见的点火方式有电阻丝加热点火、激光点火等。当达到反应起始温度时，坯体局部开始发生化学反应，释放出大量的热，引发自蔓延反应。

④ 反应过程控制　自蔓延反应一旦引发，会迅速进行。在反应过程中，需要控制反应的环境，如保持一定的气氛（通常为惰性气体，如氩气，以防止金属氧化）和压力。

监测反应的温度和时间等参数，确保反应完全进行。

⑤ 产物后处理　反应结束后，待产物冷却至室温，将其从反应容器中取出。对产物进行研磨、筛分等处理，去除杂质和不符合要求的颗粒。还可根据需要对产物进行退火等热处理，以改善合金的组织结构和性能。

（3）优缺点

① 优点

a. 节能高效　利用反应自身释放的热量进行合成，无需外部持续供热，大大降低了能源消耗。反应速率快，合成时间短，生产效率高。

b. 产物纯度高　由于反应过程在高温下快速进行，一些杂质可能会挥发或被排除，从而得到纯度较高的合金产物。

c. 设备简单　与其他一些复杂的合金制备方法相比，自蔓延高温合成法所需的设备相对简单，投资成本较低。

d. 可制备复杂成分合金且原料成本低　能够在较短时间内实现多种元素的混合和反应，适合制备成分复杂的钒基储氢合金。Akio Kawabata 等[240] 将 V_2O_5、Nb_2O_5 和 Ni 的混合物通过铝热反应制备了高性能的钒基固溶体合金。李荣等[241] 利用自蔓延高温合成法合成了 $V_3TiNi_{0.56}Al_{0.2}$ 储氢合金，结果表明，合金的相结构同其他方法合成的相同，合金具有一定的吸放氢性能，饱和吸氢量为 0.092L/g。这里，钒源为 V_2O_5，其价格不到纯金属钒的 20%，故此法可以降低钒基固溶体合金的制备成本。

② 缺点

a. 反应难以控制　自蔓延反应速率极快，反应过程中的温度和压力变化剧烈，难以精确控制反应的进程和产物的质量。

b. 产物密度低　反应过程中可能会产生气体，导致产物中存在一定的孔隙率，密度较低，影响合金的性能。

c. 成分均匀性有限　虽然可以在一定程度上实现元素的混合，但由于反应速率快，可能会导致成分均匀性不如一些传统熔炼方法。

d. 原料要求高　对原料的纯度、粒度和活性等要求较高，否则可能影响反应的引发和进行。

(4) 影响因素

自蔓延高温合成法制备钒基储氢合金时，多种因素影响显著。原料配比是基础，合适的钒与其他元素比例能优化合金性能。颗粒度方面，原料颗粒大小会影响反应速率和均匀性。反应气氛也很关键，惰性气体可防止氧化，保证产物纯度。点火方式和温度会改变反应起始状态与进程。压力影响反应的传质传热，合适压力利于合成高质量合金。冷却速率则影响合金的微观结构，进而影响储氢性能。

第4章

钒基储氢合金的微观结构及性能表征

4.1 微观结构表征

钒基储氢合金的性能与其微观结构密切相关，如晶体结构、相组成、晶粒尺寸、缺陷等都会影响其储氢量、吸放氢动力学和循环稳定性等。因此，深入研究钒基储氢合金的结构特征对于理解其储氢机制、优化合金成分和制备工艺、提高其储氢性能具有重要意义。结构表征技术是研究钒基储氢合金结构的关键手段，通过这些技术可以获得合金的晶体结构、微观组织、元素分布等信息，为钒基储氢合金的研究和开发提供重要依据[56,57,60,228]。常用的钒基结构表征技术有 XRD、SEM-EDS、TEM-EDS、XPS、AES 等。

4.1.1 X射线衍射分析

4.1.1.1 原理

X 射线衍射（XRD，X-ray diffraction）技术主要是基于 X 射线与晶体物质相互作用时产生的衍射现象，其理论基础是布拉格定律。

X 射线是一种波长很短（约 0.01～10nm）的电磁波。在 X 射线管中，通过加热阴极灯丝产生电子，电子在高压电场的作用下加速撞击阳极靶材（如铜、钼等），电子的动能部分转化为 X 射线辐射能，产生连续谱和特征谱的 X 射线。在 XRD 分析中，通常使用特征 X 射线，例如铜靶产生的 Kα 射线（波长 $\lambda=0.15406$nm）。

晶体是由原子、离子或分子在三维空间中周期性排列形成的。这种周期性排列可以看作是一系列平行的原子平面，这些平面具有不同的晶面间距 d。当 X 射线照射到晶体上时，晶体中的原子会对 X 射线产生散射。不同原子平面散射的 X 射线之间会发生干涉。当满足布拉格定律时，散射的 X 射线会发生相长干涉，形成衍射峰。布拉格定律的表达式为：

$$2d\sin\theta = n\lambda \tag{4.1}$$

式中，d 是晶面间距；θ 是入射角（也称为布拉格角）；λ 是 X 射线的波长；n 是衍射级数（$n=1,2,3,\cdots$）。

通过测量衍射角 θ 和已知的 X 射线波长 λ，就可以计算出晶面间距 d。不同的晶体结构具有不同的晶面间距和晶面夹角，因此会产生特定的衍射峰位置和强度分布，这些衍射峰的特征就像晶体的“指纹”，可以用于晶体结构的分析和鉴定。

4.1.1.2　XRD 技术在钒基储氢合金中的应用

XRD 技术是目前研究钒基储氢合金晶体结构的基本手段。借助该技术可精确分析合金晶体结构，明确其晶格参数与相组成，了解合金中各相分布。通过对比吸放氢前后 XRD 图谱，能研究储氢过程中结构变化，掌握吸放氢机制。还可评估合金结晶度与晶格缺陷等[25,135,150,169,190,242,243]。

（1）合金相结构分析

钒基储氢合金通常由多种元素组成，其相结构较为复杂。XRD 可以准确地确定合金中存在的相种类。例如，通过将测得的 XRD 图谱与标准卡片（如 JCPDS 卡片）进行对比，可以判断合金中是否存在钒的固溶体相、金属间化合物相等。不同的相结构对合金的储氢性能有重要影响，如某些金属间化合物相可能具有更高的储氢量或更好的吸放氢动力学性能。

（2）晶格参数测定

根据 XRD 图谱中的衍射峰位置，可以利用布拉格定律计算出合金的晶格参数。对于钒基储氢合金，晶格参数的变化与合金的储氢过程密切相关。在吸氢过程中，氢原子进入合金的晶格间隙，会导致晶格膨胀，晶格参数增大；而在放氢过程中，晶格会收缩，晶格参数减小。通过精确测量晶格参数的变化，可以研究合金的吸放氢机理和氢在合金中的占位情况。

（3）相含量定量分析

XRD 还可以用于定量分析合金中各相的含量。常用的方法有内标法、外标法和无标样定量法等。在钒基储氢合金中，了解不同相的含量对于优化合金成分和制备工艺具有重要意义。例如，通过调整合金的成分和热处理工艺，可以改变各相的相对含量，从而提高合金的储氢性能。

（4）晶粒尺寸和微观应变分析

根据 XRD 衍射峰的宽化现象，可以分析合金的晶粒尺寸和微观应变。谢乐公式可以用于计算晶粒尺寸：

$$D=K\lambda/(\beta\cos\theta) \tag{4.2}$$

式中，D 是晶粒尺寸；K 是谢乐常数（通常取 0.89）；λ 是 X 射线波长；β 是衍射峰的半高宽；θ 是布拉格角。而微观应变会导致衍射峰的非对称宽化，可以通过相关的理论模型进行分析。晶粒尺寸和微观应变会影响合金的吸放氢动力学性能，较小的晶粒尺寸和适当的微观应变可以提高氢原子在合金中的扩散速率，从而改善合金的吸放氢性能。

4.1.2 扫描电镜分析

4.1.2.1 原理

扫描电子显微镜（SEM）是一种用于观察微观结构的重要仪器，其工作原理是基于电子与物质的相互作用。

SEM 利用电子枪产生电子束，常见的电子枪有钨丝枪和六硼化镧枪等。电子在高电压作用下被加速，获得高能量。之后，电子束通过一系列电磁透镜聚焦，使其能精确照射到样品表面极小区域。

当聚焦的电子束轰击样品表面时，会与样品原子发生多种相互作用，产生多种物理信号，主要有二次电子和背散射电子。

二次电子是被入射电子轰击出的样品原子的核外电子，能量较低，一般小于 50eV。二次电子产额与样品表面形貌关系紧密，表面起伏越大，二次电子产额差异越大。所以，二次电子常用于观察样品表面形貌。背散射电子是入射电子与样品原子核弹性散射后反射回来的电子，能量较高，接近入射电子能量。其产额与样品原子序数有关，原子序数越大，背散射电子产额越高。背散射电子像可用于显示样品成分差异。

扫描线圈控制电子束在样品表面逐点扫描，同时探测器收集二次电子或背散射电子等信号。探测器将信号转化为电信号，经放大和处理后，在显示器上形成与样品表面特征对应的图像。图像亮度和对比度反映信号强度变化，从而展现样品微观结构和成分信息。

4.1.2.2　SEM 在钒基储氢合金中的应用

SEM 可直观呈现钒基储氢合金微观形貌，如晶粒大小与形态。还能辅助观察表面缺陷，结合能谱分析元素分布，助力探究合金性能与成分、结构的关系，在钒基储氢合金的研究中应用非常广泛[178,190,205,207,218,244-246]。

（1）微观结构观察

① 晶粒形态与大小　钒基储氢合金的晶粒形态和大小对储氢性能影响显著。通过 SEM 的二次电子成像，能清晰观察到合金晶粒形态，如等轴晶或柱状晶，以及晶粒大小分布。研究人员可据此调整制备工艺，如改变熔炼和冷却方式，以获得理想晶粒结构，提升储氢性能。

② 相分布　合金通常由多种相组成，相分布影响吸放氢动力学和循环稳定性。SEM 的背散射电子成像可利用不同相原子序数差异，显示相分布情况。例如，观察富钒相和富其他元素相的分布，了解合金组织均匀性，为优化成分和工艺提供依据。

（2）表面形貌分析

① 吸放氢前后变化　吸放氢过程中，合金表面会有变化。对比吸放氢前后的 SEM 图像，可观察到裂纹、孔洞等缺陷的产生与发展。吸氢时，氢原子嵌入使合金膨胀产生裂纹；放氢时，裂纹可能扩展或愈合。这些变化影响吸放氢性能和循环寿命，有助于深入了解吸放氢机制。

② 氧化与腐蚀情况　合金在储存和使用中可能发生氧化和腐蚀，影响储氢性能。SEM 可观察氧化层和腐蚀产物的形貌与分布。氧化层可能阻碍氢吸附扩散，腐蚀产物会破坏合金结构。观察结果可指导采取防护措施，提高合金稳定性。

（3）失效分析

① 循环失效机制　多次吸放氢循环后，合金可能失效，如容量衰减。SEM 可分析原因，若观察到大量微裂纹和粉化，可能是循环应力和体积变化导致；若有杂质或相分离，可能是成分或工艺问题。针对性改进设计和工艺，可提高循环稳定性。

② 界面失效分析　在复合储氢体系中，SEM 可观察合金与其他材料的界面情况。界面脱粘、扩散等会影响性能，观察界面微观结构和成分变化，可优

化界面设计，提升复合体系性能。

4.1.3 透射电子显微镜分析

透射电子显微镜（TEM）直观展现合金的晶体结构、晶粒大小与取向等微观特征。在吸放氢过程中，TEM 可实时监测相转变、晶格畸变等动态变化，深入探究储氢机制，在钒基储氢合金的研发中具有重要应用价值[60,149,161,175,176,192,209,243,245]。

4.1.3.1 原理

TEM 以电子束为照明源，利用电子与物质相互作用来实现微观结构观察与分析，其核心原理主要涉及电子束产生、电子与样品相互作用及成像系统。

（1）电子束产生

TEM 的电子枪发射电子束，常见类型有热发射电子枪（如钨丝枪、六硼化镧枪）和场发射电子枪。在高电压加速下，电子获得高能量，具备短波长特性，为高分辨率成像奠定基础。

（2）电子与样品相互作用

电子束穿透样品时，与原子发生相互作用，产生散射现象，分为弹性散射和非弹性散射。弹性散射时，电子仅改变运动方向，能量几乎不变；非弹性散射中，电子与原子的电子云相互作用，损失部分能量。这些散射电子携带了样品内部结构的信息。

（3）成像系统

经过样品散射的电子束，由一系列电磁透镜聚焦和放大。TEM 有明场成像和暗场成像两种模式。明场成像时，让未散射的电子通过物镜光阑成像，样品中散射强的区域呈暗像；暗场成像则选择散射电子成像，散射强的区域为亮像。此外，电子衍射也是 TEM 的重要功能，根据布拉格定律，通过分析电子衍射图案可获取样品晶体结构信息。

4.1.3.2 TEM 在钒基储氢合金中的应用

（1）微观结构表征

TEM 能清晰呈现钒基储氢合金的微观结构，包括晶粒大小、形态及晶界特征。通过高分辨率成像，可区分合金中的不同相，确定相的分布与取向关系。例如，某些钒基合金存在多种晶体结构的相，TEM 可精准分析其结构差异，有助于研究微观结构与储氢性能的关联。

（2）氢化物形成机制研究

在吸氢过程中，钒基合金会形成氢化物。TEM 可实时观察氢化物的成核、生长过程及形态变化。分析不同吸氢阶段的样品，能了解氢原子的扩散路径以及氢化物与基体的界面结构，这对揭示合金吸放氢动力学和提高循环稳定性至关重要。

（3）缺陷与应力分析

晶体缺陷（如位错、层错等）和内部应力对合金储氢性能有显著影响。TEM 可直接观察缺陷的类型、密度和分布，通过分析电子衍射花样的畸变程度，还能推断合金内部的应力分布。基于这些结果，可优化合金制备工艺，改善性能。

（4）界面结构研究

在复合钒基储氢材料中，不同相之间的界面结构会影响氢的传输和储存。TEM 可对界面的原子排列、化学成分进行细致分析，为设计高性能复合储氢材料提供依据。

4.1.4 能谱分析

能谱（EDS）分析，全称为能量色散 X 射线光谱分析。当高能电子束轰击样品时，样品原子内层电子被激发，外层电子跃迁填补空位，产生特征 X 射线。能谱仪检测这些 X 射线的能量和强度，进而分析样品中的元素种类及含量。常与扫描电子显微镜（SEM）和透射电子显微镜（TEM）联用，在材料科学、生命科学等领域发挥着重要作用。

4.1.4.1 SEM-EDS 原理

SEM 是利用聚焦电子束在样品表面逐点扫描，与样品相互作用产生二次电子、背散射电子等多种信号，经过检测和处理后形成样品表面形貌图像。而 EDS 则是基于特征 X 射线的产生和检测来确定元素种类和含量。

当高能电子束轰击样品表面时，样品原子的内层电子被激发逸出，形成空位。外层电子向内层跃迁填补空位，多余的能量以 X 射线的形式释放。不同元素的原子具有不同的电子能级结构，因此产生的特征 X 射线能量也不同。通过检测这些特征 X 射线的能量和强度，就可以确定样品中存在的元素种类以及各元素的相对含量。在 SEM 中，EDS 探测器收集这些特征 X 射线，并将其转化为电信号，经过处理后得到能谱图，用于分析元素信息。

4.1.4.2 TEM-EDS 原理

TEM 是将电子束透过薄样品，通过电子与样品的相互作用来成像，用于观察样品的内部微观结构。TEM-EDS 的原理与 SEM-EDS 类似，同样是基于特征 X 射线的产生。

当电子束穿透薄样品时，会与样品中的原子相互作用，使原子产生特征 X 射线。TEM-EDS 探测器收集这些特征 X 射线并进行分析。由于 TEM 能够提供纳米级别的高分辨率成像，TEM-EDS 可以对样品中微小区域的元素进行精确分析，适用于研究材料内部的精细结构和元素分布。

4.1.4.3 在钒基储氢合金中的应用

（1）成分分析

钒基储氢合金通常含有多种元素，如钒（V）、钛（Ti）、铬（Cr）、镍（Ni）等。SEM-EDS 可以快速对合金的整体成分进行分析，确定各元素的大致含量[174,188,190,192,205,210,218]。通过调整合金成分比例可以优化其储氢性能，因此准确的成分分析对于合金的制备和性能研究至关重要。

TEM-EDS 则更适合对合金中的微小相或纳米级别的析出物进行成分分析。在钒基储氢合金中，可能存在一些纳米级的第二相，这些相的成分和结构对合金的储氢性能有重要影响。TEM-EDS 能够精确地确定这些微小相的元素组成，帮助研究人员深入理解合金的微观结构与性能之间的关系[154,161]。

（2）元素分布研究

SEM-EDS 结合 SEM 的成像功能，可以进行元素的面扫描分析，直观地展示合金中各元素在较大区域内的分布情况[158,173,199,205,210,218,235,246,247]。在钒基储氢合金中，可以观察到元素在晶粒内部和晶界处的分布差异。例如，某些元素可能会在晶界处偏聚，这可能会影响氢在合金中的扩散和储存。

TEM-EDS 可以在纳米尺度上研究元素的分布。通过对合金的薄样品进行 TEM-EDS 分析，可以发现元素在晶体缺陷、位错等附近的分布情况[245,248]。这些微观结构和元素分布的信息对于理解合金的吸放氢机制和动力学过程具有重要意义。

（3）吸放氢过程研究

在钒基储氢合金的吸放氢过程中，氢与合金中的元素会发生相互作用，导致元素的化学状态和分布发生变化。SEM-EDS 和 TEM-EDS 可以用于研究这些变化。

通过对比吸氢前后合金的成分和元素分布，可以推测氢与元素的结合方式和作用机制。例如，观察到某些元素在吸氢后含量或分布发生明显变化，可能意味着这些元素与氢发生了化学反应或形成了特定的氢化物相。TEM-EDS 还可以在微观尺度上研究吸放氢过程中相结构的变化，为改善合金的吸放氢性能提供理论依据。

4.2　储氢性能测试

钒基储氢合金作为固态储氢的重要材料，具有储氢密度高、安全性好等优点，在氢能的存储、运输和应用等方面具有巨大的潜力。准确地表征钒基储氢合金的性能，对于评估合金的优劣、深入研究其储氢机制以及优化合金的设计和制备工艺具有重要意义。钒基储氢合金的性能表征涵盖多个方面，下面将分别进行详细阐述。

4.2.1　吸放氢量

储氢合金吸放氢量测试方法多样。

PCI（压力-组成-等温线）曲线法，在不同温度下测量合金吸放氢压力与组成关系，绘制曲线获取吸放氢平台压力、最大吸氢量等，能反映热力学特性，不过测试耗时，具体操作方法可参照 GB/T 29918—2023[249] 执行。

恒容法通过测量恒容容器内吸放氢时压力变化计算容量，具体操作方法可参照 GB/T 42656—2023[250] 执行。

TG 法测储氢合金放氢量操作简便，只需将样品置于仪器中按程序升温即可。测量精度高，能精准捕捉质量微小变化以准确计算放氢量。可实时监测，清晰呈现放氢过程质量随温度的动态变化[153,167,174,200,220,245]，还能通过 DTG 曲线分析放氢阶段[132]。

排水法通过测量氢气排出或吸入水的体积来换算容量。

4.2.2　热力学性能

4.2.2.1　反应温度、焓变、熵变

反应的焓变 $\Delta H^{\ominus}$ 和熵变 $\Delta S^{\ominus}$ 可以通过测量不同温度下的 PCI 曲线，利用范特霍夫方程［式(2.3)］计算得到。范特霍夫方程描述了平衡压力与温度之间的关系。通过测试得到不同温度下的 PCI 曲线，以 $\ln P_{H_2}$ 对 $1/T$ 作

图，采用线性拟合，直线斜率为$\frac{\Delta H^{\ominus}}{R}$，截距为$-\frac{\Delta S^{\ominus}}{R}$，从而得到$\Delta H^{\ominus}$和$\Delta S^{\ominus}$[11,18,151,190,201,243,248]。

DSC可以直接测量储氢合金在吸放氢过程中的热流变化，从而准确测定吸放氢反应的温度及热效应。在吸氢过程中，合金与氢气发生化学反应，通常是放热反应，DSC曲线会出现放热峰；放氢过程是吸热反应，DSC曲线会出现吸热峰。通过对峰面积的积分，可以计算出吸放氢反应的焓变[122,127,151,153,207,220,235,236]。

4.2.2.2 PCI特性

储氢合金的PCI特性是评估其储氢性能的关键指标，其中平台压力、平台斜率和滞后因子尤为重要。

平台压力是指在PCI曲线平台区对应的压力，它代表了合金吸氢和放氢的平衡压力[11,249,251]。吸放氢平台压力一般可表示为（图4-1）：

$$P=\frac{p_1+p_2}{2} \tag{4.3}$$

式中，p_1和p_2为吸放氢曲线平台左右拐点的氢压。吸放氢平台压力可分别记为P_{ap}和P_{dp}。

合适的平台压力能保证合金在适宜条件下高效地吸放氢，压力过高吸氢困难，过低则放氢受阻。

平台斜率反映了平台区压力随氢容量的变化程度，较小的斜率意味着在吸放氢过程中压力相对稳定，利于系统的稳定运行；斜率过大，压力波动大，会增加系统控制难度。平台斜率可由平台倾斜因子S_f来表征（图4-1），表达方式通常如下[185,248,249,252]：

$$S_f=d(\ln P)/dC_H \tag{4.4}$$

式中，P为氢压；C_H为氢容量（质量分数），%。

一般来说，绝大多数储氢材料的吸放氢PCI曲线并不重合，放氢曲线要滞后于吸氢曲线。关于产生滞后现象的原因，除了考虑压力、组成和温度参数外，还应考虑到磁作用、电作用、重力场、机械应力效应和表面效应等参数[33,35]。滞后因子越小，表明吸放氢过程越接近可逆，能量损失小，合金的循环稳定性更好。PCI曲线的滞后特性可用滞后因子H_f表征（图4-1），表达方式通常如下[160,249,252]：

$$H_f=\ln(P_{ap}/P_{dp}) \tag{4.5}$$

对于实际应用的储氢材料，总是希望其吸放氢PCI曲线的平台平坦度高、

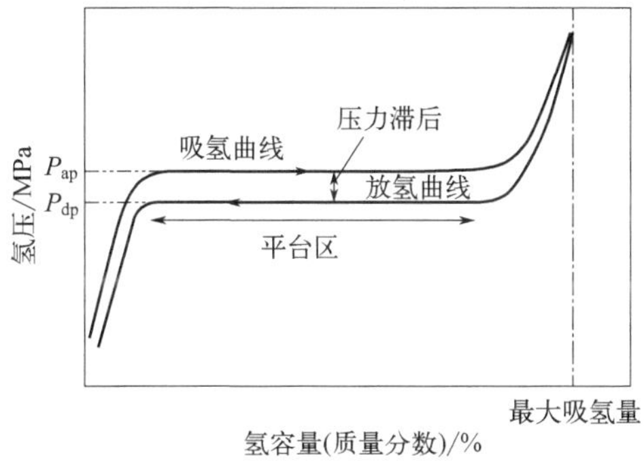

图 4-1 PCI 曲线平台倾斜因子 S_f 及滞后因子 H_f

滞后小，即 S_f、H_f 越小越好。

4.2.3 动力学性能

4.2.3.1 吸放氢速率

吸放氢速率反映了合金吸收和释放氢气的快慢程度。为避免由于反应热而引起的实验误差，一般采用导热性较好的薄壁容器来测量。常用的方法有定容法[250] 和重量法等[33]。定容法是通过测量容器内氢气压力的变化来确定吸放氢速率，可参照 GB/T 42656—2023[250] 进行测量。重量法可通过 TG 测试仪测量样品在吸放氢过程中的质量变化，计算吸放氢速率。

4.2.3.2 反应速率常数和机理描述

吸放氢反应速率常数的计算方法和机理描述可以有多种，这里以 2.2.2 所述两种模型为例进行介绍。

（1）气固反应机理模型

气固反应的动力学速率方程表示如下：

$$-\frac{d\alpha}{dt}=kf(\alpha) \tag{4.6}$$

式中，t 为反应时间；α 为 t 时刻的反应分数；k 为反应速率常数；$f(\alpha)$ 为吸放氢反应机理函数的微分形式(反应机理函数见表 4-1[253])。α 的计算公式如下[253]：

$$\alpha=\frac{p_0-p_t}{p_0-p_{eq}} \tag{4.7}$$

式中，p_0 为反应的初始氢压；p_t 和 p_{eq} 分别为时间 t 时的氢压和最终平衡时的氢压。

$g(\alpha)$ 是 $f(\alpha)$ 的积分形式，对式(4.6)积分，可得：

$$g(\alpha)=\int \frac{d\alpha}{f(\alpha)}=kt \tag{4.8}$$

计算表 4-1 中各反应机理函数在 t 时刻的 $g(\alpha)$，然后通过 $g(\alpha)$ 对时间 t 作图，采用线性拟合，所得线性相关系数最大、标准偏差最小的拟合被认为是吸放氢动力学机理的最佳描述[125,158,211,221,247,253-255]。所得斜率即为反应速率常数 k。需指出，只有当动力学机理函数相同时，k 值才具有可比性[125,211]。

表 4-1 动力学机理函数

机理	$f(\alpha)$	$g(\alpha)$	r
形核和生长	$(1/r)(1-\alpha)[-\ln(1-\alpha)]^{1-r}$	$[-\ln(1-\alpha)]^r$	1/4,1/3,2/5,1/2, 2/3,3/4,1,3/2,2,3,4
幂律	$(1/r)\alpha^{1-r}$	α^r	1/4,1/3,1/2,1,3/2,2,1,2
指数	$(1/r)\alpha$	$\ln\alpha^r$	1,2
分支成核	$\alpha(1-\alpha)$	$\ln[\alpha/(1-\alpha)]$	
相界反应	$(1-\alpha)^r/(1-r)$	$1-(1-\alpha)^{1-r}$	1/2,2/3
化学反应	$(1/r)(1-\alpha)^r$	$1-(1-\alpha)^r$	1/2,2,3,4,1/4,1/3
化学反应	$(1/2)(1-\alpha)^3$	$(1-\alpha)^{-2}$	
化学反应	$2(1-\alpha)^2$	$(1-\alpha)^{-1}-1$	
化学反应	$2(1-\alpha)^{3/2}$	$(1-\alpha)^{-1/2}$	
化学反应	$(1/2)(1-\alpha)^{-2/3}$	$(1-\alpha)^{-1}$	
一维扩散	$(1/2)\alpha^{-1}$	α^2	
二维扩散	$[-\ln(1-\alpha)]^{-1}$	$\alpha+(1-\alpha)\ln(1-\alpha)$	
二维扩散	$(1-\alpha)^{1/2}[1-(1-\alpha)^{1/2}]^{-1}$	$[1-(1-\alpha)^{1/2}]^2$	
二维扩散	$4(1-\alpha)^{1/2}[1-(1-\alpha)^{1/2}]^{1/2}$	$[1-(1-\alpha)^{1/2}]^{1/2}$	
三维扩散	$(3/2)(1-\alpha)^{2/3}[1-(1-\alpha)^{1/3}]^{-1}$	$[1-(1-\alpha)^{1/3}]^2$	
三维扩散	$6(1-\alpha)^{2/3}[1-(1-\alpha)^{1/3}]^{1/2}$	$[1-(1-\alpha)^{1/3}]^{1/2}$	
三维扩散	$(3/2)[(1-\alpha)^{-1/3}-1]^{-1}$	$1-2\alpha/3-(1-\alpha)^{2/3}$	
三维扩散	$(3/2)(1+\alpha)^{2/3}[(1+\alpha)^{1/3}-1]^{-1}$	$[(1+\alpha)^{1/3}-1]^2$	
三维扩散	$(3/2)(1-\alpha)^{4/3}[(1-\alpha)^{-1/3}-1]^{-1}$	$[(1-\alpha)^{-1/3}-1]^2$	
三维扩散		$(1+\alpha)^{2/3}+(1-\alpha)^{2/3}$	

（2）JMAK 模型

JMAK（C-JMAK）模型的基本数学表达式为：

$$f(t)=1-\exp(-kt^n) \tag{4.9}$$

式中，$f(t)$ 是在时间 t 时新相的体积分数（在不同应用场景中可表示转变量的分数）；k 是与温度相关的速率常数，包含了形核率和生长速率等信息；n 是 Avrami 指数，反映了相变的机制和特征，与形核方式（瞬时形核或连续形核）和生长维度（一维、二维或三维生长）有关。

对上述方程进行变形可得：

$$\ln\{-\ln[1-f(t)]\}=n\ln t+\ln k \tag{4.10}$$

通过测量不同时间 t 下的 $f(t)$ 值，以 $\ln\{-\ln[1-f(t)]\}$ 对 $\ln t$ 作图，采用线性拟合。直线的斜率为 n，截距为 $\ln k$，由此可得出 Avrami 指数 n 和速率常数 k[120,121,185,210,256]。

Avrami 指数 n 的物理意义如下：

① 形核与生长方式的体现　不同的形核和生长机制对应着不同的 n 值。例如：当 $n=1$ 时，可能表示反应是由界面控制的一维生长过程。当 $n=2$ 时，可能对应二维生长过程等。当 $n=3$ 时，可能表示瞬时形核（位置饱和形核）且存在三维生长的情况。当 $n=4$ 时，可能表示线性连续形核且三维生长的情况。

② 分析相变机制　通过实验数据拟合得到 n 值，可以推断相变过程中的形核与生长机制。如果实验测得的 n 值接近理论值，则说明相变过程符合相应的形核与生长假设；若 n 值与理论值偏差较大，则可能暗示存在复杂的相变机制或模型假设不适用。

4.2.3.3 反应活化能

吸放氢反应活化能是衡量吸放氢反应难易程度的重要参数，计算该活化能的方法有多种，这里介绍常用的两种。

（1）基于阿伦尼乌斯方程的方法

阿伦尼乌斯方程描述了反应速率常数 k 与温度 T 之间的关系，表达式为：

$$k=Ae^{\frac{-E_a}{RT}} \tag{4.11}$$

式中，A 是指前因子；E_a 是活化能；R 是气体常数。对其取自然对数可得 $\ln k=\ln A-\frac{E_a}{RT}$，通过测量不同温度 T 下的 $\ln k$ 值（k 可由 4.2.2.2 的方法求得）以 $\ln k$ 对 $1/T$ 作图，采用线性拟合，直线斜率为 $-\frac{E_a}{R}$，从而可计算

出 E_a[185,210,247,253,256]。

（2）Kissinger 法

Kissinger 方程是在非等温条件下推导得到的，表达式为[257]：

$$\ln(\beta/T_p^2) = -E_a/(RT_p) + \ln(AR/E_a) \tag{4.12}$$

式中，β 是升温速率；T_p 是热分析曲线（如 DSC 曲线）上的峰温；A 是指前因子；E_a 是活化能；R 是气体常数。

使用差示扫描量热仪（DSC），在不同的升温速率 β 下对样品进行吸放氢实验，记录热流随温度的变化曲线。从热分析曲线中确定不同升温速率下的峰温 T_p。以 $\ln(\beta/T_p^2)$对 $1/T_p$ 作图，采用线性拟合，直线斜率为$-\dfrac{E_a}{R}$，从而得出活化能 E_a[18,132,151,200,210,246]。

这里需要指出，Kissinger 方程的推导基于阿伦尼乌斯方程。在非等温条件下，通过对反应速率方程（其核心是阿伦尼乌斯方程）进行一系列的数学处理和假设，最终得到 Kissinger 方程。可以说，阿伦尼乌斯方程是 Kissinger 方程的理论基石，Kissinger 方程是阿伦尼乌斯方程在非等温动力学研究中的具体应用和拓展。二者都可用于计算反应的活化能。阿伦尼乌斯方程适用于等温条件下的反应，通过测定不同温度下的反应速率常数来计算活化能；而 Kissinger 方程则适用于非等温条件下的反应，通过测定不同升温速率下的峰温来计算活化能。具体来说，两者数据线性拟合时，得到的直线斜率同为$-\dfrac{E_a}{R}$，进而求出反应的活化能 E_a。这两种通过线性拟合计算活化能的思路本质上是一致的，都是利用了反应速率与温度之间的指数关系。

4.2.4 循环稳定性表征

储氢合金的循环稳定性是储氢合金的一个重要指标，一般通过容量衰减率表征是指在多次吸放氢循环后，合金储氢量的下降比例[152,153,160,200,212,213,258]。通过对合金进行多次吸放氢循环测试，记录每次循环后的储氢量，计算储氢容量衰减率。在多次吸放氢循环中，稳定的合金能保持自身结构完整性，减少因粉化、氧化等导致的性能衰减。这意味着它可以长时间维持较高的储氢量和吸放氢速率，保障了氢存储和释放过程的高效性与可靠性。从应用角度看，良好的循环稳定性有助于延长储氢系统的使用寿命，降低成本。

第5章

钒基储氢合金结构和储氢性能研究

目前，国内外学者已对钒基储氢合金开展了许多研究工作，在合金成分优化和储氢性能改善方面取得了显著进展，但是该系列合金还存在以下几点不足之处：①合金成本较高。这主要是由于V的成本较高所致。②合金的活化条件较为苛刻。一般文献中报道的活化预处理，均需高温抽真空，甚至高温压氢，有些合金还需反复抽真空多次才能活化，这一方面浪费了宝贵的时间，另一方面消耗了大量的人力和物力，从而会对合金的实际应用产生严重的阻碍作用。③合金的活化机理研究尚不够完善和系统。④合金的P-C-T平台特性不佳。

对于钒基储氢合金，为保持其主相为BCC结构钒基固溶体相和高储氢量，合金中钒含量一般在20%（原子分数）以上[56-58,61,123,156,173,185,248,259]，由此，将钒含量≤40%（原子分数）的钒基储氢合金定义为低钒钒基储氢合金，钒含量在40%～60%（原子分数）之间的钒基储氢合金定义为中钒钒基储氢合金，钒含量≥60%（原子分数）的钒基储氢合金定义为高钒钒基储氢合金。

本章通过多元合金化和热处理改性等方法，研究了一系列高钒、中钒、低钒钒基储氢合金的微观结构和储氢性能，以期在降低成本的同时获得较佳的综合储氢性能。

5.1 合金的成分设计及样品制备

5.1.1 合金成分设计

（1）高钒钒基储氢合金

① 设计成分为 $Ti_{10}V_{90-x}Fe_x$（x=3,5,6,7,9）的合金，以研究 Fe 部分替代 V 对合金微观结构及储氢性能的影响。

② 设计成分为 $Ti_{10}V_{84-x}Fe_6Zr_x$（x=1,2,4,6,8）的合金，以研究 Zr 部分替代 V 对合金微观结构及储氢性能的影响，并着重研究了 V 基储氢合金的活化机理。

③ 设计成分为 $Ti_{10+x}V_{80-x}Fe_6Zr_4$（$x$=0,5,10,15）的合金，以研究 Ti 部分替代 V 对合金微观结构及储氢性能的影响。

④ 设计成分为 $Ti_{10}V_{83-x}Fe_6ZrMn_x$（$x$=0,2,4,6），以研究 Mn 部分替代 V 对合金微观结构及储氢性能的影响。

⑤ 设计成分为 $Ti_{10}V_{80-x}Fe_6Zr_4Cr_x$（$x$=0,6,10,14）的合金，以研究 Cr 部分替代 V 对合金微观结构及储氢性能的影响。

⑥ 优化制备了 $Ti_{10}V_{77}Cr_6Fe_6Zr$ 合金，并研究了不同热处理条件对其微观结构及储氢性能的影响。

（2）中钒钒基储氢合金

① 设计成分为 $Ti_{16}Zr_5Cr_{22}V_{57-x}Fe_x$（$x$=2,4,6,8）的合金，以研究 Fe 部分替代 V 对合金微观结构及储氢性能的影响。

② 设计成分为 $Ti_{16}Cr_{22}Zr_5V_{55-x}Fe_2Mn_x$（$x$=0,1,2,3）的合金，以研究 Mn 部分替代 V 对合金微观结构及储氢性能的影响。

（3）低钒钒基储氢合金

设计成分为 $Ti_{20-x}Zr_xCr_{24}Mn_8V_{40}Fe_8$（$x$=0,1,2,3,4）的合金，以研究 Zr 部分替代 Ti 对合金微观结构及储氢性能的影响。

5.1.2 合金样品制备

（1）合金的熔炼

制备合金所使用的 Ti、Cr、Fe 和 Mn 的原料纯度均大于 99%，V 和 Zr

的原料纯度大于 99.9%。按照合金的设计成分进行配料，并考虑 Mn 的烧损率（约 5%）。合金样品采用真空磁悬浮感应炉在高纯氩保护气氛下熔炼而成。为保证合金成分的均匀性，每个合金样品均需翻面重熔 3 次。

（2）合金的热处理

合金的热处理在 Nabertherm N11/H 型退火炉中进行，首先将铸态样品封装在真空石英管中，再将石英管放入退火炉中，使石英管正好处于退火炉的中央位置。然后，再对合金样品进行加热保温处理。对于 $Ti_{10}V_{77}Cr_6Fe_6Zr$ 合金，热处理条件为：1373K，保温 8h；1523K，保温 5min。对于 $Ti_{16}Zr_5Cr_{22}V_{55}Fe_2$ 热处理条件为：1553K，保温 5min。冷却方式均为水淬。

5.2 合金的微观结构分析及热分析

（1）合金的相结构分析

合金的相组成与晶体结构采用 Thermo X′TRA、Rigaku D/max-3B 等 X 射线衍射仪（XRD）以及 Jade 软件和 Rietveld 结构精修方法进行测试及分析。测试时采用 Cu-Kα 辐射（$\lambda=1.54059$Å，1Å$=0.1$nm），以连续扫描方式采样，步长为 0.02°（2θ），扫描角度 2θ 的范围为 20°/30°～90°。

（2）合金的形貌观察与微区成分分析

合金的表面形貌和微观组织采用 JSM-6390A 型扫描电镜、Hitachi S-4800 型扫描电镜、Hitachi SU-70 型场发射扫描电镜（SEM）等观察；合金相的微区化学成分采用 Horiba EX-350 型能量色散 X 射线光谱仪（EDS）测试分析。试样采用块状样品，经金相砂纸磨平和抛光后，采用 10% HF＋10% HCl＋80% C_2H_5OH（体积分数）的腐蚀液进行腐蚀，浸蚀时间视合金成分而定，V 含量较高的时间稍长。

（3）合金的硬度分析

采用 HV-5 型小负荷维氏硬度计测试合金的维氏硬度。维氏硬度的计算公式如下：

$$H_v=1.854\left[\frac{P}{(2a)^2}\right]$$

式中，H_v 为维氏硬度，GPa；P 为所用载荷，本文采用 49N 并保持载荷 20s；$2a$ 为压痕对角线长度。

(4) 合金的热分析

采用 Netzsch STA 449F3、SDT Q600 等热重分析仪对样品进行热重/示差扫描量热分析（TG/DSC）。测试温度范围为室温～873K，升温速率为 5K/min、10K/min、15K/min 或 20K/min，通入氩气气氛保护，氩气流速为 120mL/min。

5.3 合金的储氢性能测试

(1) 合金的吸放氢动力学性能测试

合金样品的吸放氢动力学性能测试采用恒容法[250] 进行。

(2) 合金的吸放氢 P-C-T 曲线测试

合金的吸放氢 P-C-T 曲线测定方法同 GB/T 29918—2023[249] 中的体积法。

5.4 $Ti_{10}V_{90-x}Fe_x$（$x=3,5,6,7,9$）系合金的微观结构和储氢性能

由于金属纯钒的成本一直居高不下，高容量 BCC 钒基储氢合金的商业化应用势必受到阻碍。如果在 Ti-V 基储氢合金中引入适量的 Fe，又能一定程度上改善其储氢性能，那么就可以采用成本相对低廉、来源广泛的钒铁合金替代制备钒基合金时所采用的金属纯钒，这样合金的性价比就会大幅提高，因此，添加 Fe 元素的 Ti-V-Fe 系储氢合金研究受到了广泛关注[59,125,147,162,165,178,191,209,231,244,260]。

在 Ti-V 二元合金中，比较典型的有 $Ti_{40}V_{60}$、$Ti_{20}V_{80}$[146] 和 $Ti_{10}V_{90}$[59]，由于 V 元素的吸氢能力强于 Ti 元素合金，故本章选择具有较高吸氢量的 $Ti_{10}V_{90}$ 合金为研究对象，通过 Fe 对 V 的部分替代，系统地研究 Fe 替代量对 $Ti_{10}V_{90-x}Fe_x$（$x=3,5,6,7,9$）合金的微观结构及储氢性能的影响。

5.4.1 合金的微观结构

图 5-1 是 $Ti_{10}V_{90-x}Fe_x$（$x=3,5,6,7,9$）系铸态合金的 XRD 图谱。由图可知，所有铸态合金均由单一的 BCC 结构固溶体相组成；随着 Fe 含量的增加，合金相的衍射峰位置向右（大角度方向）偏移，这是因为 Fe 原子半径

(0.124nm) 比 Ti、V (R_{Ti}=0.147nm，R_V=0.132nm)[261] 小，增加合金中的 Fe 替代量，会使合金的点阵常数和晶胞体积减小。由图 5-2 可见，点阵常数随合金中 Fe 含量的增加而呈线性减小，符合 Vegard's 法则。

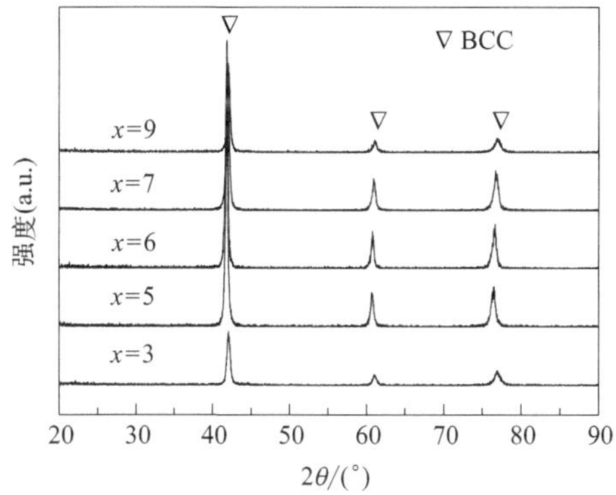

图 5-1 $Ti_{10}V_{90-x}Fe_x$ (x=3,5,6,7,9) 系铸态合金的 XRD 图谱

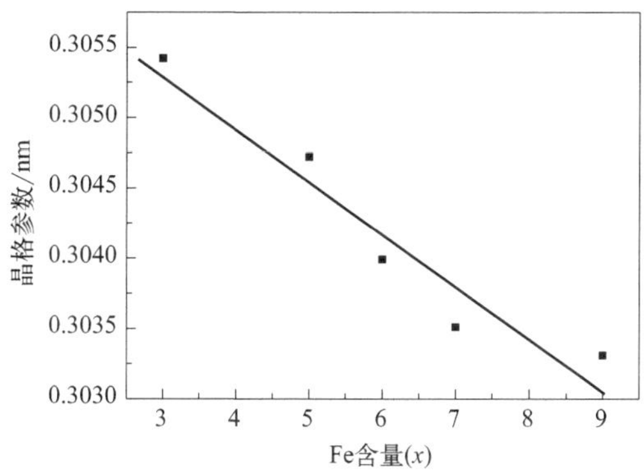

图 5-2 $Ti_{10}V_{90-x}Fe_x$ (x=3,5,6,7,9) 系铸态合金中 Fe 含量和点阵常数的关系

图 5-3 给出了 $Ti_{10}V_{84}Fe_6$ 合金的扫描电镜图片，由图可以清晰地看到合

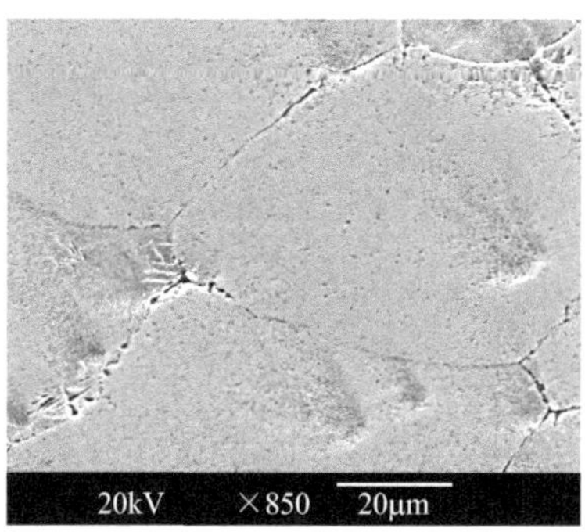

图 5-3 $Ti_{10}V_{84}Fe_6$ 合金的 SEM 照片

金为单相组织结构，这一观察结果与 XRD 的分析结果相一致。此外，通过比例尺还可发现合金晶粒大小在几十微米，且晶界清晰。

5.4.2 合金的储氢性能

图 5-4 为 $Ti_{10}V_{90-x}Fe_x$（x=3,5,6,7,9）系合金初始活化时的吸氢曲线。由图可见，该系列合金的活化性能随着 Fe 含量的增加而变差，这可能是由于 Fe 含量的增加导致合金表面氧化膜增厚所致。但合金完全活化后的动力学性能良好，吸氢速度均较快，5min 内合金即可达到饱和吸氢量的 90%以上。

表 5-1 列示了 $Ti_{10}V_{90-x}Fe_x$（x=3,5,6,7,9）系储氢合金的一些储氢性能和电子原子比 e/a 值。由表 5-1 可以看到，随着 Fe 含量从 $x=3$ 增加到 $x=9$，合金的 e/a 值分别为 4.99、5.04、5.08、5.11、5.17，合金的最大吸氢量依次为 4.00%、3.83%、3.75%、2.08%、1.96%，$x=6$ 和 $x=7$ 之间量有急剧衰减的现象，这与电子原子比 $e/a=5.1$ 的临界值现象相符，即电子原子比

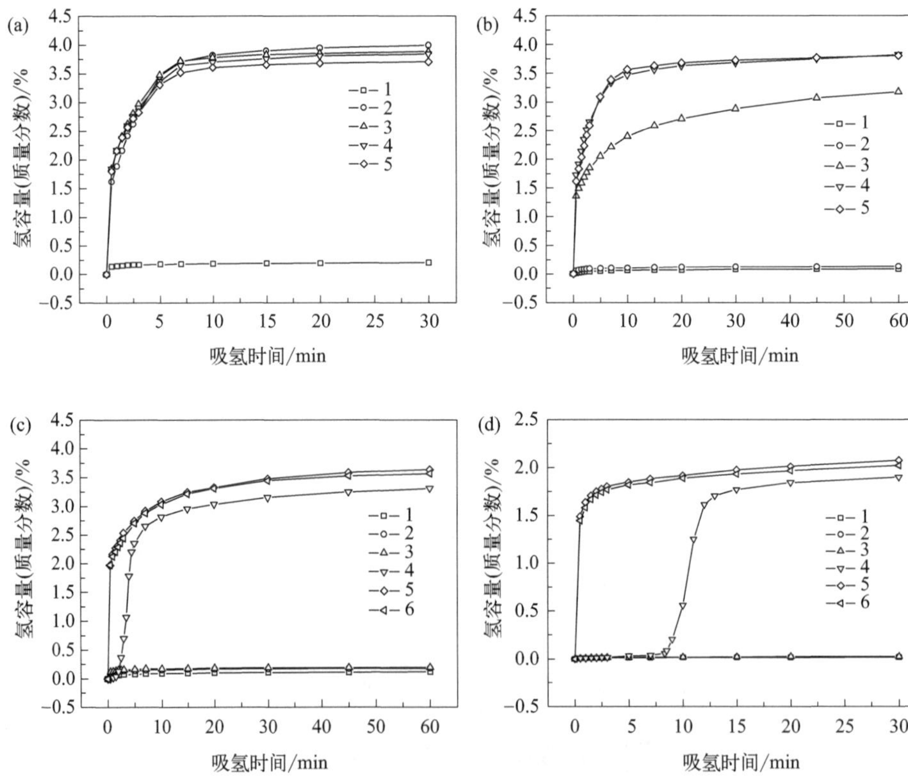

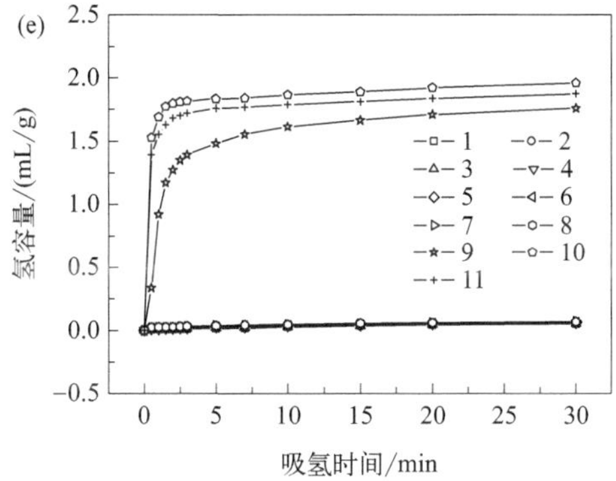

图 5-4　$Ti_{10}V_{90-x}Fe_x$（x=3,5,6,7,9）系合金初始活化时的氢化曲线

（a）x=3；（b）x=5；（c）x=6；（d）x=7；（e）x=9

$e/a \leqslant 5.1$ 时，合金的吸氢量较高，而当 $e/a > 5.1$ 时，合金的吸氢量会有较大下降[61,97,98]。

表 5-1　$Ti_{10}V_{90-x}Fe_x$（x=3,5,6,7,9）系储氢合金的储氢特性

x	活化循环次数（N_a）	电子原子比（e/a）	298K 时的最大吸氢量/%	333K 时的有效放氢量/%	333K 时的平台压 P_{eq}/MPa	平台斜率（S_f）
3	2	4.99	4.00	1.89	0.22	0.89
5	4	5.04	3.83	2.05	0.29	0.91
6	5	5.08	3.75	2.36	0.43	0.38
7	5	5.11	2.08	1.30	0.65	0.48
9	10	5.17	1.96	0.42	0.39	0.81

图 5-5 是 $Ti_{10}V_{90-x}Fe_x$（x=3,5,6,7,9）系合金在 298K 下的放氢曲线。

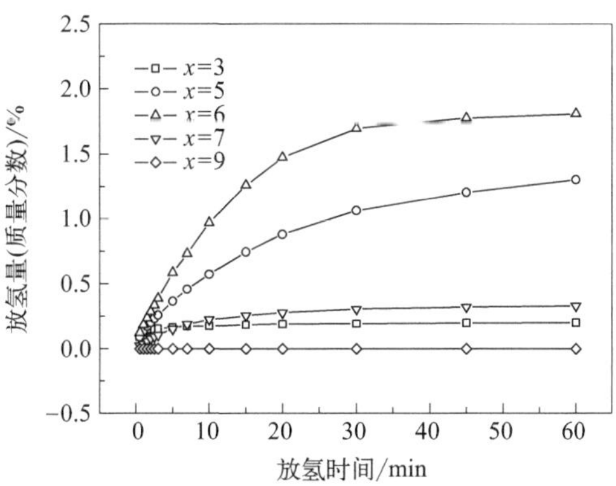

图 5-5　$Ti_{10}V_{90-x}Fe_x$（x=3,5,6,7,9）系合金在 298K 下的放氢曲线

由图可见，该系合金的室温放氢性能均不太理想，只有当 $x=5$ 和 $x=6$ 时，合金显示了较高的放氢量，特别是 $x=6$ 时，放氢量为 1.82%，但其放氢过于缓慢，动力学性能有待提高。

图 5-6 为 $Ti_{10}V_{90-x}Fe_x$ ($x=3,5,6,7,9$) 系储氢合金在不同温度下的放氢量的变化曲线。由图可见，随着温度的升高，合金样品的放氢量增加，其中，$x=5$ 和 $x=6$ 时，合金样品放氢量普遍比 $x=7$ 和 $x=9$ 时的值高约 1%。这里还需指出，除 $x=3$ 的合金外，合金样品的放氢量随温度变化率较小，而当 $x=3$ 时，合金样品从 298K 至 333K 放氢量陡升，随后又趋于平坦，这是由于该合金的晶格参数最大（图 5-2），吸放氢平台压最低，当温度较低时（如 298K），其高压放氢平台有大部分区域在 0.1MPa 以下，故放氢量较低，当温度上升，如升至 333K，其放氢平台的大部分区域已升至 0.1MPa 以上，如图 5-7 所示，故容量有较大提高，当温度继续上升时，其放氢量的增量来自含氢固溶体部分，含量较小，故放氢量的上升空间已经有限。

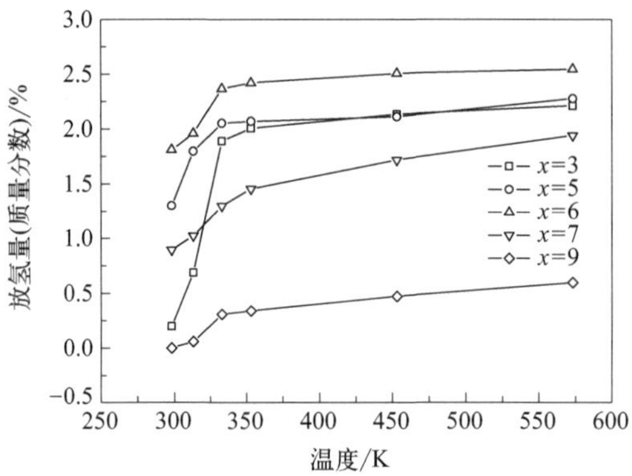

图 5-6 $Ti_{10}V_{90-x}Fe_x$ ($x=3,5,6,7,9$) 系合金在不同温度下的放氢量

图 5-7 为 $Ti_{10}V_{90-x}Fe_x$ ($x=3,5,6,7,9$) 系储氢合金的 333K 放氢 P-C-T 曲线。合金的放氢平台压（P_{eq}）和平台斜率（S_f）可分别由式(4.3) 和式(4.4) 表示。所有合金的 P_{eq}、S_f 值经计算列于表 5-1 中。结合图 5-7 和表 5-1 可得，随着 Fe 含量的增加，合金的有效放氢量先增后减，在 $x=6$ 时达最大，为 2.36%；合金的放氢平台压先增后减，在 $x=7$ 时，平台压最高为 0.65MPa。合金样品的放氢平台压与晶格参数的关系绘于图 5-8 中。一般认为，合金晶胞体积的减小会导致放氢平台压升高。而本实验中，含 $x=9$ 的合金的平台压不升反降，这说明晶胞体积因素并不能完全决定合金样品平台压的高低；合金的平台斜率总体呈减小趋势，这说明适量的 Fe 添加可以有效减小

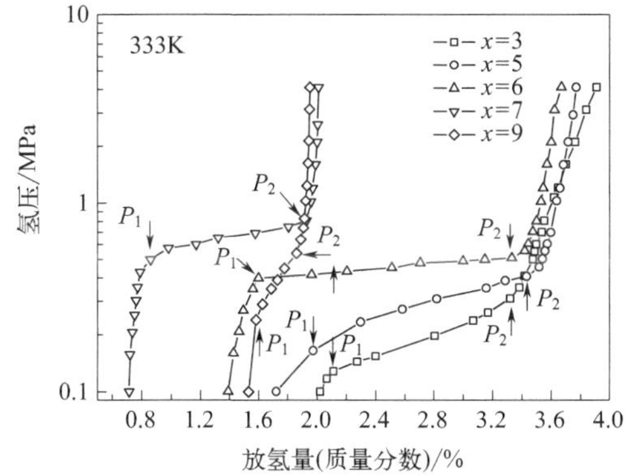

图 5-7 $Ti_{10}V_{90-x}Fe_x$（$x=3,5,6,7,9$）系合金在 333K 下的放氢 P-C-T 曲线

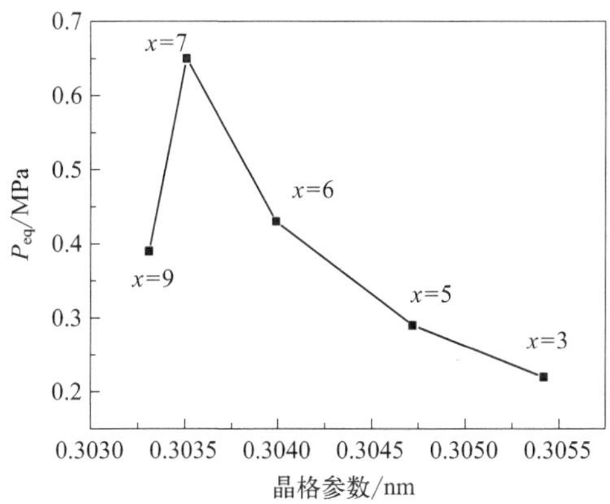

图 5-8 $Ti_{10}V_{90-x}Fe_x$（$x=3,5,6,7,9$）系合金在 333K 下的放氢平台压和晶格参数的关系

合金间隙位的应力能（与合金的晶格应力和结构变化有关）[195]，其中当 $x=6$ 时，平台压较为适中，为 0.43MPa，且最为平坦（除 $x=9$ 外），平台斜率为 0.38。由上可得，当 Fe 的替代量为 6%（原子分数）时，合金的 P-C-T 性能最佳。众所周知，V 基固溶体一般有高、低两个平衡压力平台[144,206]，但在图 5-7 中，所有合金均只观察到一个平台，左侧低压平台没有出现。

为了研究合金中残留氢的存在状态及合金的相结构变化，对 333K 下测试完 P-C-T 放氢曲线后（即脱氢至截止压 0.1MPa）的样品进行了相结构分析，其 XRD 谱线如图 5-9 所示。由图可知，这五个合金 333K 放氢均不完全，放氢产物主要为尚未脱氢的体心四方（BCT）结构的 $VH_{0.81}$ 基氢化物相（单氢化物 β 相），这主要是由于该氢化物相的放氢平台压力较低引起的，这也解释了 333K 下该系合金放氢量与吸氢量之间的差距。

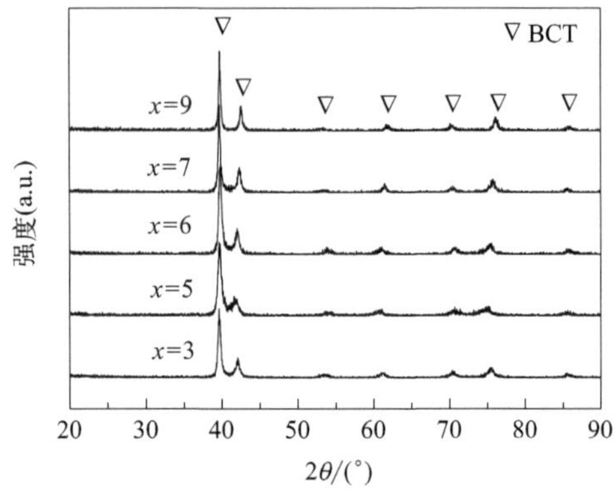

图 5-9　$Ti_{10}V_{90-x}Fe_x$（$x=3,5,6,7,9$）系合金在 333K 放氢 P-C-T 测试后的 XRD 图谱

通过合金样品的 333K 下的放氢 P-C-T 测试（图 5-7），可以看到合金样品的放氢平台压基本均高于 0.1MPa，同时考虑其在室温时高压平台放氢不充分（见图 5-5），故图 5-10 给出了合金样品在 333K 下的放氢动力学曲线，由图可以看到，随着 $x=3$ 增加至 $x=9$，前 10min 内放氢量占最大放氢量的比率依次为 80.4%、86.8%、95.8%、73.9%和 63.3%，可见，其比率先增后减，在 $x=6$ 时达最大。由数据显示，$x\leqslant6$ 时的 Fe 替代可明显提高合金样品在 333K 下的放氢速率（放氢均在前 20min 基本结束），改善了其放氢动力学性能，并提高了该温度下的放氢量。

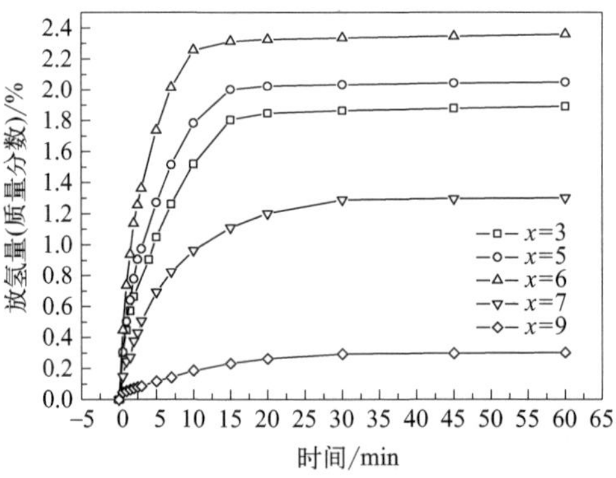

图 5-10　$Ti_{10}V_{90-x}Fe_x$（$x=3,5,6,7,9$）系合金在 333K 下的放氢曲线

由图 5-7 可知，所有合金在 333K 下的放氢平台均已被探测到，但左侧低压平台（对应于 β→α 的相变过程）由于其过低的平台压而没被发现，这里可以通过升高温度、提高平台压的方法，使其剩余的氢释放出来，为此，DSC 和 TG 测试被用于进一步研究其高温放氢特性。由图 5-11 和图 5-12 可知，合

金的 β→α 相变发生在 600～750K 的温度范围内。由 DSC 曲线可以看到，当 $x=3$ 增加至 $x=7$ 时，吸热峰的峰顶温度分别为 672.1K、673.1K、683.2K 和 676.2K，总体而言，变化不大；但当 x 增加至 9 时，曲线出现了两个吸热峰，分别出现在 460.1K 和 671.9K，其中前者峰形较小。通过计算，可以得到，当 $x=3$ 增加至 $x=7$ 时，其吸热峰所对应的吸热反应的分解焓分别为 314.5J/K、280.3J/K、221.4J/K 和 238.1J/K，从这里可以明显看到，合金样品的焓变呈减小趋势，且减小幅度较大；而当 $x=9$ 时，其两个吸热峰所对应的吸热反应的分解焓分别为 6.725J/K 和 174.5J/K。

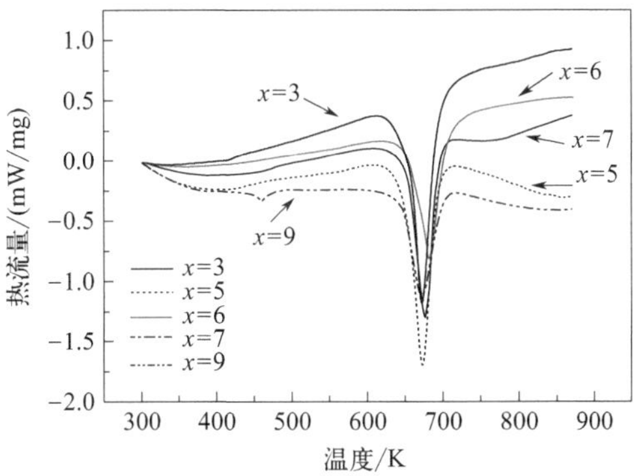

图 5-11　$Ti_{10}V_{90-x}Fe_x$ ($x=3,5,6,7,9$) 系合金的 DSC 曲线

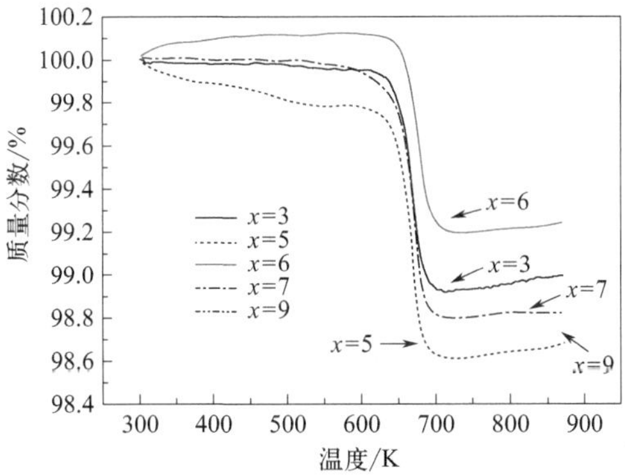

图 5-12　$Ti_{10}V_{90-x}Fe_x$ ($x=3,5,6,7,9$) 系合金的 TG 曲线

结合图 5-10～图 5-12 的分析，可以认为，$x=3,5,6,7$ 的合金样品的 DSC 的吸热峰和 $x=9$ 时样品的 DSC 的较高温吸热峰所对应的反应为 $VH_{0.81}$ 基氢化物相（β）的释氢，而 $x=9$ 的样品的较低温吸热峰所对应的反应为残留的少量 VH_2 基 FCC 相的分解，但在图 5-10 和图 5-12 中，没有观察到所对应的

明显表征，这是由于该相的含量较少，XRD 和 TG 分析没有探测到。通过以上研究，可以发现 Fe 含量的增加导致了 β 相分解焓的减小，说明 Fe 的添加可以降低 β 相的稳定性，众所周知，V 基合金的低压放氢平台压很低，是由于其 β 相过于稳定造成的，所以这里 Fe 的引入为进一步提高 V 基合金的有效储氢量提供了一条途径。由图 5-12 还可以看到，合金样品在 573K 之前失重不多，这与图 5-6 在 333～573K 之间测得的放氢量变化不大相吻合。

5.4.3 小结

① $Ti_{10}V_{90-x}Fe_x$（$x=3,5,6,7,9$）系储氢合金均由单一的 BCC 固溶体相组成（体心立方结构，空间群为 $Im3m$）；随着 Fe 含量的增加，合金相的点阵常数和晶胞体积减小。

② 该系合金的活化性能均不太理想，且随着 Fe 含量的增加，活化难度增加，室温吸氢量逐渐减少。在 $x \leqslant 6$ 时，合金样品在 333K 下的放氢速率随 x 的增加而增加，放氢动力学得到改善。

③ 随着 Fe 含量的增加，合金样品的放氢平台压先增后减，在 $x=7$ 时，达到最大值 0.65MPa；室温和 333K 的有效放氢量则先增后减，在 $x=6$ 时分别达到最大值 1.82%和 2.36%。

④ 适量的 Fe 替代 V 可提高合金的放氢平台压力，改善 P-C-T 平台特性，并降低 β 相的稳定性。综合而言，该系列合金中的 $Ti_{10}V_{84}Fe_6$ 合金具有最佳的综合储氢性能。

5.5 $Ti_{10}V_{84-x}Fe_6Zr_x$（x=1，2，4，6，8）系合金的微观结构和储氢性能

在上一节中，我们研究了不同 Fe 含量的 $Ti_{10}V_{90-x}Fe_x$（$x=3,5,6,7,9$）系合金的相结构、表面形貌和储氢性能。结果表明，该系合金均由 BCC 单相组成，且在 Fe 含量较低时，具有较高的储氢量；当 $x=6$ 时，合金具有最佳的综合储氢性能。但该系列合金表面形成的致密氧化膜，使其活化困难。Cho 等[187] 研究表明，在 Ti-V-Cr 系三元合金中加入少量 Zr（约 5%，原子分数），可以改善合金 P-C-T 曲线的平台特性，其中形成的 $ZrCr_2$ 第二相会减少其吸氢量，但文中没有报道该系合金的活化性能。已有充分研究表明，第二相的存在可以明显改善 V 基固溶体合金的活化性能[122,127,150,186,188,206,215,216,219,262]。为

此，本文通过 Zr 替代 $Ti_{10}V_{84}Fe_6$ 合金中的 V 元素，研究了 Zr 含量对该合金的微观结构和储氢性能特别是活化性能的影响。

5.5.1 合金的微观结构

图 5-13 是 $Ti_{10}V_{84-x}Fe_6Zr_x$（$x=1,2,4,6,8$）系铸态合金的 XRD 图谱。由图可知，$x=1$ 时，合金基本为 BCC 单相结构，而其余合金均由 V 基 BCC 主相和少量的 C14 型 Laves 第二相组成。随着 Zr 含量 x 的增加，C14 相衍射峰强度逐渐增大，当 $x=8$ 时强度达最大。这说明 Zr 的添加有利于 C14 型 Laves 相的生成。由 Rietveld 结构精修分析得到的该系列合金的相丰度、各相的晶格参数与晶胞体积见表 5-2。

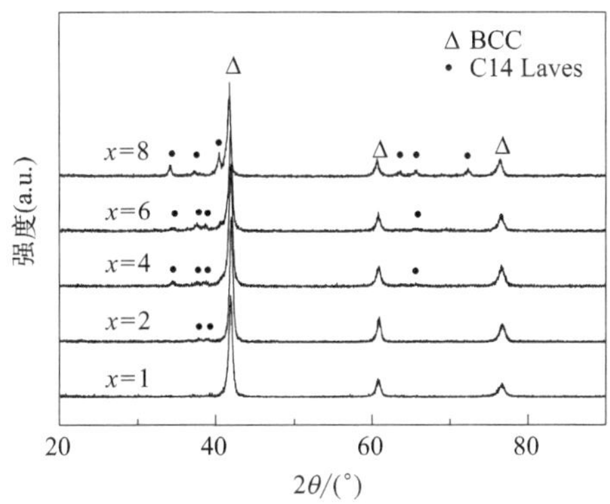

图 5-13 $Ti_{10}V_{84-x}Fe_6Zr_x$（$x=1,2,4,6,8$）系铸态合金的 XRD 图谱

表 5-2 $Ti_{10}V_{84-x}Fe_6Zr_x$（$x=1,2,4,6,8$）系合金的相结构参数

样品	相	空间群（编号）	相对丰度 /%	主相晶格参数 /Å	主相晶胞体积 /$Å^3$
$x=1$	BCC	$Im3m$(229)	100	3.0446	28.22
$x-2$	BCC	$Im3m$(229)	88.97	3.0417	28.14
	C14	$P6_3/mmc$(194)	11.03		
$x=4$	BCC	$Im3m$(229)	79.05	3.0437	28.20
	C14	$P6_3/mmc$(194)	20.95		
$x=6$	BCC	$Im3m$(229)	64.76	3.0460	28.26
	C14	$P6_3/mmc$(194)	35.24		
$x=8$	BCC	$Im3m$(229)	58.79	3.0460	28.49
	C14	$P6_3/mmc$(194)	41.21		

由表 5-2 可见，当 Zr 含量 $x=1$ 时，合金为 BCC 单相，而其余合金均为 BCC 和 C14 型 Laves 相组成，且随着 x 的增加，BCC 相的含量直线下降，从 $x=2$ 时的 88.97%减小至 $x=8$ 时的 58.79%，C14 型 Laves 相的含量则相应的从 11.03%上升至 41.31%，由此可见，Zr 元素对于 C14 型 Laves 相的成长具有相当强的促进作用。由表还可看到，当 Zr 含量 x 增大时，由于 Zr 原子半径（0.16nm）大于 V 原子半径（0.134nm），故 BCC 主相的晶胞体积呈增大趋势，当 $x=8$ 时，达到最大值 0.02849nm^3。在这里我们发现一个有趣的现象，就是随着 x 从 2 增加到 8，合金 BCC 相的晶胞体积逐渐增加，但 $x=1$ 时，合金的晶胞体积却大于 $x=2$ 时的值，这与 Zr 元素的分布有关。当 $x=1$ 时，由于合金几乎为单相结构，故 Zr 几乎全部分布于 BCC 一相中，而当 $x=2$ 时，C14 型 Laves 第二相已明显形成，而 Zr 又主要分布于 C14 型 Laves 相中，在 BCC 相中的含量较少，故造成了此时 BCC 主相晶胞体积减小这一现象。当 Zr 含量继续增加时，其总体效应导致了 BCC 主相的晶胞体积又进一步增加。由表 5-1 还可看到，C14 型 Laves 相的晶胞体积随 Zr 含量的增加而增加，这是由于总体 Zr 含量的增加和 Zr 在该相中的富集的双重作用所致。

图 5-14 是 $Ti_{10}V_{84-x}Fe_6Zr_x$（$x=1,2,4,6,8$）系合金的 SEM 照片。由图可知，当 $x=1$ 时，其合金基本保持 BCC 单相结构，而当 x 增加时，合金组织转变为两相共存状态，C14 型 Laves 第二相沿着 BCC 主相的晶界呈三维网络状析出，且随着 x 值的增大，第二相面积逐渐增大，说明第二相含量逐渐增多，这与 XRD 分析的结果及表 5-1 中的数据基本一致。

图 5-15 为 $Ti_{10}V_{78}Fe_6Zr_6$ 合金的 SEM 照片与 EDS 面扫描分布图。由图可见，Ti 元素总体上较均匀地分布在整个合金表面，但 C14 型 Laves 相中的亮度稍高于 BCC 相，表明 C14 型 Laves 相中的 Ti 含量稍高于 BCC 相中的含量。V 元素则呈现明显的区域分布，V 元素亮区和 BCC 主相的分布基本重合，且两相亮度差异明显，说明 BCC 相中 V 含量远高于 C14 型 Laves 相中的含量。Fe 元素分布区域与合金的表面形状基本一致，且均匀地分布在整个合金表面，衬度没有变化，表明合金的两相中均有 Fe 的分布，且含量无明显差别。Zr 元素的亮区恰与 V 元素的亮区相反，其亮区几乎与 C14 型 Laves 相区吻合，且两相亮度差异非常显著，表明 Zr 元素绝大部分分布于 C14 相中，这说明 Zr 元素促进了 C14 相的生成。图 5-16 给出了不同元素掺杂对钒基储氢合金中 Laves 相丰度的影响[58]。

表 5-3 列出了该系列合金中各相的 EDS 成分分析数据。表中 $Ti_{10}V_{78}Fe_6Zr_6$ 合金的 EDS 微区成分分析的结果与图 5-15 中该合金的 EDS 的面分布分析结果基

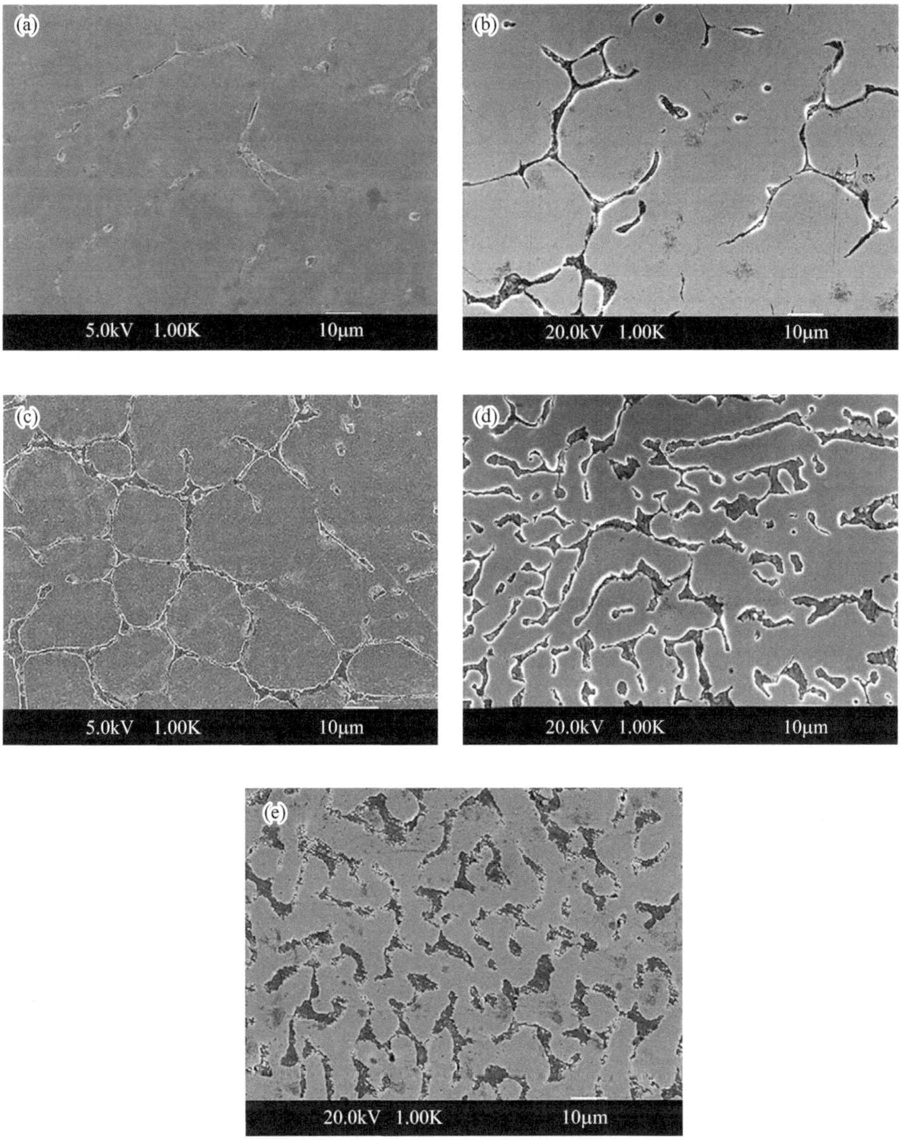

图 5-14　$Ti_{10}V_{84-x}Fe_6Zr_x$（x=1,2,4,6,8）系合金的 SEM 照片

（a）x=1；（b）x=2；（c）x=4；（d）x=6；（e）x=8

本一致。由表可见，随着 x 的增大，BCC 相中的 Zr 含量稍有增加，但总体含量太低，几乎可以忽略；而形成鲜明对比的是，在 C14 相中 Zr 含量明显增加，这与上面分析一致，即 Zr 元素几乎全部分布于 C14 第二相中。这再次说

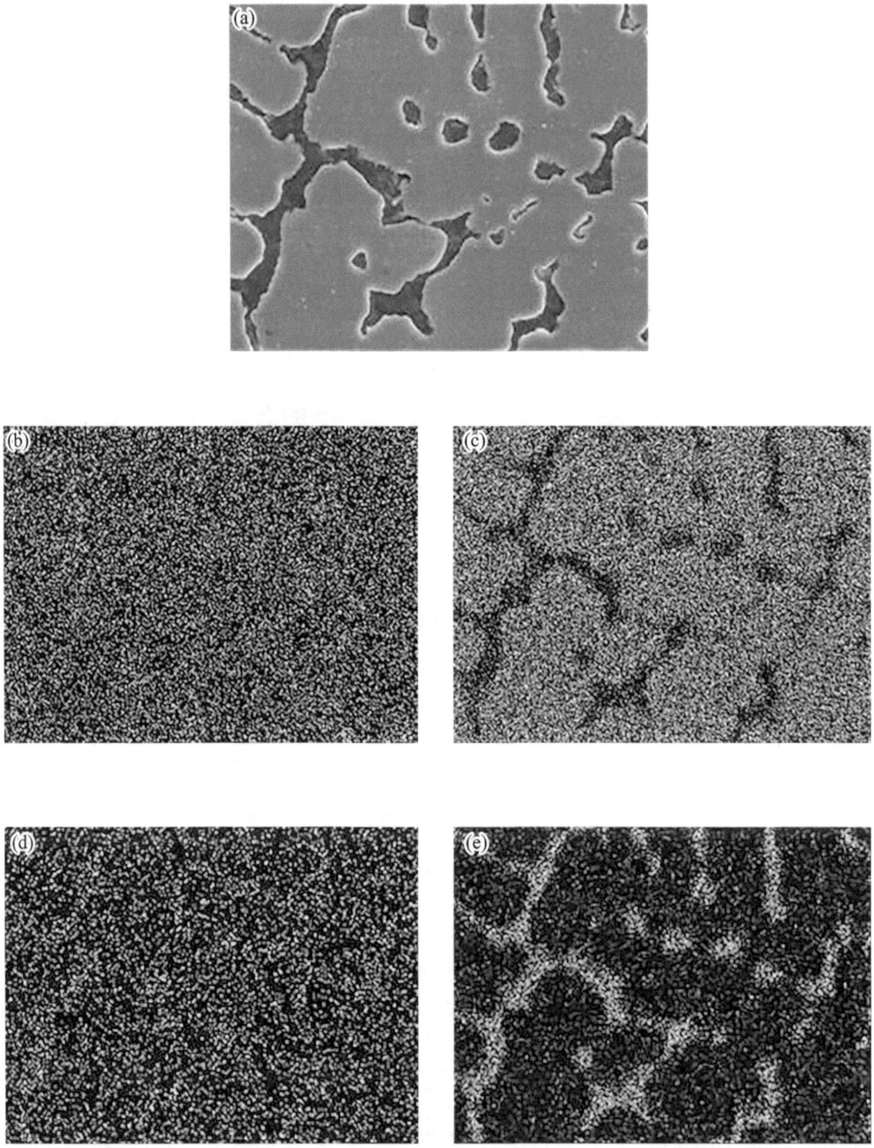

图 5-15　$Ti_{10}V_{78}Fe_6Zr_6$ 合金的 SEM 照片与 EDS 面扫描分布图

(a) 合金的 SEM 照片；EDS 面扫描分布图：(b) Ti_K；(c) V_K；(d) Fe_K；(e) Zr_L

明 Zr 促进了钒基储氢合金中 C14 相的生成，这与文献 [134，184，185，188，206，262] 的结果相似。同时由表 5-3 可以看到，V 元素在所有合金的两相中的含量都是最高的，特别是在 BCC 相中，含量在 80%以上。

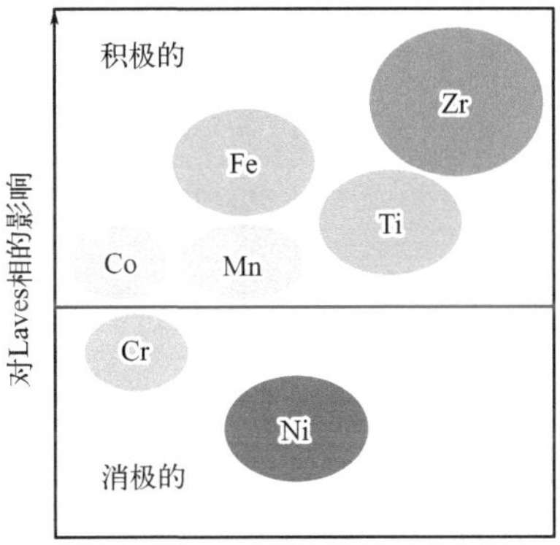

图 5-16　不同元素掺杂对 Laves 相丰度的影响[58]

表 5-3　$Ti_{10}V_{84-x}Fe_6Zr_x$ ($x=1,2,4,6,8$) 系合金中各相的 EDS 成分分析结果

样品	相	组成(原子分数)/%			
		Ti	V	Fe	Zr
$x=1$	BCC	9.21	84.59	5.52	0.69
$x=2$	BCC	7.58	87.59	4.51	0.32
	C14	19.11	47.11	12.4	21.39
$x=4$	BCC	8.39	86.75	4.19	0.66
	C14	16.7	42.35	13.88	27.07
$x=6$	BCC	7.08	88.2	3.78	0.94
	C14	14.1	41.19	13.66	31.04
$x=8$	BCC	7.64	86.67	4.72	0.97
	C14	10.2	42.4	11.6	35.8

5.5.2　合金的储氢性能

图 5 17 是 $Ti_{10}V_{84-x}Fe_6Zr_x$ ($x=1,2,4,6,8$) 系合金在 298K 下的初始活化时的氢化曲线。由图可知，该系合金中，除 $x=1$ 和 $x=2$ 的合金的活化孕育期较长外（>1h)，其余合金的孕育期则相对较短，但合金一旦活化吸氢开始，则其吸氢速率很快，在 10min 左右吸氢基本饱和，随着 x 从 1 增加至 8，合金的最大吸氢量分别为 3.66%、3.44%、3.40%、3.36%、3.28%，并且各个合金随着循环次数的增加，其吸氢量呈下降趋势。

表 5-4 列示了 $Ti_{10}V_{84-x}Fe_6Zr_x$ ($x=1,2,4,6,8$) 系合金首次吸氢活化时的孕育期。由表可见，合金活化的孕育期随着 Zr 含量的增加而急剧缩短，当

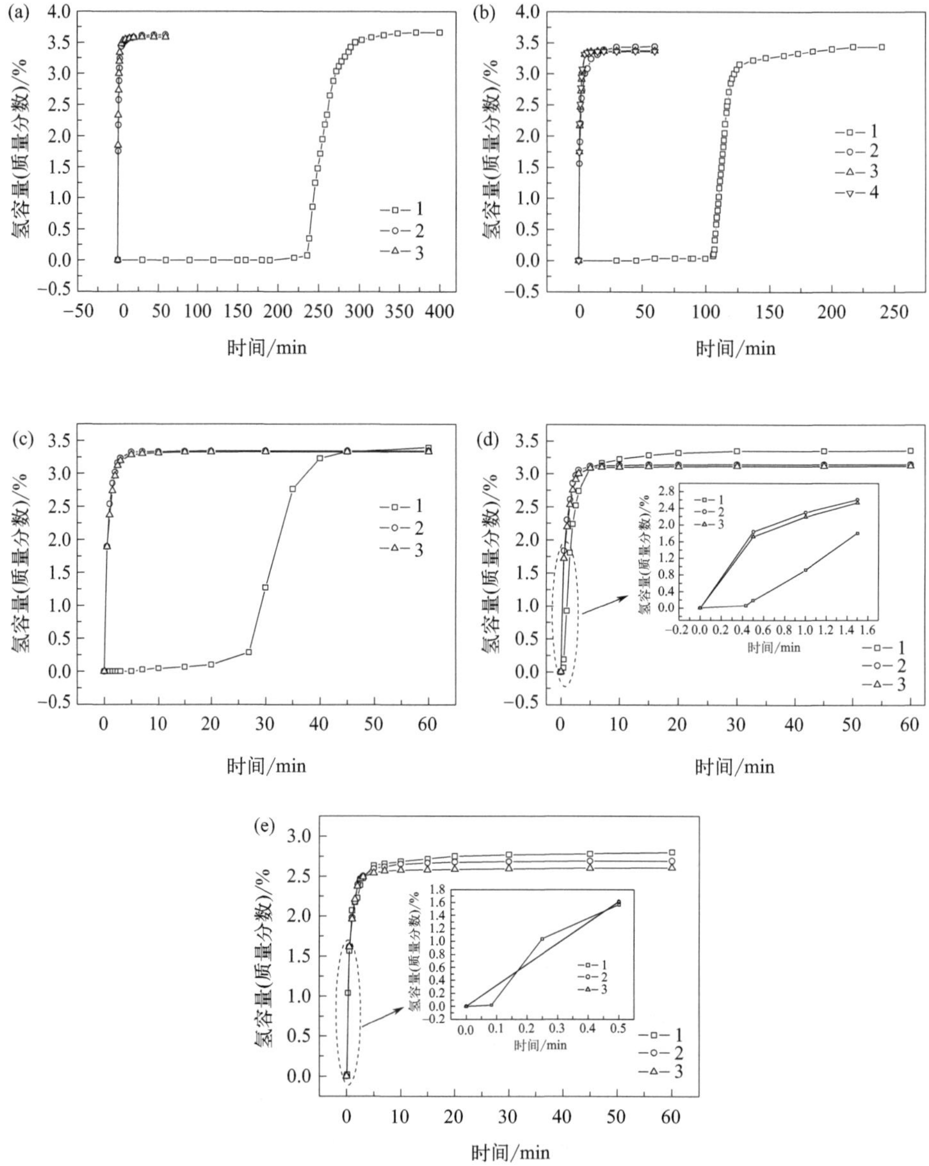

图 5-17　$Ti_{10}V_{84-x}Fe_6Zr_x$（x=1,2,4,6,8）系合金在 298K 下初始活化时的氢化曲线

（a）x=1；（b）x=2；（c）x=4；（d）x=6；（e）x=8

x=1 和 x=2 时，合金的活化孕育期均较长，分别为 236.1min 和 105.6min，这消耗了大量的等待时间，对合金的应用造成了一定的阻碍。当 x=4，6 和 8 时，合金活化的孕育期则较短，特别是 x=8 时，孕育期仅为 5s。这说明 Zr

含量的增加及由此导致的 C14 型 Laves 相含量的增加，大大缩短了该系合金的活化孕育期，改善了该系合金的活化性能。这与文献［123，188，206］报道的结果一致。

表 5-4　$Ti_{10}V_{84-x}Fe_6Zr_x$（x=1,2,4,6,8）系合金首次吸氢活化时的孕育期

x	x=1	x=2	x=4	x=6	x=8
孕育期	236.1min	105.6min	26min56s	26s	5s

图 5-18 为 $Ti_{10}V_{84-x}Fe_6Zr_x$（x=1,2）合金在两种不同的活化预处理时的初始活化曲线。由图可见，当相对较为难活化的合金（x=1 和 x=2）经过 673K 抽真空，其活化吸氢则变得非常迅速，活化孕育期仅为 20s（x=1）和 0s（x=2），由此可以看出活化预先热处理（高温抽真空）可以降低活化的难度，但这道工序及能源的消耗明显增加了商业化应用的成本。

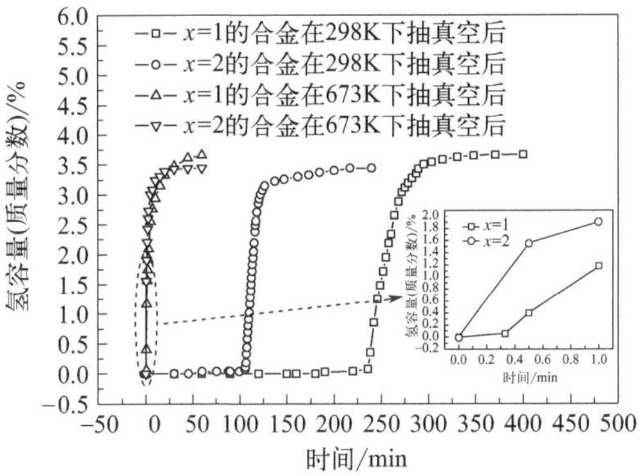

图 5-18　$Ti_{10}V_{84-x}Fe_6Zr_x$（x=1,2）合金在两种不同的活化预处理时的初始活化曲线

表 5-5 列出 $Ti_{10}V_{84-x}Fe_6Zr_x$（x=1,2,4,6,8）系储氢合金的相关储氢特性。由表 5-5 和图 5-18 可以发现，随着 Zr 的 x=1 增加到 x=8，合金的 e/a 值均小于 5.1 的临界值，故其最大吸氢量均保持在较高水平，且吸氢量均随着 e/a 的减小而减小，说明 Zr 的添加会降低合金的吸氢量，吸氢量从 x=1 时的 3.66%减少为 x=8 时的 3.28%，下降幅度较小。

表 5-5　$Ti_{10}V_{84-x}Fe_6Zr_x$（x=1,2,4,6,8）系合金的储氢特性

x	活化循环次数（N_a）	电子原子比（e/a）	298K 时的最大吸氢量/%	333K 时的有效放氢量/%
1	2	5.07	3.66	1.86
2	2	5.06	3.44	1.69

续表

x	活化循环次数(N_a)	电子原子比(e/a)	298K 时的最大吸氢量/%	333K 时的有效放氢量/%
4	1	5.04	3.40	1.43
6	1	5.02	3.36	1.38
8	1	5	3.28	0.88

图 5-19 为 $Ti_{10}V_{84-x}Fe_6Zr_x$（$x=1,2,4,6,8$）系合金在 298K 下的放氢曲线。由图可见，该系合金的室温放氢性能均不太理想，当 $x=1$ 时，放氢约需 2h 才能达到稳定状态，而其余合金放氢量很低，这主要是由于 Zr 元素替代 V 元素后，使合金 BCC 主相（主吸氢相）的晶胞体积呈增大趋势（参见表 5-1），合金样品高压放氢平台压力降低，并降至 0.1MPa 以下，故合金放氢量相应减少。由于此温度下，放氢平台没有出现，故不能显示合金的本征放氢动力学性能，从而无法判断 Zr 添加量对放氢速率的影响。

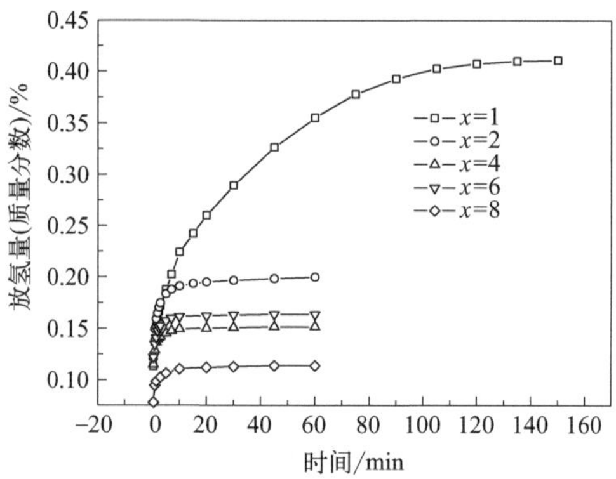

图 5-19　$Ti_{10}V_{84-x}Fe_6Zr_x$（$x=1,2,4,6,8$）系合金在 298K 下的放氢曲线

图 5-20 和图 5-21 分别给出了 $Ti_{10}V_{84-x}Fe_6Zr_x$（$x=1,2,4,6,8$）系合金样品在 333K 下放氢 P-C-T 曲线和该温度下的放氢动力学测试。由图 5-20 可见，当 $x\leqslant4$ 时，合金样品的放氢平台压已基本在 0.1MPa 以上，而当 $x>4$ 时，其放氢平台压仍有部分区域位于 0.1MPa 以下。对比图 5-21 中 $Ti_{10}V_{84-x}Fe_6Zr_x$（$x=1,2,4,6,8$）系合金在 333K 下的放氢动力学曲线，经计算可得，随着 x 的增加，合金样品在放氢前 15min 内放出的氢量占总放氢量的比率分别为 97.9%、54.8%、61.4%、94.4%和 98.8%，由此可见，当 x 从 1 增加至 4 时，合金的放氢速率逐渐变慢，当 x 继续增加时，则放氢速率又变大，结合上述平台压的结果，可以认为在 $x=1$，2 和 4 时，其放氢速率基本代表了其

本征放氢速率，从而表明了 Zr 的少量添加会减缓该系合金样品的放氢，而当 Zr 的含量继续增加时，由于其高压平台放氢不完全，所以在这里并不能和上述合金比较 Zr 添加对放氢速率的影响。其中当 $x=1$ 时，放氢基本在 10min 内完成，而当 $x=4$ 时，放氢约需在 60min 内才能结束。

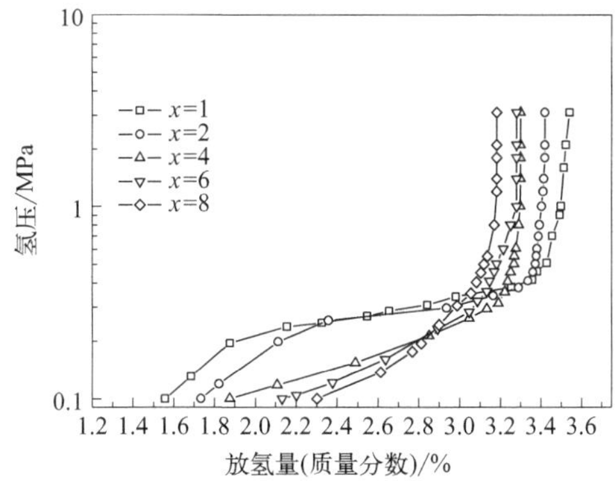

图 5-20　$Ti_{10}V_{84-x}Fe_6Zr_x$（$x=1,2,4,6,8$）系合金在 333K 下的放氢 P-C-T 曲线

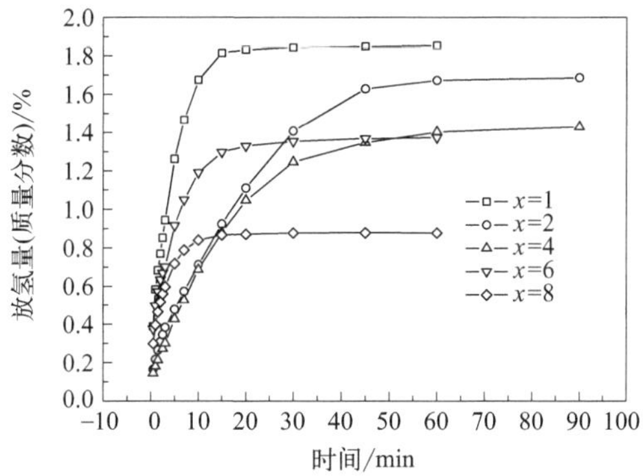

图 5-21　$Ti_{10}V_{84-x}Fe_6Zr_x$（$x=1,2,4,6,8$）系合金在 333K 下的放氢动力学曲线

以 $Ti_{10}V_{76}Fe_6Zr_8$ 为例，我们研究了该合金在不同温度下的放氢动力学性能，如图 5-22 所示。由图可见，随着温度的升高，合金的放氢量和放氢速率都急剧增大，前 5min 内的放氢量占总放氢量的比例分别为 96.8%（放氢量太低，而无比较意义）、49.2%、81.9%、87.3%。结合对图的分析，这里放氢量的升高其本质是由温度升高导致的放氢平台压升高的结果。

$Ti_{10}V_{84-x}Fe_6Zr_x$（$x=1,2,4,6,8$）系合金在不同温度下的放氢量如图 5-23 所示。由图可见，合金的放氢量随着温度的增加而明显升高，合金在 333K 下的放氢量也列于表 5-5 中。可见，随着 x 的增加，合金在 333K 的放氢量逐渐

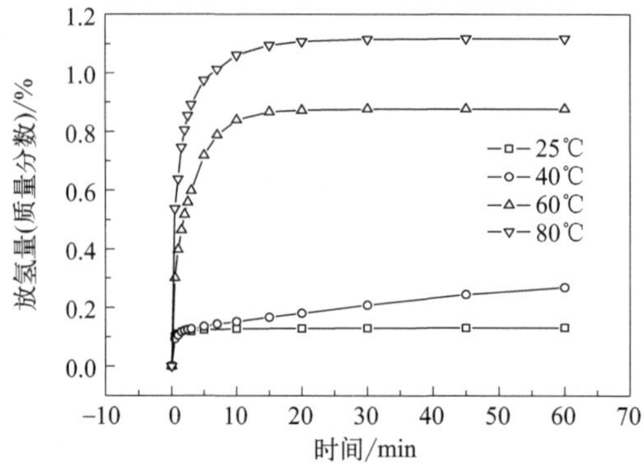

图 5-22 $Ti_{10}V_{76}Fe_6Zr_8$ 合金在不同温度下的放氢曲线

减少，放氢量从 $x=1$ 时的 1.86%下降到 $x=8$ 时的 0.88%，下降幅度达 52.7%。结合之前该系合金的放氢动力学曲线图，可以明显的看出 Zr 对 V 的替代影响了其放氢性能，如放氢速率和放氢量等。

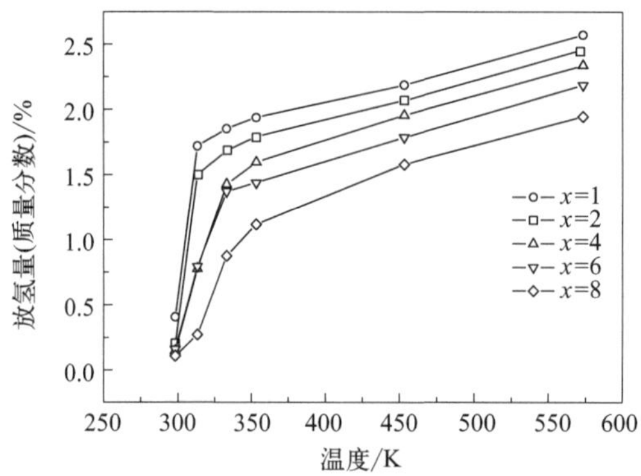

图 5-23 $Ti_{10}V_{84-x}Fe_6Zr_x$（$x=1,2,4,6,8$）系合金在不同温度下的放氢量

图 5-24 是在 333K 下放氢后样品的 XRD 图谱。由图可知，这五个合金 333K 放氢均不完全，当 $x<6$ 时，放氢产物基本为 BCT 结构的 $VH_{0.81}$ 基氢化物相（β）。这主要是因为 $VH_{0.81}$ 基氢化物相的放氢平台压力太低、BCT 氢化物的稳定性较高引起的。当 $x\geqslant6$ 时，合金样品相衍射峰的个数明显增加，说明放氢产物中物相种类明显增多，这主要是由于 $x\geqslant6$ 时，铸态合金中主相晶胞体积开始明显增大（表 5-2），导致其氢化物放氢平台压显著降低，放氢量减小（表 5-6），故放氢产物中氢化物相明显增多，但当 $x=4$ 增加至 $x=6$ 时，合金样品物相种类的突然变化还有待研究。经计算，放氢主产物 $VH_{0.81}$ 基氢化物相的晶格参数列于表 5-6 中。

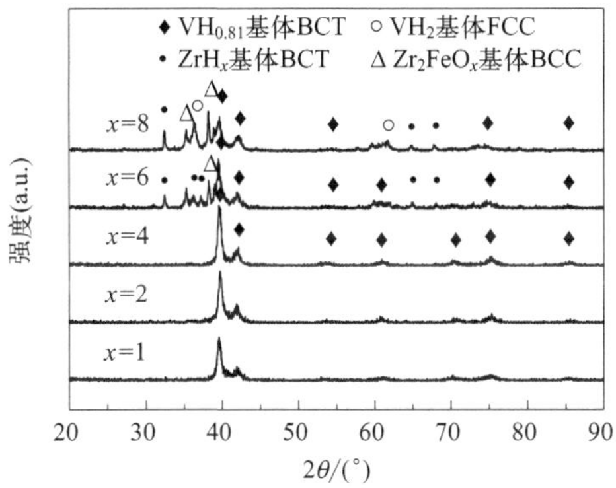

图 5-24　在 333K 下放氢后 $Ti_{10}V_{84-x}Fe_6Zr_x$（x=1,2,4,6,8）样品的 XRD 图谱

表 5-6　放氢产物中 $VH_{0.81}$ 基 BCT 氢化物相的点阵常数及晶胞体积

样品(x)	1	2	4	6	8
晶格参数 a/nm	0.3028	0.30326	0.30288	0.30222	0.30278
晶格参数 c/nm	0.33951	0.34014	0.34054	0.33998	0.34093
晶胞体积 V/nm^3	0.03113	0.03128	0.03124	0.03105	0.03126

为了进一步研究该系合金的高温放氢性能，我们给出了 $Ti_{10}V_{84}Fe_6$ 合金和 $Ti_{10}V_{84-x}Fe_6Zr_x$（x=1,4,8）合金在 333K 下放氢后样品的 DSC 和 TG 曲线。由图 5-25 的 DSC 曲线可以看到，合金样品（除 x=8 外）在 550～725K 均出现了一个明显的吸热峰，表明在此温度区域，合金样品有一个放氢过程，且该热流峰形从一定程度上表征了分解反应的速率。根据以上分析，可以认为该释氢过程是由合金的单氢化物 β 相的分解造成的。随着 Zr 含量的增加，这四个吸热峰的峰顶温度呈减小趋势，分别为 653.9K、667.1K、617.5K 和 599K，说明 Zr 含量较多的合金样品的单氢化物的放氢平台压受温度的影响大于 Zr 含量较低的样品，即单氢化物的稳定性减小，从而有利于合金的完全脱氢。这里还需指出，对于 x=8 的合金样品，在 450～550K 的温度区间内还隐约出现了一个较小的吸热峰，峰顶温度为 491.4K，这是由于在 333K 下，该合金的高压放氢平台最低，放氢产物除了 BCT 主相，还有一定量的残留 VH_2 基 FCC 氢化物和少量 Zr 氢化物基相存在（图 5-24），分析认为该隐约吸热峰应为残留 VH_2 基 FCC 氢化物的分解所致，分解产物为 $VH_{0.81}$ 基 BCT 相，同时我们还可以看到在该区间内，其余合金特别是 x=4 时的合金存在很微弱的吸热过程，但没有成峰，这主要还是由于极少量的残留

VH_2 基 FCC 氢化物相和其他不知名相造成的，但由于其含量的稀少，故在图 5-25 中没有探测到。

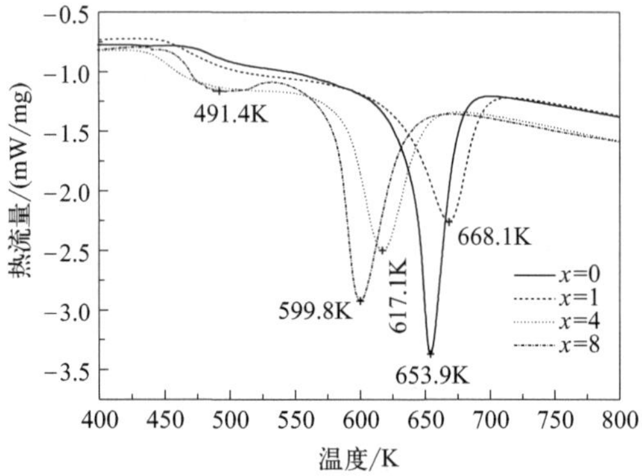

图 5-25　氢化后的 $Ti_{10}V_{84-x}Fe_6Zr_x$（x＝0,1,4,8）合金在 333K 放氢后样品的 DSC 曲线

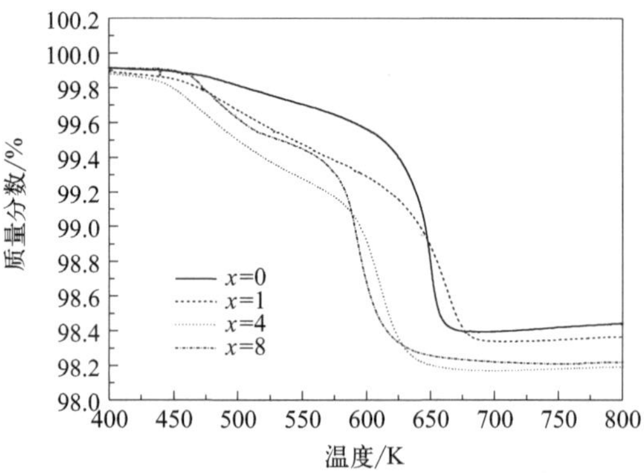

图 5-26　氢化后的 $Ti_{10}V_{84-x}Fe_6Zr_x$（x＝0,1,4,8）合金在 333K 放氢后样品的 TG 曲线

由图 5-26 的 TG 曲线可见，所有合金样品在 550～700K 的温度范围内均有一个失重的过程，且失重曲线很陡，说明其放氢反应比较剧烈，反应速率比较快，与图 5-25 的该温度区间的吸热峰相对应。同时也可看到在 450～550K 的温度范围内也存在一个较为缓慢的失重过程，这也恰好与图 5-25 相符合。

为了进一步验证合金样品的分解释氢过程及反应速率的变化情况，我们对 TG 曲线求导，得到了表征失重速率，即反应速率的数据，并将其绘于图 5-27 中，由图可见，在 550～700K 的温度范围内，所有合金样品均出现了一个反应失重速率变化即反应速率变化的峰，其峰形和图 5-25 中所对应的热流峰形相似，但峰顶温度却均有减小，减小范围在 3～7K 之间，这主要是由实验设备的测量误差所引起的。

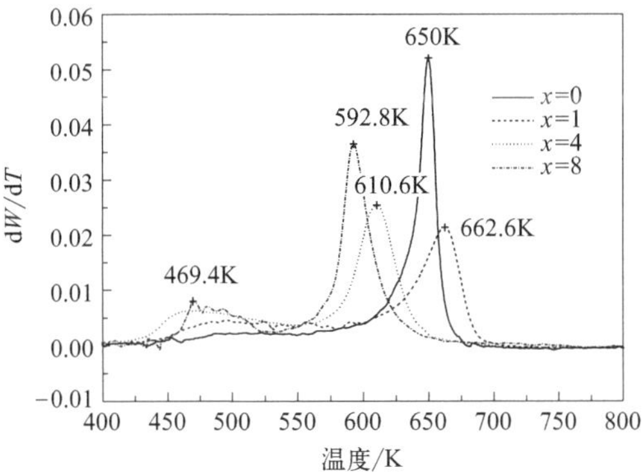

图 5-27　氢化后的 $Ti_{10}V_{84-x}Fe_6Zr_x$（x=0,1,4,8）合金在 333K 放氢后样品的 DTG 曲线

5.5.3　小结

① 在 $Ti_{10}V_{84-x}Fe_6Zr_x$（x=1,2,4,6,8）系储氢合金中，当 x=1 时，合金基本由单一的 V 基 BCC 固溶体相组成；而当 $x\geqslant2$ 时，合金均由 BCC 主相和 C14 型 Laves 第二相组成。随着 Zr 含量的增加，第二相含量明显增加，合金 BCC 主相的晶胞体积先减小后增加，C14 型 Laves 的晶胞体积则逐渐增加。

② Zr 部分替代 V 后，该系列合金的活化性能显著改善。在没有活化预处理（即高温抽真空）的条件下，除 x=1 和 x=2 两者外，其他合金的活化孕育期均较短，且随着 Zr 含量的增加，孕育期明显缩短，特别是 x=8 时合金的孕育时间仅为 5s。而对于 x=1 和 x=2 时，只要经过 673K 抽真空 30min 的活化预处理后，合金活化性能显著改善，孕育期缩短为 20s（x-1）和 0s（x=2）。

③ 合金的吸氢量和放氢量均随 Zr 含量的增加而递减，放氢平台压力则逐渐降低，在 x=6 和 x=8 时，放氢平台的部分区域压力已在 0.1MPa 以下。

④ Zr 部分替代 V 可有效减弱单氢化物的稳定性，降低其放氢温度，但过量 Zr 会引起合金吸氢量明显下降。综合而言，该系列合金中的 $Ti_{10}V_{83}Fe_6Zr$ 合金具有最佳的综合储氢性能，其拥有良好的活化性能、较高的吸放氢量和较

佳的平台特性。

5.6 $Ti_{10+x}V_{80-x}Fe_6Zr_4$（x=0,5,10,15）系合金的微观结构和储氢性能

大量研究表明，多元合金化能够有效改善钒基储氢合金的综合性能[56-58]。Challet 等[162] 研究了 $(Ti_{0.355}V_{0.645})_{100-x}Fe_x$（$x$=7,14,21）的结构和储氢性能，该合金在 298K 时的吸氢量分别为 3.95%和 3.8%。$(Ti_{0.355}V_{0.645})_{93}Fe_7$ 合金在 298K 时的可逆容量仅为 0.33%。当温度升至 573K 时，可逆容量骤增至 3.18%。

此外，用 Ti 替代 V 可在降低成本的基础上，提高合金的吸氢量和吸放氢动力学性能[147,173,199]。

我们之前的研究发现，添加锆（Zr）元素可以显著改善 Ti-V-Fe 储氢合金的活化性能，且 $Ti_{10}V_{80}Fe_6Zr_4$ 合金具有最佳的综合储氢性能[133]。基于此项研究，为降低合金成本（钛的价格远低于钒）并进一步提高其综合储氢性能，本节系统研究了 $Ti_{10+x}V_{80-x}Fe_6Zr_4$（$x$=0,5,10,15）系合金的微观结构和储氢性能。

5.6.1 合金的微观结构

图 5-28 展示了 $Ti_{10+x}V_{80-x}Fe_6Zr_4$（$x$=0,5,10,15）系合金的 X 射线衍射（XRD）图谱。所有合金均由 V 基体心立方（BCC）主相和少量 C14 Laves 第二相组成，由于第二相的相对含量较低，其衍射峰在图谱中并不明显。随着

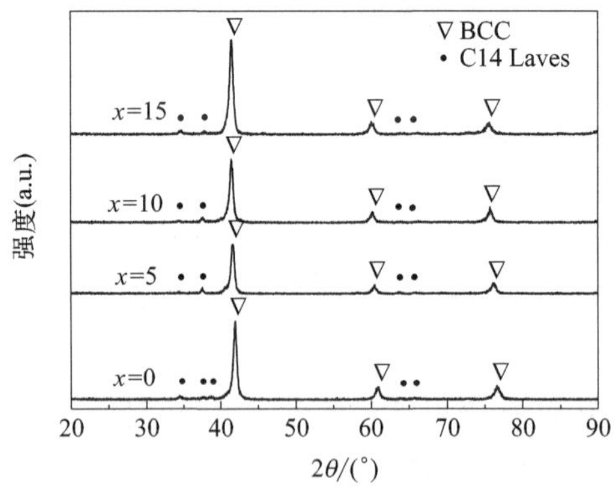

图 5-28　$Ti_{10+x}V_{80-x}Fe_6Zr_4$（$x$=0,5,10,15）系合金的 XRD 图谱

Ti 含量的增加，BCC 相的衍射峰向左（低角度方向）移动，这是因为 Ti 的原子半径（1.47Å）大于 V 的原子半径（1.32Å）。合金中 Ti 含量的增加会使 BCC 相的晶格参数和晶胞体积增大。通过 Rietveld 精修法确定了合金中 BCC 相的晶体特征以及各相的相含量，结果分别列于表 5-7 和表 5-8 中。

表 5-7　$Ti_{10+x}V_{80-x}Fe_6Zr_4$ (x=0,5,10,15) 系合金 BCC 相的晶体特征

样品(x)	0	5	10	15
晶格参数 a/nm	0.30437	0.30617	0.30761	0.30786
晶胞体积 V/nm^3	0.02820	0.02870	0.02911	0.02918

表 5-8　$Ti_{10+x}V_{80-x}Fe_6Zr_4$ (x=0,5,10,15) 系合金中各相的相丰度

样品(x)	0	5	10	15
BCC	92.62	86.8	88.7	92.3
C14	7.38	13.2	11.2	7.7

图 5-29 展示了 $Ti_{10+x}V_{80-x}Fe_6Zr_4$ (x=0,5,10,15) 系合金的扫描电子显微镜（SEM）显微照片。可以看出，所有这些合金均由主相（暗区）和第二

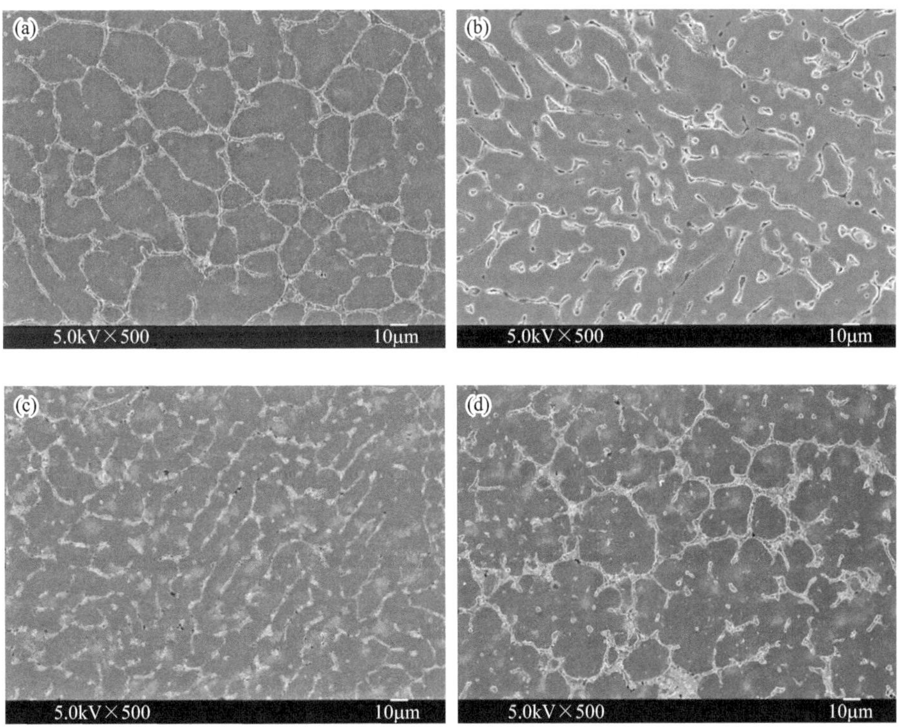

图 5-29　$Ti_{10+x}V_{80-x}Fe_6Zr_4$ (x=0,5,10,15) 系合金的 SEM 图片

(a) x=0；(b) x=5；(c) x=10；(d) x=15

相（亮区）组成。第二相沿主相的晶界析出并形成网络结构。显然，每种合金中暗区的数量远多于亮区。因此，通过扫描电镜观察并结合 X 射线衍射分析（图 5-28），推断这类合金中的暗区为体心立方（BCC）主相，亮区为 C14 Laves 第二相是合理的，这与文献［178，197，231，263］的结果相符。然而，$x=0$ 和 $x=15$ 的合金中亮相的网络似乎连接得相当紧密，而$x=5$ 和 $x=10$ 的合金中亮相网络是离散的。原因可能是凝固过程中铸锭内冷却速率的变化，导致主相形成等轴晶或柱状晶[184]。众所周知，等轴晶组织在凝固后不够致密，这容易导致亮相沿晶界析出，如图 5-29(a) 和（d）所示。相反，如图 5-29(b) 和（c）所示，柱状晶组织相对较高的致密度可能会使晶界析出稍微困难一些。因此，与通过 XRD 图谱的 Rietveld 精修法确定相含量相比，很难从这些扫描电镜图像中估算第二相相对含量随钛含量的变化情况。

图 5-30 展示了 $Ti_{15}V_{75}Fe_6Zr_4$ 合金的 SEM 照片与 EDS 面扫描分布图。可以看出，BCC 相和 C14 Laves 相中的 Ti 含量差异并不明显，C14 Laves 相

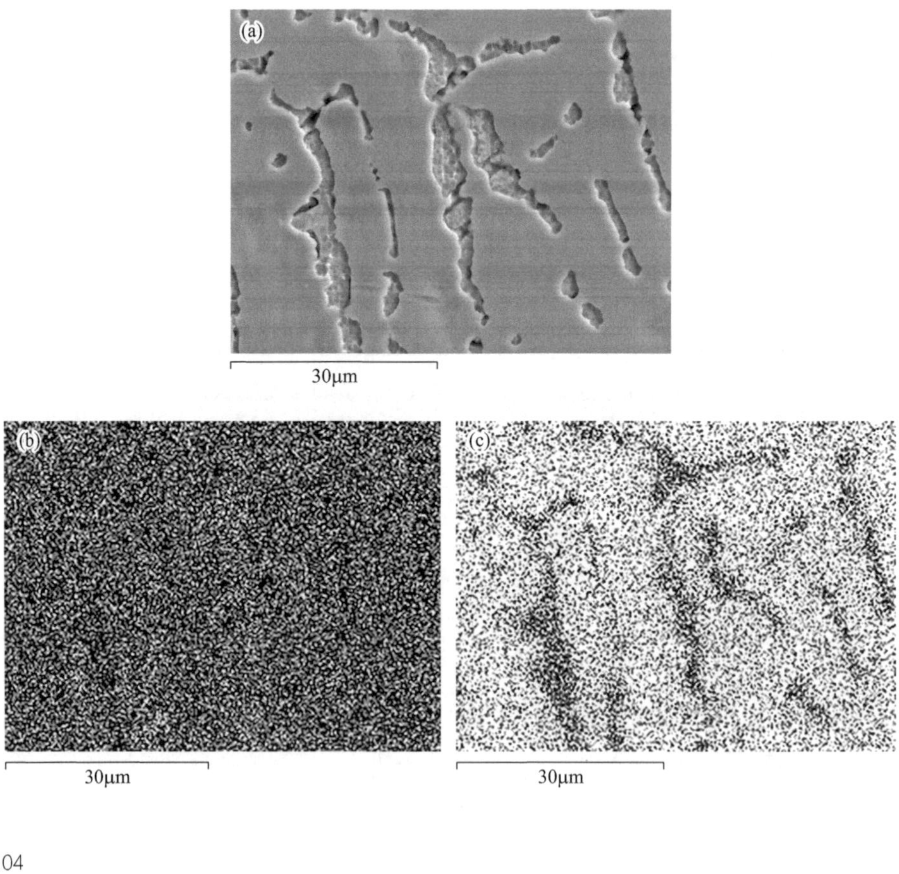

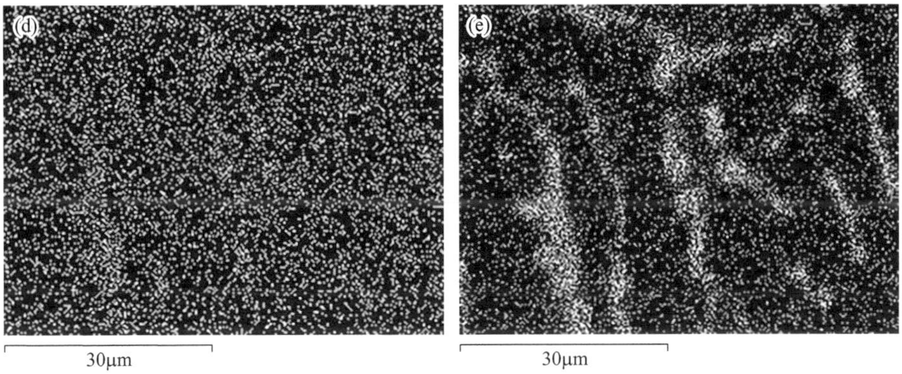

图 5-30　$Ti_{15}V_{75}Fe_6Zr_4$ 合金的 SEM 照片与 EDS 面扫描分布图

（a）合金的 SEM 照片；EDS 面扫描分布图：（b）Ti_K；（c）V_K；（d）Fe_K；（e）Zr_L

中的 Fe 含量略高于 BCC 相，而 BCC 相中 V 的分布远高于 C14 Laves 相。与之形成鲜明对比的是，锆（Zr）元素几乎完全分布在 C14 Laves 相中，在 BCC 相中则几乎不存在。似乎 BCC 相无法容纳 Zr 元素，从而促使 C14 Laves 相的形成。这一发现与文献［133，184，185，188，206，226，262］的结果一致。

表 5-9 给出了 $Ti_{10+x}V_{80-x}Fe_6Zr_4$（$x=0,5,10,15$）系合金的能谱（EDS）分析结果，每种合金中两相的元素分布与 $Ti_{15}V_{75}Fe_6Zr_4$ 合金的 EDS 面扫描结果基本一致。根据表 5-7 和表 5-9 中的数据，绘制了 BCC 相的晶格参数和平均原子半径随 Ti 含量的变化情况（图 5-31）。可以看出，当 $x=0$ 增加到 $x=10$ 时，晶格参数和平均原子半径均随 Ti 含量的增加呈线性增大。然而，当 Ti 含量进一步增加到 $x=15$ 时，晶格参数的增加与 Ti 含量的增加不再呈线性关系，且明显小于线性趋势下的增加量，这可能归因于平均原子半径的类似变化。同时，绘制了晶格参数与平均原子半径的关系（图 5-32），从中可以明显看出合金中 BCC 相的晶格参数和平均原子半径之间存在线性关系，这进一步证实了图 5-31 中显示的变化规律。

表 5-9　$Ti_{10+x}V_{80-x}Fe_6Zr_4$（$x=0,5,10,15$）系合金中各元素含量的 EDS 分析

x	相	组成(原子分数)/%			
		Ti	V	Fe	Zr
0	BCC	6.98	88.42	4	0.6
	C14	16.7	42.35	13.88	27.07

续表

x	相	组成(原子分数)/%			
		Ti	V	Fe	Zr
5	BCC	11.37	83.32	4.12	1.19
	C14	15.01	42.3	15.53	27.15
10	BCC	19.03	74.99	4.71	1.26
	C14	19.42	46.52	12.77	21.3
15	BCC	20.78	73.31	4.71	1.2
	C14	20.88	37.33	16.04	25.75

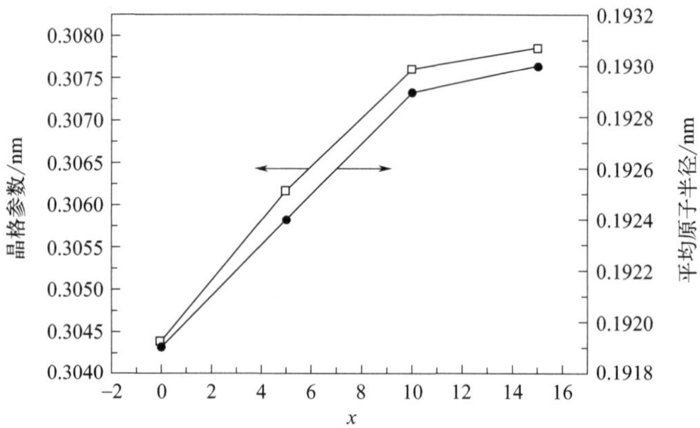

图 5-31 $Ti_{10+x}V_{80-x}Fe_6Zr_4$($x=0,5,10,15$) 系合金中 BCC 相的晶格参数和平均原子半径与 x 的关系

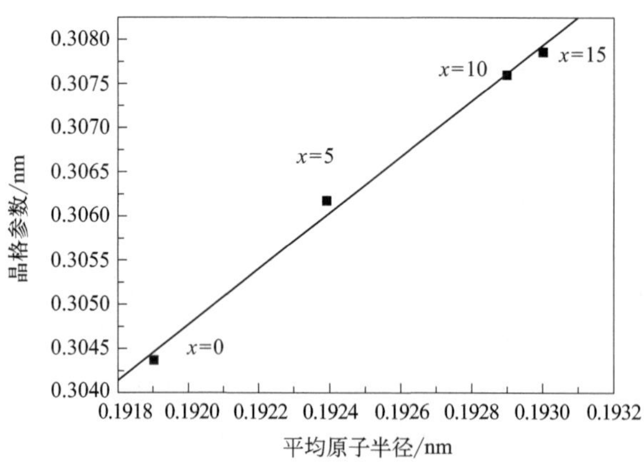

图 5-32 $Ti_{10+x}V_{80-x}Fe_6Zr_4$($x=0,5,10,15$) 系合金中 BCC 相的晶格参数和平均原子半径的关系

5.6.2 活化行为与吸放氢性能

图 5-33 展示了 $Ti_{10+x}V_{80-x}Fe_6Zr_4$（$x=0,5,10,15$）系合金的活化氢化曲线。研究发现，所有合金在首次氢化过程中均被活化。表 5-10 列出了所有合金的孕育期。随着 Ti 含量的增加，合金的孕育期先减小后增大，当 $x=5$ 时，孕育期达到最小值 12s，这表明 $x=5$ 时合金具有最佳的活化性能。同时还可以看出，所有合金在孕育期结束后的短时间内就能达到最大吸氢量，这反映出这些合金具有出色的氢化动力学性能。

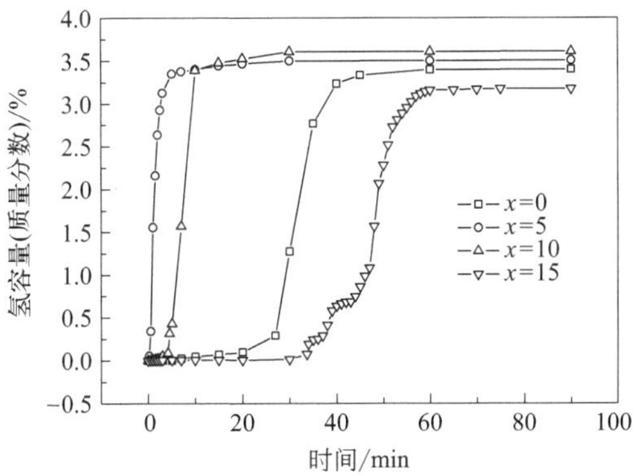

图 5-33　298K 下 $Ti_{10+x}V_{80-x}Fe_6Zr_4$（$x=0,5,10,15$）系合金的活化氢化曲线

表 5-10　$Ti_{10+x}V_{80-x}Fe_6Zr_4$（$x=0,5,10,15$）系合金的孕育期

Ti 含量	$x=0$	$x=5$	$x=10$	$x=15$
孕育时间/s	1620	12	249	2019

有研究报道，C14 Laves 相（第二相）有助于 V 基合金的轻松活化[133,188,206]。在本研究中，如表 5-8 所示，C14 Laves 相的相丰度先增加后减小，在 $x=5$ 时达到最大含量 13.2%。这很好地解释了为什么 $x=5$ 的合金表现出最佳的活化性能。

对于 V 基固溶体合金的活化，通常需要对合金进行严苛的预处理（高压和高温）[193,213]。然而，本研究中的合金仅在 298K 下抽真空 15min 进行预处理，就能在首次氢化过程中完成活化，且孕育期不超过 34min。即便如此，与 Ti-32V-10Cr-18Mn 合金的 1600s 孕育期[123] 以及添加 2.2%锆（Zr）的 52Ti-12V-36Cr 合金的 120min 孕育期[188] 相比，这些合金的活化行为也在一定程度上得到了改善。从实际应用的角度来看，储氢合金在温和条件下进行活化更为理想。

研究合金在 298K 下的最大吸氢量列于表 5-11 中。可以看出，合金的电子/原子比均小于 5.1 的临界值[59,133]，这使得合金具有相对较高的吸氢量，均高于 3%。随着 $x=0$ 增加到 $x=15$，合金的最大吸氢量先增加后减少，分别为 3.4%、3.5%、3.61%和 3.18%，这表明钛含量的增加在一定程度上可以提高吸氢量，但如果钛含量过高，吸氢量将会降低。

表 5-11　$Ti_{10+x}V_{80-x}Fe_6Zr_4$ ($x=0,5,10,15$) 系合金的储氢特性

x	电子原子比 (e/a)	298K 时的最大吸氢量/%	353K 时的放氢量 (放氢至 0.001MPa)/%	353K 时的平衡平台压 P_{eq}/MPa	平台斜率 (S_f)
0	5.04	3.40	1.88	0.511	2.57
5	4.99	3.50	1.94	0.170	1.81
10	4.94	3.61	1.54	0.040	2.75
15	4.89	3.18	1.35	0.012	4.16

这种现象可以解释为：吸氢量的增加与晶格膨胀有关，如图 5-31 所示，从 $x=0$ 到 $x=10$，晶格参数随钛含量的增加呈线性上升，此时晶格膨胀的影响超过了 V 含量降低的影响。然而，从 $x=10$ 到 $x=15$，晶格参数的增加幅度明显下降，此时钒含量降低的影响占主导地位，这可能导致吸氢量下降。

图 5-34 展示了 $Ti_{10+x}V_{80-x}Fe_6Zr_4$ ($x=0,5,10,15$) 系合金在 298K 下的循环吸氢曲线。可以看出，与第一次循环相比，所有合金在第二次至第五次循环中的吸氢速率都有所提高，并且在 3min 内就能达到饱和吸氢量。

Yu 等[123] 报道，对于 Ti-xV-10Cr-(50$-x$)Mn ($x=20$、24、28 和 32) 系合金，在活化前未暴露于空气中时，首次氢化过程中吸氢速率的变化归因于各组成元素与氢的亲和力差异，且几乎观察不到孕育期；而在活化前暴露于空气中的合金，孕育期为 700～1600s。然而，对活化机理的分析似乎并不充分，

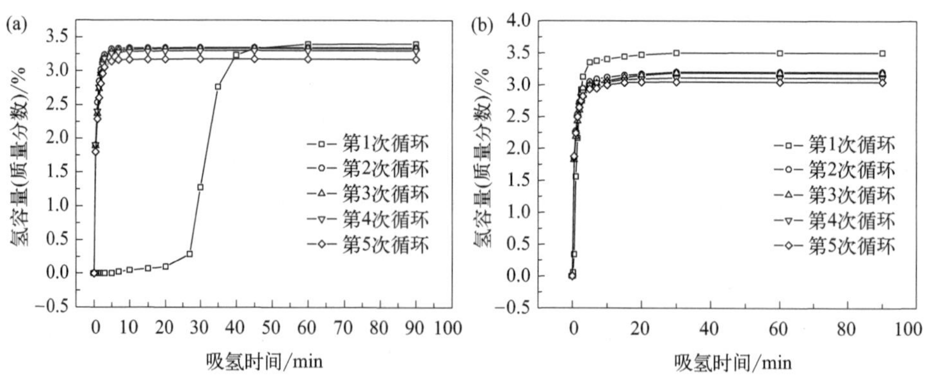

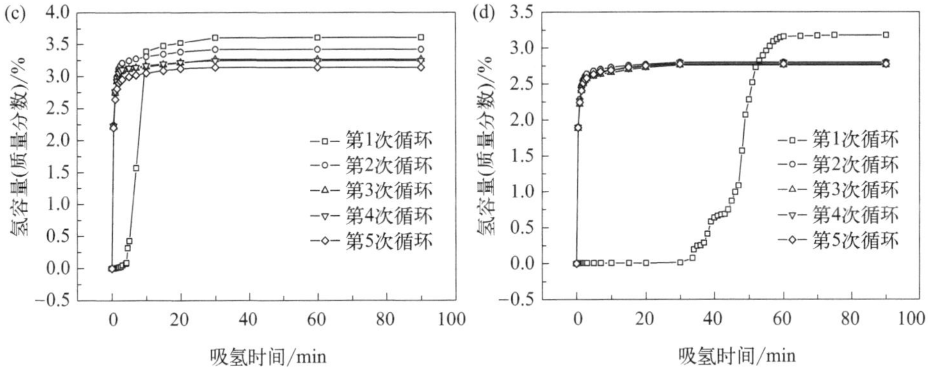

图 5-34　$Ti_{10+x}V_{80-x}Fe_6Zr_4$（$x$=0,5,10,15）系合金在 298K 下的循环吸氢曲线

且未涉及这些合金的循环吸氢动力学。Ruz 等[185] 揭示，$Ti_{0.43}Zr_{0.07}Cr_{0.25}V_{0.25}$ 在初始阶段较高的氢化速率可归因于初始压力与开始时平衡压力之间的较大差异所产生的较高驱动力。然而，上述较高的驱动力是氢化过程中的外部测试条件，并未报道钒基合金的本征吸氢动力学。Kamble 等[188] 提出，较短的孕育期意味着较快的本征动力学，但未提及原因。

有趣的是，Ti-xV-10Cr-(50－x)Mn（x＝20、24、28 和 32）系合金在活化前未暴露于空气中时几乎观察不到孕育期，而添加或未添加 Zr 的 52Ti-12V-36Cr 合金则观察到明显的孕育期。因此，我们认为，对于具有 BCC 和 C14 Laves 相且在活化前未暴露于空气中的 V 基合金，孕育期应由合金中新裂纹形成的难易程度控制，这可能与 C14 Laves 相有关，因为在活化初始阶段，由于 C14 Laves 相比 BCC 相具有更高的脆性，新裂纹更容易在 C14 Laves 相内部形成[123,130]。

从实际应用的角度来看，本研究中的合金在活化前会暴露于空气中。在这种情况下，除了新裂纹因素外，合金表面氧化膜的形成也会影响合金的孕育期。在活化过程中，一旦新裂纹形成的连锁反应启动，合金的吸氢速率就会很高，如图 5-33 和文献［188］所示。此外，如图 5-34 所示，由于第一次循环后已有裂纹存在，每种合金在第二次至第五次循环中的吸氢速率似乎比第一次循环更快。这进一步证实了 BCC 相优异的本征吸氢动力学。另外，与第一次循环相比，每种合金在第二次至第五次循环的氢化过程中没有孕育期，这是因为第一次循环后已有裂纹消除了氧化膜对孕育期的影响。这很好地证实了上述针对氧化合金提出的活化机理。此外，第二次至第五次循环中吸氢速率的变化代表了 BCC 相的本征吸氢动力学，随着 Ti 含量的增加，这种变化并不明显，这表明用 Ti 取代 V 不会改变其良好的本征吸氢动力学。

图 5-34 还显示所有合金的实测吸氢量随循环次数的增加而降低，在第五次循环时，$x=0$、5、10、15 的合金容量衰减率分别为 93.5%、87.1%、87.0%、87.2%。值得注意的是，BCC 合金在低压下具有较大的氢固溶范围[139]，这导致即使在 673K 下抽真空 30min，氢化样品中仍存在残余氢。因此，实测吸氢量的衰减不能直接代表合金中氢容量的变化[264]。

图 5-35 展示了 $Ti_{10+x}V_{80-x}Fe_6Zr_4$（$x=0,5,10,15$）样品在 353K 下的放氢 PCI 曲线。合金的放氢平台压（P_{eq}）和平台斜率（S_f）可分别由式(4.3)和式(4.4)表示。

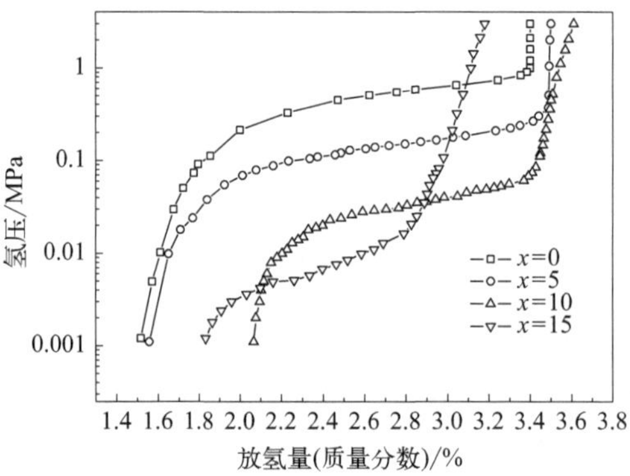

图 5-35 $Ti_{10+x}V_{80-x}Fe_6Zr_4$（$x=0,5,10,15$）样品在 353K 下的放氢 PCI 曲线

表 5-11 列出了 PCI 特性的数据。此处，放氢量定义为在 353K 时，氢气压力从 3MPa 降至 0.001MPa 时所放出的氢气量。

如图 5-35 所示，随着 x 值的增加，平台压力急剧下降。平台压力被认为与 BCC 结构的晶胞体积以及相邻氢原子间的距离有关[123,178]。此外，放氢量先增加后减少，在 $x=5$ 时达到最大值，在 $x=15$ 时达到最小值，这与平台宽度的变化趋势相似。除了平台宽度之外，S_f 是另一个用于阐明氢气解吸平台性能的重要参数。从表 5-11 可以看出，随着 x 值的增加，S_f 先减小后增大，在 $x=5$ 时达到最小值，在 $x=15$ 时达到最大值，这可能是由合金中间隙位置应变能的变化所导致的[123,198]。综合考虑 S_f、平台压力和解吸量，可以发现，$x=5$ 的样品表现出最佳的整体 PCI 性能。

从实际应用的角度出发，测量了 $Ti_{10+x}V_{80-x}Fe_6Zr_4$（$x=0,5,10,15$）样品在不同温度下放氢至 0.1MPa 时的储氢量，结果如图 5-36 所示。$x=0$ 的样品的氢气解吸量随温度升高显著增加，从 298K 时的 0.15%增加到 53K 时的

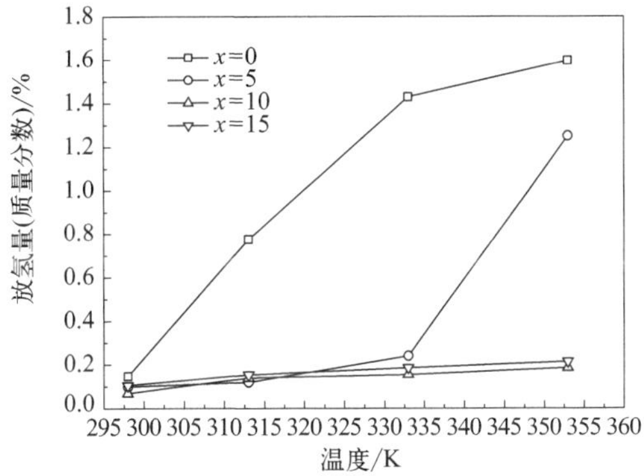

图 5-36　$Ti_{10+x}V_{80-x}Fe_6Zr_4$（$x=0,5,10,15$）样品在不同温度下放氢至 0.1MPa 的氢容量

1.6%。形成鲜明对比的是，$x\geqslant10$ 的样品在 298～333K 温度范围内放氢量一直很低。因此，有必要研究脱氢样品的相结构和氢的存在状态。

作为对比，图 5-37 给出了 298K 时氢化样品以及在 333K 时放氢至 0.1MPa 后样品的 XRD 图谱。所有氢化样品的 XRD 图谱都表现出相似性［图 5-37(a)］，这表明存在以 VH_2 为基的 FCC 主相以及少量以 $VH_{0.81}$ 为基的 BCT 相、以 TiH 为基的相和以 ZrH 为基的相。

对于纯 V 金属，在吸收少量氢时会形成含氢的畸变 BCC 相（α 相），进一步吸氢会形成具有 BCT 结构的单氢化物相（β 相）和具有 FCC 结构的双氢化物相（γ 相）[140]。

因此，在较高的初始氢气压力（4MPa）下，氢化的 V 基样品出现以 VH_2 为基的 FCC 主相（γ 相）是正常的[184,188]。然而，由 β 相到 γ 相不完全转变导致的少量以 $VH_{0.81}$ 为基的 BCT 相（β 相）共存的原因还需要进一步研究。显然，少量以 TiH 为基和以 ZrH 为基的相归因于少量 Ti 和 Zr 的氢化，而它们中的大部分可能分布在主相（γ 相）中。

如图 5-37(b) 所示，在 333K 放氢后，对于 $x=0$ 的样品，几乎只观察到具有 BCT 结构的以 $VH_{0.81}$ 为基的氢化物（β 相），这表明 γ 相到 β 相的转变相对完全，这与图 5-36 中显示的 1.43%相对较高的解吸量相对应。从图 5-36 中还可以发现，$x\geqslant5$ 的样品在 333K 时的解吸量似乎很低，以至于放氢样品的 XRD 图谱［图 5-37(b)］与氢化样品的图谱［图 5-37(a)］相比几乎没有变化。众所周知，样品的放氢量与放氢平台压力密切相关。而 $x\geqslant5$ 的样品即使在 353K 时放氢平台压力也显得很低（图 5-35）。通过 Rietveld 精修确定了 $Ti_{10+x}V_{80-x}Fe_6Zr_4$（$x=0,5,10,15$）样品在 298K 氢化以及在 333K 脱氢至

0.1MPa 后主相的晶体特性，结果列于表 5-12。与氢化样品相比，放氢样品中，$x=0$ 时主相的晶胞体积大幅减小，而 $x \geqslant 5$ 时主相晶胞体积仅有轻微减小，这与图 5-37 的结果相符。

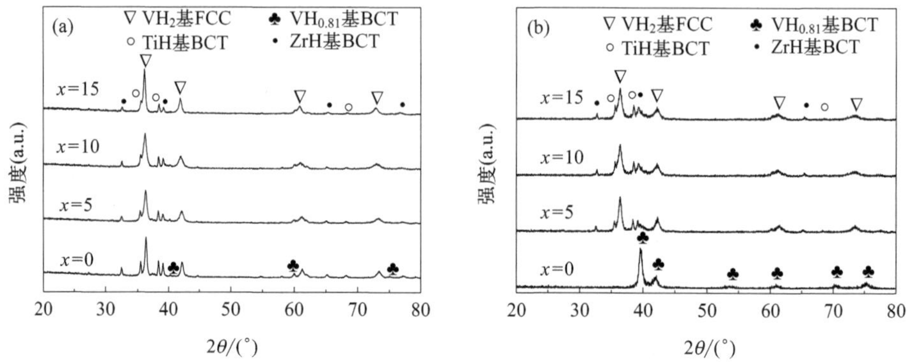

图 5-37　$Ti_{10+x}V_{80-x}Fe_6Zr_4$ 样品在 298K 吸氢后（a）和在 333K 放氢后（b）的 XRD 图谱

表 5-12　$Ti_{10+x}V_{80-x}Fe_6Zr_4$ 样品在 298K 氢化（a）以及在 333K 放氢至 0.1MPa 后（b）主相的晶体特性

样品(x)	0		5		10		15	
过程	A	B	A	B	A	B	A	B
主相	FCC	BCT	FCC	FCC	FCC	FCC	FCC	FCC
晶格参数 a/nm	0.42807	0.30288	0.42849	0.42649	0.42977	0.42661	0.43033	0.42677
晶格参数 c/nm		0.34054						
晶胞体积 V/nm^3	0.07844	0.03124	0.07867	0.07758	0.07938	0.07764	0.07969	0.07773

5.6.3　小结

$Ti_{10+x}V_{80-x}Fe_6Zr_4$（$x=0,5,10,15$）储氢合金由 BCC 主相和沿前者晶界析出的 C14 Laves 第二相组成。随着 x 值的增大，合金中 BCC 相的晶格参数增大，且与平均原子半径呈良好的线性关系。所有块状合金均具有较好的活化性能和优异的吸氢动力学性能。在 298K 下初始氢压为 4MPa 的条件下，随着 x 值的增大，合金的孕育期先减小后增大，当 $x=5$ 时达到最小值 12s。同时，合金的最大吸氢量先增大后减小，当 $x=10$ 时达到最大值 3.61%。随着 x 值的增大，样品在 353K 放氢至 0.001MPa 时的析氢量先增大后减小，当 $x=5$ 时达到最大值 1.94%；而在 353K 放氢至 0.1MPa 时的放氢量则减少，尤其是当 $x=10$ 和 $x=15$ 时。当 $x=0$ 时，该放氢量达到最大值 1.6%。在 333K 放氢至 0.1MPa 后，$x=0$ 的样品主相由 γ 相转变为 β 相，而 $x \geqslant 5$ 的样品主相仍与氢化样品中的 γ 相相同。

5.7 $Ti_{10}V_{83-x}Fe_6ZrMn_x$（$x=0,2,4,6$）系合金的微观结构和储氢性能

已有文献报道，添加适量的 Mn 亦能改善钒基合金储氢特性，明显提高合金吸放氢平台区域的平坦度[125,157,162,163,191,196,235,265]。Tominaga 等[196] 研究发现，在 Ti-V-Cr 系合金中添加低于 10%（原子分数）的 Mn 能有效改善合金的 P-C-T 曲线平台特性而不影响合金的吸放氢量。Yu 等对 Ti-xV-10Cr-($50-x$)Mn 合金的研究表明[123]，随着 V 含量（x）的增加，合金由 BCC 和 C14 的双相结构转变为 BCC 单相结构。Liang 等[224] 对 $V_{55-x}Ti_{20.5}Cr_{18.1}Fe_{6.4}Mn_x$ 合金的研究表明[86]，加入 0.3%（原子分数）的 Mn 对合金的吸放氢性能有很大改善作用。

本节选取之前所研制的具有较佳储氢性能的 $Ti_{10}V_{83}Fe_6Zr$ 合金，采用 Mn 部分替代 V 的方法，系统研究了 $Ti_{10}V_{83-x}Fe_6ZrMn_x$（$x=0,2,4,6$）合金的微观结构和储氢性能，考察了 Mn 部分替代 V 对改善合金的 P-C-T 平台特性的作用效果。

5.7.1 合金的微观结构

图 5-38 为 $Ti_{10}V_{83-x}Fe_6ZrMn_x$（$x=0,2,4,6$）系储氢合金的 XRD 谱线。由图可知，无 Mn 合金（$x=0$）具有体心立方（BCC）结构的 Ti-V 基固溶体单相结构；当加入 Mn 元素后，所有含 Mn 合金（$x=2,4,6$）均由 BCC 固溶体主相和少量 C14 Laves 第二相组成，且第二相含量随着 Mn 含量的增加逐渐增多，说明 Mn 的添加有助于 C14 Laves 相的形成。同时，随着 Mn 含量的增加，合金中 BCC 主相的衍射峰位置向右（大角度方向）偏移，表明主相点阵常数随之减小（表 5-13）。

表 5-13　$Ti_{10}V_{83-x}Fe_6ZrMn_x$（$x=0,2,4,6$）系合金中 BCC 主相的晶格参数

样品	$x=0$	$x=2$	$x=4$	$x=6$
晶格参数 a/nm	0.30446	0.30404	0.303497	0.303319
晶胞体积 V/nm^3	0.02822	0.02811	0.02796	0.02791

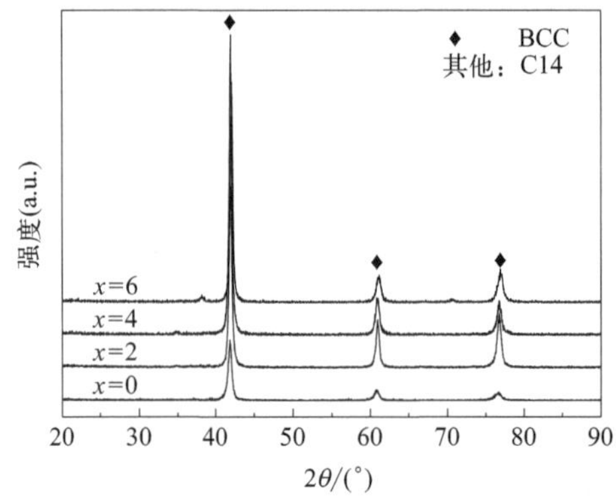

图 5-38 $Ti_{10}V_{83-x}Fe_6ZrMn_x$（$x$=0,2,4,6）系合金的 XRD 谱线

图 5-39 为 $Ti_{10}V_{83-x}Fe_6ZrMn_x$（$x$=0,2,4,6）系合金的 SEM 照片。由图可见，无 Mn 合金为 BCC 单相组织；当加入 Mn 元素后，合金中出现了第二相组织，即所有含 Mn 合金均由两相组成，Laves 第二相沿着 BCC 主相的晶界

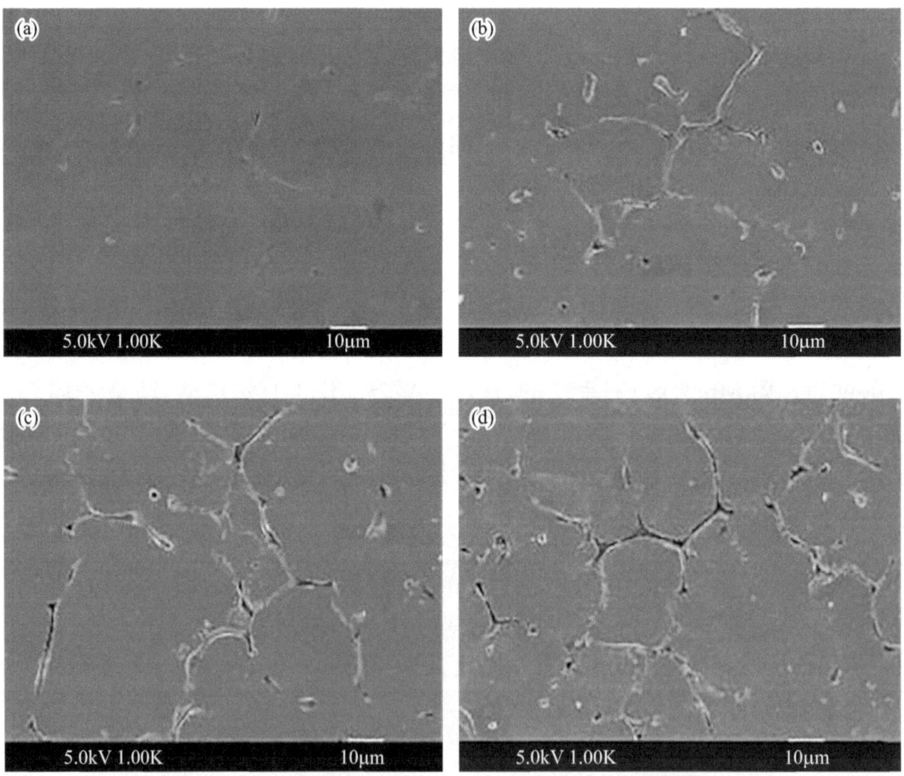

图 5-39 $Ti_{10}V_{83-x}Fe_6ZrMn_x$（$x$=0,2,4,6）系合金的 SEM 照片

(a) x=0；(b) x=2；(c) x=4；(d) x=6

析出分布，且随着 x 值的增大，第二相含量逐渐增多，当 $x=6$ 时，第二相的分布已基本呈三维网络状，但总体而言，第二相的含量比较低，这与 XRD 分析的结果基本一致。

图 5-40 是 $Ti_{10}V_{83-x}Fe_6ZrMn_x$（$x=0,2,4,6$）系合金的 BCC 主相中各元素含量的 EDS 分析结果。由图可见，所有合金的 BCC 相的组成元素中，V 的含量很高，都在 80%（原子分数）以上；此外，BCC 相中 Mn 含量随着合金 Mn 添加量的增加而线性递增，由于在组成元素中，Mn 的原子半径较小，为 0.129nm[266]，仅大于 Fe 的原子半径 0.124nm[261]，故 Mn 添加量的增加导致了 BCC 主相晶胞点阵常数和晶胞体积的减小。

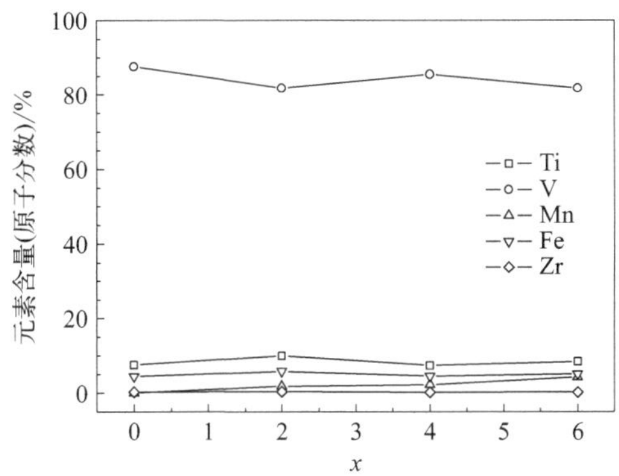

图 5-40　$Ti_{10}V_{83-x}Fe_6ZrMn_x$（$x=0,2,4,6$）系合金的 BCC 主相中各元素含量的 EDS 分析结果

5.7.2　合金的储氢性能

图 5-41 为 $Ti_{10}V_{83-x}Fe_6ZrMn_x$（$x=0,2,4,6$）系合金的初始活化氢化曲线（298K）。由图可见，该系列合金在经高温预处理后的初始活化性能和吸氢动力学性能均较好，在室温和 4MPa 初始氢压条件下，含 Mn 合金无需氢化孕育期就能快速吸氢，且在 5min 内即可基本吸氢饱和。由图中合金的前 3min 氢化曲线放大图可以看出，添加适量的 Mn 可以显著改善合金的初始吸氢动力学性能，其中 $x=2$ 时合金的初始吸氢动力学性能最佳。$Ti_{10}V_{83-x}Fe_6ZrMn_x$（$x=0,2,4,6$）系合金的室温最大吸氢量列于表 5-14 中，由图 5-41 和表 5-14 可见，随着 x 从 0 增加至 6，合金的室温吸氢量从 3.66%逐渐降低至 2.25%，尤其当 $x>2$ 后，合金的吸氢量降幅较大。这是由于合金吸氢主相（BCC 相）的晶胞体积收缩也会导致合金吸氢量的减小；另外，合金的电子原子比 e/a

值随 x 的增加而递增，在 $x=2$ 时刚好超过 5.1 的临界值，不利于合金的吸氢，因而在 $x=0$ 和 $x=2$ 时合金保持了较高的吸氢量，而当 $x>2$ 后，合金容量急剧减少。

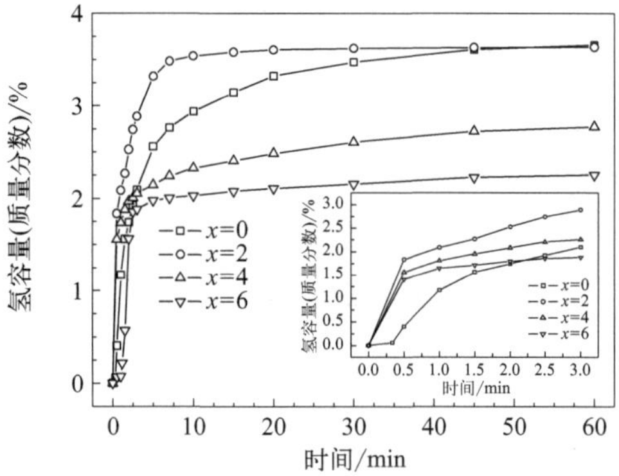

图 5-41　$Ti_{10}V_{83-x}Fe_6ZrMn_x$ $(x=0,2,4,6)$ 系合金的初始活化氢化曲线（298K）

图 5-42 是已活化的 $Ti_{10}V_{83-x}Fe_6ZrMn_x$ $(x=0,2,4,6)$ 系合金的吸氢曲线（298K）。由图可以看到，活化后的合金，经高温抽真空，并再次吸氢时，其初始吸氢速率均较快。随着 Mn 含量的增加，合金在前 1min 内的吸氢量占其最大吸氢量的比例分别为 59.9%、58.5%、65.6%和 84.5%，这表明 Mn 的添加可以提高合金和氢最初反应的速率。

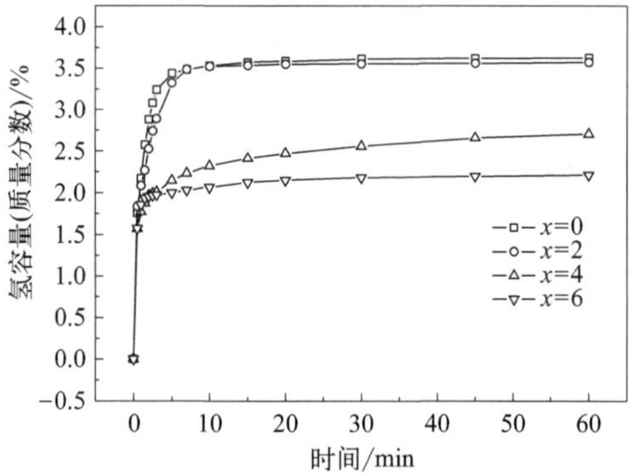

图 5-42　已活化的 $Ti_{10}V_{83-x}Fe_6ZrMn_x$ $(x=0,2,4,6)$ 系合金的吸氢曲线（298K）

表 5-14　$Ti_{10}V_{83-x}Fe_6ZrMn_x$ $(x=0,2,4,6)$ 系合金的储氢特性

x	电子原子比 (e/a)	298K 时的最大吸氢量/%	333K 时的有效放氢量/%	333K 时的放氢平台压力(P_{eq})/MPa	平台斜率 (S_f)
0	5.07	3.66	1.98	0.33	0.17
2	5.11	3.61	1.80	0.38	0.16

续表

x	电子原子比 (e/a)	298K 时的最大吸氢量/%	333K 时的有效放氢量/%	333K 时的放氢平台压力(P_{eq})/MPa	平台斜率 (S_f)
4	5.15	2.77	1.50	0.58	0.15
6	5.19	2.25	0.43	0.18	0.09

图 5-43 为 $Ti_{10}V_{83-x}Fe_6ZrMn_x$（$x$=0,2,4,6）系合金在 333K 时的放氢 P-C-T 曲线（放氢截止压力为 0.1MPa）。合金的放氢平台压（P_{eq}）和平台斜率（S_f）可分别由式(4.3)和式(4.4)表示。所有合金的 P_{eq}、S_f 值和有效放氢量列于表 5-14 中。由图 5-43 和表 5-14 可得，随着 Mn 含量的增加，合金的放氢平台压递增（除 x=6 外），平台宽度和有效放氢量递减；而 P-C-T 平台斜率逐渐减小，说明添加适量的 Mn 能有效改善放氢平台的平坦度。

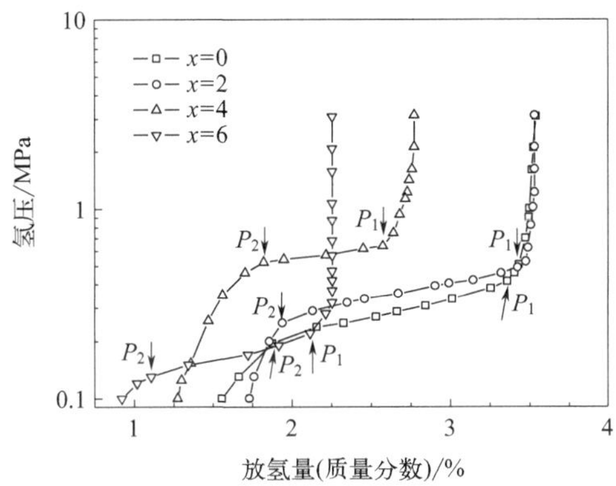

图 5-43　$Ti_{10}V_{83-x}Fe_6ZrMn_x$（$x$=0,2,4,6）系合金在 333K 时的放氢 P-C-T 曲线

图 5-44 是 $Ti_{10}V_{83-x}Fe_6ZrMn_x$（$x$=0,2,4,6）系合金在 333K 下的放氢动力学曲线。可以看到，所有合金的放氢动力学性能均较好，放氢在 30min 已基本结束。由图 5-44 计算可得，随着 x 从 0 增加至 6，前 10min 合金样品的放氢量占最大放氢量的比例分别为 89.5%、98.9%、70%和 55.8%。可以明显看到合金样品的放氢速率先增后减，在 x=2 时，放氢速率达到最大，对于该合金样品，其放氢过程仅需 7min 即可基本完成。由此可以清晰的发现，Mn 对 V 的适量替代可以明显改善该系合金在 333K 下的放氢动力学性能，这是由于晶胞体积减小所导致的氢扩散通道的缩短所致。但过量的 Mn 替代则会使放氢动力学性能恶化，这可能与其放氢量较小有关。对于该系合金 Mn 的替代量为 2%（原子分数）时在 333K 下的放氢动力学性能最佳。

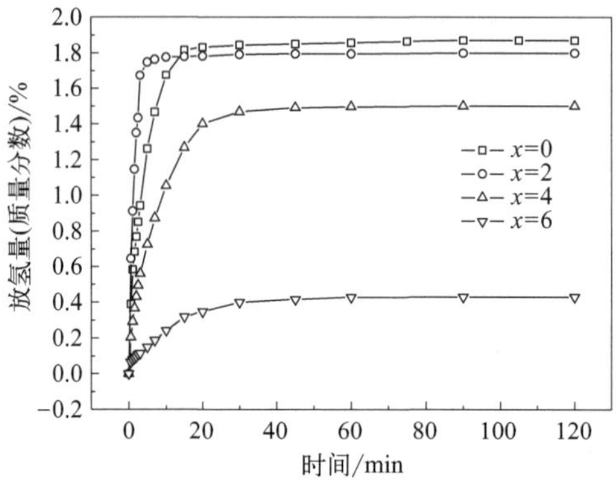

图 5-44　$Ti_{10}V_{83-x}Fe_6ZrMn_x$（$x$=0,2,4,6）系合金在 333K 下的放氢动力学曲线

经过以上分析，可以认为当 Mn 含量为 2%（原子分数）时，其吸放氢量、放氢平台压和吸放氢动力学性能等储氢特性均较好，故这里又对其不同温度下的放氢动力学进行了测试，如图 5-45 所示。由图可见，当温度为室温时，合金样品的放氢量很低，说明在此温度下，该合金样品的放氢平台压应在 0.1MPa 以下；而当温度升至 313K 时，其放氢量由室温的 0.29%急剧上升到 1.68%，增加了 5 倍多，产生这种巨大变化的最主要原因是其放氢平台压随着温度的增加而升高，并在 313K 下时其放氢平台压的大部分区域已基本位于 0.1MPa 以上（图 5-43）。但当温度进一步上升时，其放氢量的增加明显放缓，333K 和 353K 时的放氢量分别为 1.8%和 1.86%，这是由于虽然放氢平台再进一步升高，但已均大于 0.1MPa，故其放氢量的增加来自于含氢固溶体的释氢，但其放氢量很小，所以当温度继续上升时，放氢量的增加是很有限的。由图还可以看到，随着温度升高，合金样品的放氢速率明显增加（室温由于放氢量太低而除外），其中 313K 下合金样品的放氢相对比较缓慢，放氢量逐渐增加，而 333K 和 353K 下的放氢则很迅速，在前 10min 内，合金样品放氢已基本结束。在前 5min 内，合金样品的放氢量占最大放氢量的比例分别为 32%、95%和 98%，且 313K 下放氢需 90min 才能基本结束。

为了研究放氢后合金样品中残留氢的存在状态以及合金的相结构变化，对 333K 下放氢至 0.1MPa 截止压力的合金样品进行了相结构分析，其 XRD 谱线如图 5-46 所示。由图可知，这五个样品均未完全脱氢，其产物主要为体心四方（BCT）结构的 $VH_{0.81}$ 基氢化物相（β）。这主要是由于 $VH_{0.81}$ 基氢化物相的热力学稳定性较高、放氢平台压力太低（约 10^{-9} MPa）[140] 造成的。

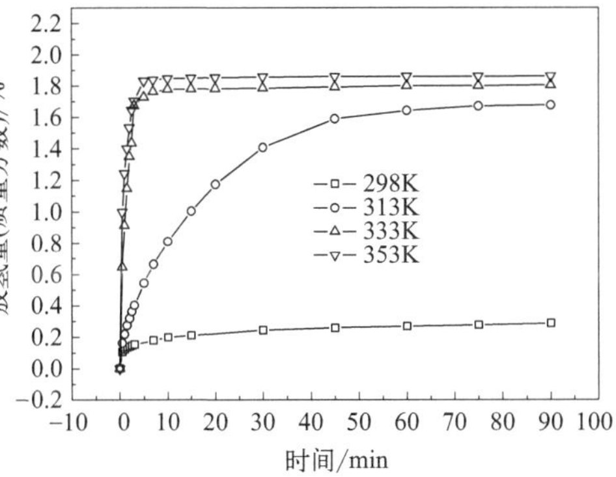

图 5-45　$Ti_{10}V_{81}Fe_6ZrMn_2$ 合金在不同温度下的放氢动力学曲线

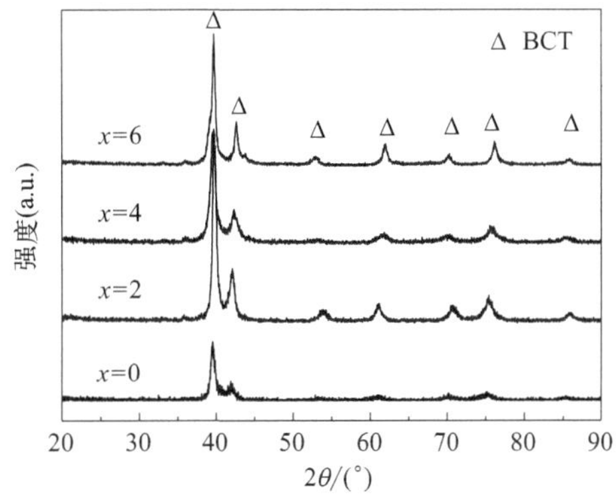

图 5-46　在 333K 下放氢至 0.1MPa 截止压力后的 $Ti_{10}V_{83-x}Fe_6ZrMn_x$ ($x=0,2,4,6$) 系合金样品的 XRD 图谱

为了研究 Mn 含量对 $Ti_{10}V_{83-x}Fe_6ZrMn_x$ ($x=0,2,4,6$) 合金高温放氢行为的影响，对 333K 下放氢至 0.1MPa 截止压力后的合金样品进行了 DSC 分析（图 5-47)。由图可见，当 $x=0,2,4$ 时，合金均只出现一个吸热峰，结合图 5-46 可知，该吸热峰对应于放氢反应 $VH_{0.81} \rightarrow V + 0.405H_2$ ($\beta \rightarrow \alpha$)；随着 x 从 0 增加至 4，吸热峰的温度均在 650K 附近，但其焓变值逐渐增大，分别为 102.6J/g、252.2J/g 和 271.6J/g，这表明该氢化物的热力学稳定性在增加。当 $x=6$ 时，合金样品的 DSC 曲线中出现了两个吸热峰，分别位于 473K 和 674.6K，焓变值分别为 16.14J/g 和 147.9J/g；但对于第一个吸热峰中的氢化物结构，由于其相含量较低，因而在图 5-47 中未能观察到。

为了了解合金样品在高温状态下的失重情况，图 5-48 给出了在 333K 下放氢至 0.1MPa 截止压力后的合金样品的高温放氢 TG 曲线，由图可见，合金样

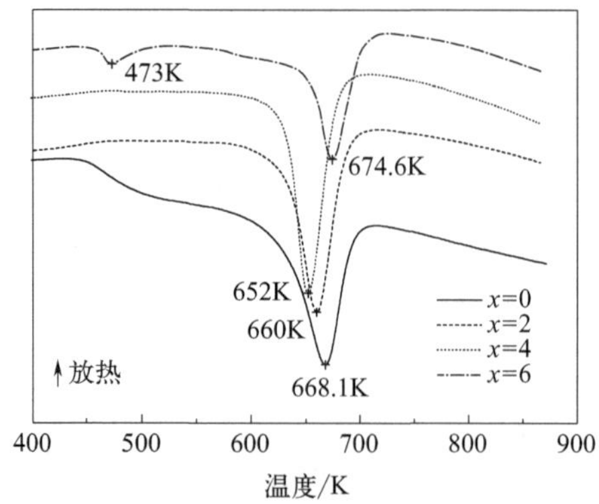

图 5-47　在 333K 下放氢至 0.1MPa 截止压力后的 $Ti_{10}V_{83-x}Fe_6ZrMn_x$ ($x=0,2,4,6$) 系合金样品的高温放氢 DSC 曲线

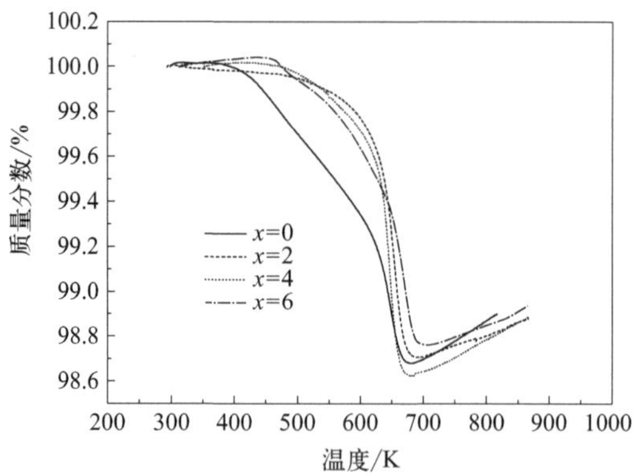

图 5-48　在 333K 下放氢至 0.1MPa 截止压力后的 $Ti_{10}V_{83-x}Fe_6ZrMn_x$ ($x=0,2,4,6$) 系合金样品的高温放氢 TG 曲线

品在 500～750K 的温度范围有很明显的失重现象，这是由于合金样品的高温放氢所致，结合图 5-47 可以看到，其失重变化与热流变化基本吻合。

5.7.3　小结

① 在 $Ti_{10}V_{83-x}Fe_6ZrMn_x$ ($x=0,2,4,6$) 系储氢合金中，无 Mn 合金 ($x=0$) 具有体心立方（BCC）结构的固溶体单相组织；而含 Mn 合金($x=2,4,6$) 均由 BCC 主相和 C14 Laves 第二相组成，且合金 BCC 主相的晶胞常数随着 Mn 含量的增加而逐渐减小。

② 该系列合金的吸氢动力学性能较好，在室温和 4MPa 初始氢压条件下，

含 Mn 合金无需氢化孕育期就能快速吸氢，其中 $x=2$ 的合金的吸放氢动力学性能更优于其他合金，且该合金样品在温度高于 313K 时，放氢速率有很大的提高。

③ 加 Mn 后，合金的 P-C-T 放氢平台倾斜度逐渐减小，其改善平台平坦度的效果很明显。333K 的放氢平台压力先增后减，在 $x=4$ 时，达到最大值 0.58MPa，其所有合金的放氢平台压均在 0.1～1MPa 之间。

④ 随着 Mn 含量的增加，合金的室温吸氢量和有效放氢量逐渐减少，尤其当 $x>2$ 后，合金的吸放氢量降幅较大。

5.8 $Ti_{10}V_{80-x}Cr_xFe_6Zr_4$（x = 0, 6, 10, 14）系合金的微观结构和储氢性能

在之前的研究中，我们研究了 Zr 部分替代 V 对 $Ti_{10}V_{84-x}Fe_6Zr_x$（$x=1,2,4,6,8$）系合金的微观结构和储氢性能的影响。研究结果表明，虽然 Zr 的添加，极大地改善了其活化性能，但同时也降低了吸放氢量。众所周知，放氢量和合金的放氢平台压有很大的关系，而 Zr 降低了放氢平台压，一定程度上减少了其有效放氢量。为此，我们考虑通过一种原子半径较小的元素替代，提高其放氢平台压，从而提高放氢量，比如 Cr 元素[149,152,155,169,173,174,218,248,267]。Yu 等[195] 研究了 Cr 元素对 Ti-25V-xCr-（35−x）Mn（$x=0,10,20,30$）合金储氢性能的影响，结果显示，Cr 元素的加入能抑制合金中 C14 相的形成，合金的有效储氢量有了明显提高。

本节通过 Cr 部分替代 $Ti_{10}V_{80}Fe_6Zr_4$ 合金中的 V 元素，研究了 Cr 替代量对其微观结构和储氢性能的影响规律。

5.8.1 合金的微观结构

图 5-49 是 $Ti_{10}V_{80-x}Cr_xFe_6Zr_4$（$x=0,6,10,14$）系铸态合金的 XRD 图谱。由图可知，所有合金均由 V 基 BCC 主相和少量的 C14 Laves 第二相组成。随着 Cr 含量的增加，合金 BCC 主相的衍射峰位置向右（高角度方向）偏移，但整体峰形和峰强没有发生明显的变化。

表 5-15 列出了由 Rietveld 结构精修得到的上述合金中两相的晶格参数、晶胞体积和两相丰度。由表可见，随着合金中 Cr 含量的增加，BCC 主相和 C14 Laves 第二相的晶胞体积均逐渐减小，这与 Cr 的原子半径（0.125nm）

较 V 原子半径（0.132nm）[261] 略小有关。合金 Cr 部分替代 V 使合金中 BCC 主相的丰度略有减小，而相应的 C14 Laves 相的丰度略有增加。前者的丰度从 92.62%（$x=0$）减小到 89.97%（$x=14$），C14 Laves 相的丰度则相应地从 7.38%（$x=0$）增加到 10.03%（$x=14$）。

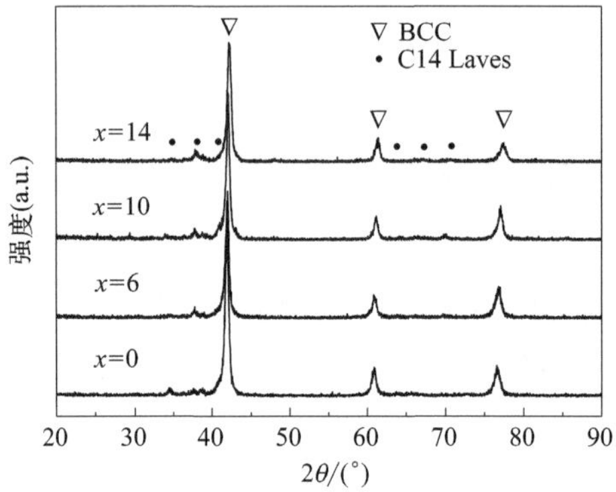

图 5-49　$Ti_{10}V_{80-x}Cr_xFe_6Zr_4$（$x=0,6,10,14$）系铸态合金的 XRD 图谱

表 5-15　$Ti_{10}V_{80-x}Cr_xFe_6Zr_4$（$x=0,6,10,14$）系合金中各相的晶格参数、晶胞体积和相丰度

样品	相	空间群（编号）	相丰度/%	主相晶格参数/Å	主相晶胞体积/Å^3
$x=0$	BCC	$Im3m$(229)	92.62	3.045	28.23
	C14	$P63/mmc$(194)	7.38		
$x=6$	BCC	$Im3m$(229)	92.11	3.034	0.02793
	C14	$P63/mmc$(194)	7.89		
$x=10$	BCC	$Im3m$(229)	90.61	3.026	0.02771
	C14	$P63/mmc$(194)	9.39		
$x=14$	BCC	$Im3m$(229)	89.97	3.023	0.02763
	C14	$P63/mmc$(194)	10.03		

图 5-50 是 $Ti_{10}V_{80-x}Cr_xFe_6Zr_4$（$x=0,6,10,14$）系合金的 SEM 照片。由图可见，所有合金均由两相组成，第二相 C14 Laves 相沿着 BCC 主相的晶界析出；且随着 x 值的增大，第二相含量逐渐增多，这与 XRD 分析的结果基本一致。

图 5-51 为 $Ti_{10}V_{74}Cr_6Fe_6Zr_4$ 合金的 SEM 照片与 EDS 面扫描分布图。由图可见，Ti 元素总体上较均匀地分布在整个合金表面，但 C14 Laves 相中的

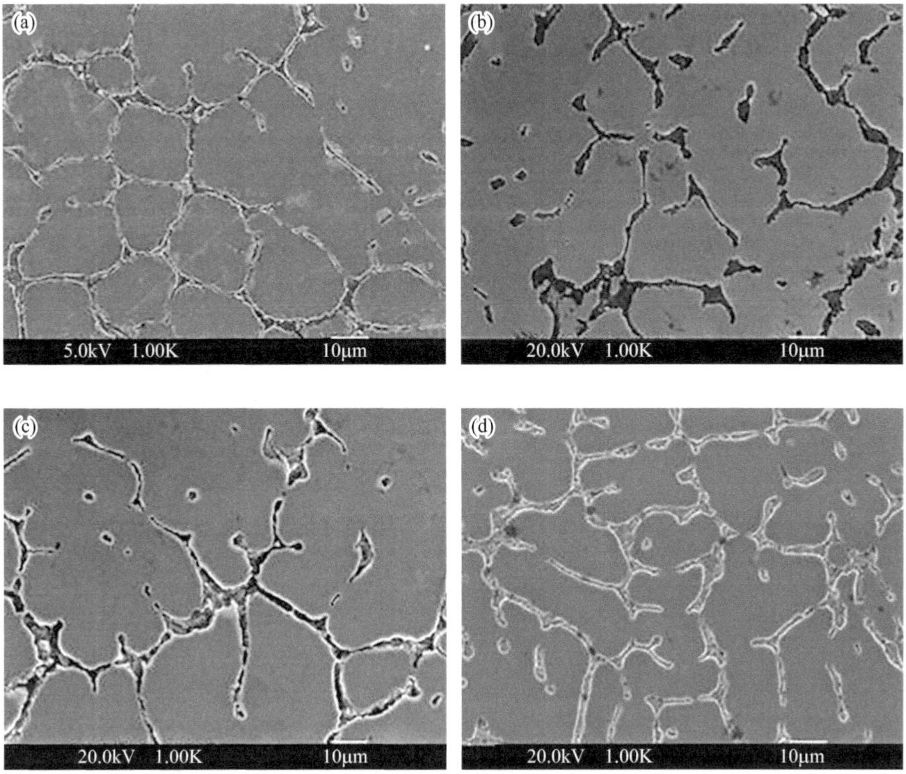

图 5-50　$Ti_{10}V_{80-x}Cr_xFe_6Zr_4$（$x=0,6,10,14$）系合金的 SEM 照片

（a）$x=0$；（b）$x=6$；（c）$x=10$；（d）$x=14$

亮度稍高于 BCC 相，表明 C14 Laves 相中的 Ti 含量稍高于 BCC 相中的含量。V 和 Cr 元素亮区和 BCC 主相的分布基本重合，特别是 V 元素在两相中的亮度差异明显，说明 BCC 相中 V 和 Cr 特别是 V 的含量远高于 C14 Laves 相中的含量。Zr 元素的亮区恰与 V 元素的亮区相反，其亮区几乎与 C14 Laves 相区吻合，且两相亮度差异非常显著，说明 Zr 元素几乎完全分布于 C14 相中。

为了更好地比较 $Ti_{10}V_{80-x}Cr_xFe_6Zr_4$（$x=0,6,10,14$）系合金中各相成分的关系，我们采用了半定量的 EDS 分析技术，其分析结果列于表 5-16 中。由表可见，在所有合金中，C14 Laves 相中的 Ti、Fe 和 Zr 特别是 Zr 元素的含量远高于其在 BCC 主相的含量，而 V 元素则相反，在 BCC 相中的含量远大于其在第二相的含量。Cr 元素由于 Cr 添加量的增加在两相中的含量均逐渐增加，但可以明显看到 Cr 元素在 BCC 主相中的含量大于其在 C14 Laves 相中的含量，且随着 x 的增加，两相中含量的差距加大，说明 Cr 更倾向于在 BCC 相中存在。

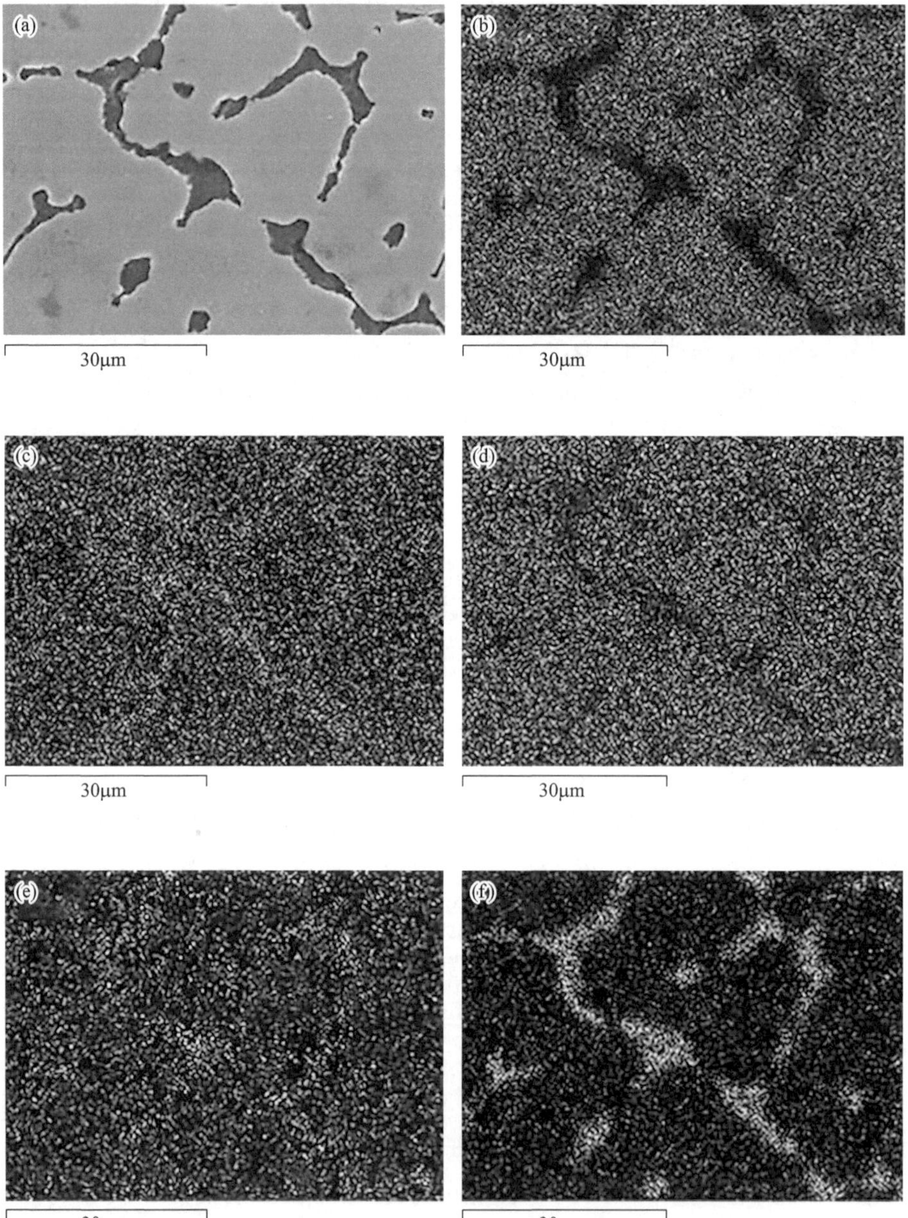

图 5-51　$Ti_{10}V_{74}Cr_6Fe_6Zr_4$ 合金的 SEM 照片与 EDS 面扫描分布图

(a) 该合金的 SEM 照片；EDS 面扫描分布图：(b) V_K；(c) Ti_K；(d) Cr_K；(e) Fe_K；(f) Zr_L

表 5-16　$Ti_{10}V_{80-x}Cr_xFe_6Zr_4$ ($x=0,6,10,14$) 系合金中各相的 EDS 成分分析结果

样品	相	组成(原子分数)/%				
		Ti	V	Cr	Fe	Zr
0	BCC	6.98	88.42	—	4	0.6
	C14	16.7	42.35	—	13.88	27.07
6	BCC	7.93	80.58	5.93	4.89	0.67
	C14	10.96	40.3	4.52	15.58	28.63
10	BCC	6.97	77.57	10.31	4.36	0.78
	C14	14.33	40.58	7.8	15.32	21.97
14	BCC	7.53	72.99	14.6	4.38	0.5
	C14	13.97	33.72	9.82	14.58	27.88

5.8.2　合金的储氢性能

图 5-52 是 $Ti_{10}V_{80-x}Cr_xFe_6Zr_4$（$x=0,6,10,14$）系合金初始活化时的氢化曲线。由图可见，该系合金的活化性能均较好，所有合金均在第一次吸氢过程中便已活化，合金在 298K 时的最大吸氢量列于表 5-17 中，从中可见，合金的电子原子比 e/a 值随 x 的增加而递增，在 $x=6$ 时，达到 5.1 的临界值[59,134,244,261]；另外，合金吸氢主相（BCC 相）晶胞体积收缩也会导致合金的吸氢量的减小，故合金的最大吸氢量在 $x\leqslant 6$ 时保持了较高水平，$x>6$ 时，急剧减少，由 $x=6$ 时的 3.38%降为 $x=14$ 时的 2.34%。

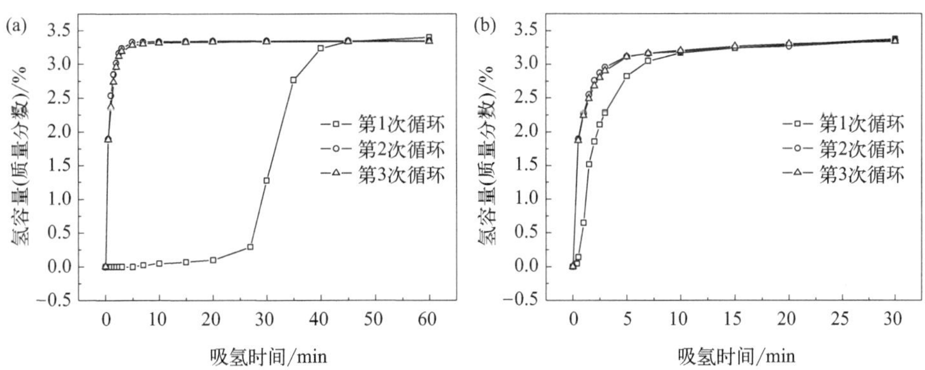

图 5-52

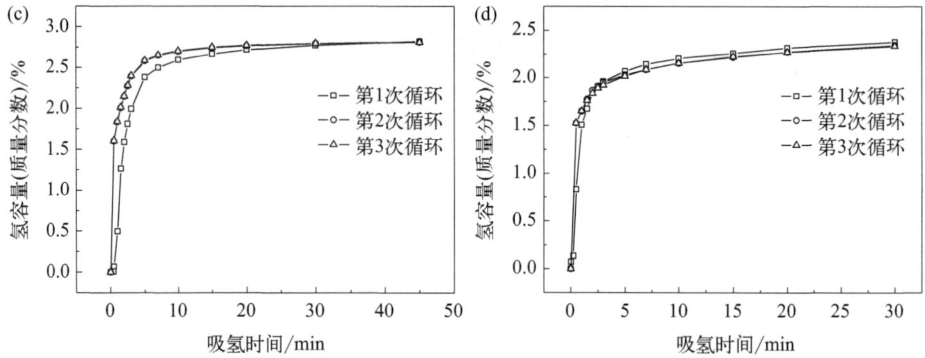

图 5-52　$Ti_{10}V_{80-x}Cr_xFe_6Zr_4$（$x$=0,6,10,14）系合金初始活化时的氢化曲线

表 5-17　$Ti_{10}V_{80-x}Cr_xFe_6Zr_4$（$x$=0,6,10,14）系储氢合金的储氢特性

x	活化循环次数(N_a)	电子原子比(e/a)	298K 时的最大吸氢量/%	333K 时的有效放氢量/%	333K 时的放氢平台压力(P_{eq})/MPa	平台斜率(S_f)
0	1	5.04	3.40	1.43	0.21	1.14
6	1	5.1	3.38	1.50	0.93	0.88
10	1	5.14	2.82	1.14	1.67	0.64
14	1	5.18	2.34	0.59	1.95	0.31

图 5-53 为 $Ti_{10}V_{74}Cr_6Fe_6Zr_4$ 合金在不同温度下的放氢曲线。由图可见，$Ti_{10}V_{74}Cr_6Fe_6Zr_4$ 合金的放氢速度随温度的增加而增加，当温度为 298K 时，合金样品的放氢约需 20min，当温度升至 353K 时，其放氢在 5min 内基本完成。放氢量随温度的升高而增加，在 353K 时，放氢量为 1.55%。

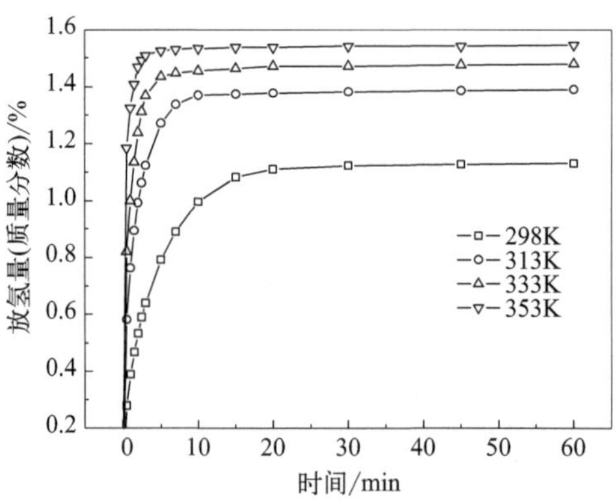

图 5-53　$Ti_{10}V_{74}Cr_6Fe_6Zr_4$ 合金在不同温度下的放氢曲线

图 5-54 为 $Ti_{10}V_{80-x}Cr_xFe_6Zr_4$（$x=6,14$）合金在不同温度下的放氢 P-C-T 曲线。由图可见，当 $x=6$ 时，合金具有较好的吸放氢压力平台特性，313K 时放氢平台压力在 0.42MPa，而且吸氢量较大，为 3.37%，比传统的 AB_5 型合金（约 1.4%）和 AB_2 型合金（约 2.0%）[35] 的储氢量高得多。随着温度的升高，合金的放氢平台压逐渐增大，最大吸氢量和平台宽度稍有下降。而当 $x=14$ 时，合金在各温度下的平台压力普遍较高，313K 时放氢平台压力为 1.015MPa，但吸放氢量较小，约为 2.32%和 0.55%，随着温度的升高，合金的放氢平台压逐渐增大，最大吸氢量稍有减小，而平台宽度下降幅度较大。

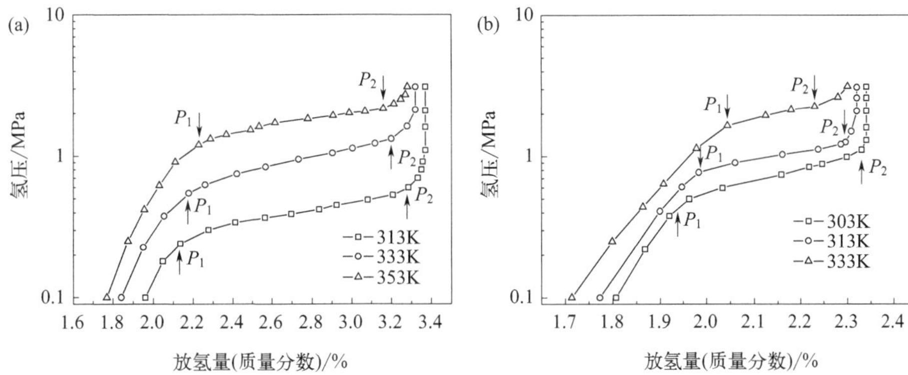

图 5-54 $Ti_{10}V_{80-x}Cr_xFe_6Zr_4$（$x=6,14$）合金在不同温度下的放氢 P-C-T 曲线

（a）$x=6$；（b）$x=14$

图 5-55 为 $Ti_{10}V_{80-x}Cr_xFe_6Zr_4$（$x=6$，14）合金的放氢平衡压力与温度的关系。由图可见，放氢平衡压的自然对数值与温度的倒数具有良好的线性关系，符合范特霍夫关系式：

$$\ln P_{H_2}=\frac{\Delta H^{\ominus}}{RT}-\frac{\Delta S^{\ominus}}{R}$$

式中，P_{H_2} 为温度 T 时合金放氢平衡压力，atm，1atm＝101.325kPa；$\Delta H^{\ominus}$ 为氢溶解于合金中的标准焓变值，kJ/mol H_2；$\Delta S^{\ominus}$ 为氢溶解于合金中的标准熵变值，J/(K·mol H_2)；R 为摩尔气体常数，$R=8.3144$J/(mol·K)。由图 5-55 的线性拟合结果计算得到，这两种合金的 $VH_{0.81}$ 基氢化物到 VH_2 基氢化物的生成焓变和熵变的绝对值随 x 的增加而减小，从 $x=6$ 时的 |－31.9kJ/mol H_2|、|－113.9J/(K·mol H_2)| 减少到 $x=14$ 时的 |－25.15kJ/mol H_2|、|－100.06J/(K·mol H_2)|。从焓变角度来看，Cr 的添加一定程度上降低了双氢化物的稳定性，促进了其放氢行为，这与从平台压的高度来判断的

结果一致，有利于合金的实际储氢应用。已有研究表明[33]，$LaNi_5H_6$ 和 $Mg_2NiH_{4.2}$ 的生成焓变分别为－31.8kJ/mol H_2、－74.5kJ/mol H_2，在做储氢材料用时，$\Delta H^{\ominus}$ 绝对值应该小些。

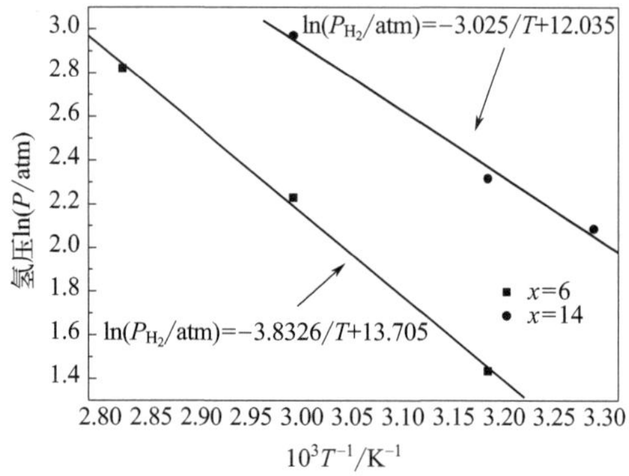

图 5-55　$Ti_{10}V_{80-x}Cr_xFe_6Zr_4$($x$=6,14) 合金的放氢平衡压力与温度的关系

图 5-56 为 $Ti_{10}V_{80-x}Cr_xFe_6Zr_4$($x$=0,6,10,14) 系储氢合金在 333K 下的放氢 P-C-T 曲线。合金的放氢平台压力（P_{eq}）和平台斜率（S_f）可分别由式(4.3) 和式(4.4) 表示。所有合金的 P_{eq}、S_f 值经计算列于表 5-17 中。结合图 5-56 和表 5-17 可知，随着 Cr 含量的增加，合金的放氢平台宽度减小，有效放氢量先增后减，在 x=6 时达最大，为 1.5%，当 x=14 时，放氢量最低，仅为 0.59%；合金的放氢平台压力递增，吸氢量递减，这是由于合金的晶胞体积递减所致；合金的平台斜率递减，这说明 Cr 元素的添加可以有效减小合金间隙位的应力能（与合金的晶格应力和结构变化有关）[195]，其中当 x=6 时，平台压为 0.43MPa，较为适中，也较为平坦，平台斜率为 0.38。综合以上

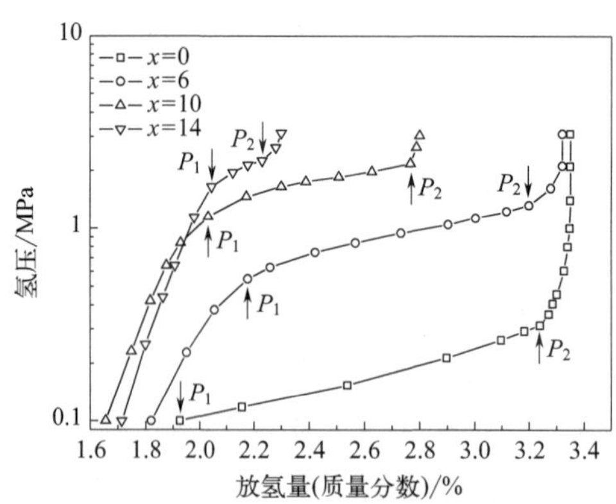

图 5-56　$Ti_{10}V_{80-x}Cr_xFe_6Zr_4$($x$=0,6,10,14) 系合金在 333K 下的放氢 P-C-T 曲线

因素可得，当 Cr 的替代量为 6%（原子分数）时，合金的 P-C-T 综合性能最佳。在图 5-54 和图 5-56 中，所有合金均只观察到一个平台，左侧低压平台没有出现。

图 5-57 给出了 $Ti_{10}V_{80-x}Cr_xFe_6Zr_4$（$x$=0,6,10,14）系合金在 333K 下的放氢曲线。由图 5-56 可知，333K 时，合金样品的高压放氢平台压均已在 0.1MPa 以上，故此时的放氢速率应能代表合金样品在高压平台释氢的速率。由图 5-57 可见，无 Cr 合金的放氢速率较慢，约需 60min 放氢才能基本完成，而添加 Cr 后，合金样品的放氢速率急速增加，经计算可得，随着 x 的增加，合金样品在放氢前 5min 内放出的氢量占总放氢量的比例分别为 29.7%、96.9%、97.6%、93.9%，但放氢量总体呈下降趋势，这主要是由于吸氢量的减小所致。

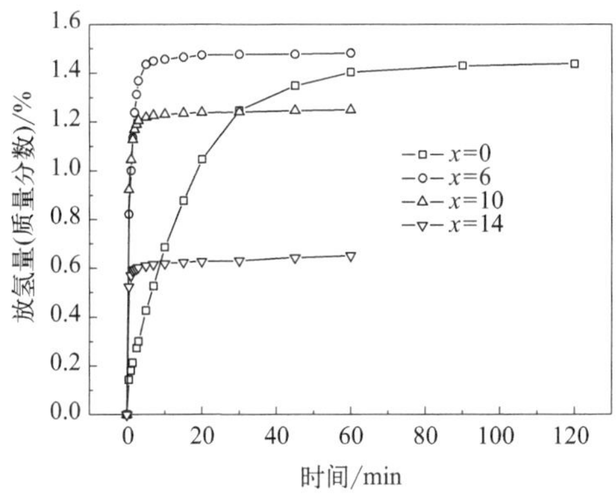

图 5-57　$Ti_{10}V_{80-x}Cr_xFe_6Zr_4$（$x$=0,6,10,14）系合金在 333K 下的放氢曲线

为了研究合金中残留氢的存在状态及合金的相结构变化，对 333K 下测试完 P-C-T 放氢曲线后（即脱氢至截止压力 0.1MPa）的样品进行了相结构分

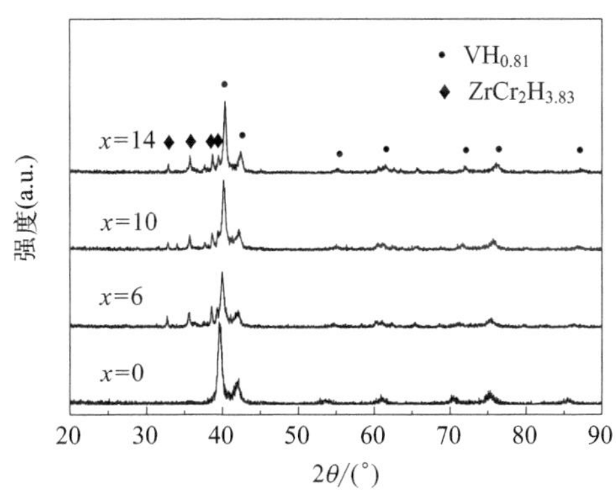

图 5-58　氢化后的 $Ti_{10}V_{80-x}Cr_xFe_6Zr_4$（$x$=0,6,10,14）在 333K 放氢后样品的 XRD 图谱

析，其 XRD 图谱如图 5-58 所示。由图可知，这四个样品在 333K 下脱氢均不完全，放氢产物主要为尚未脱氢的体心四方（BCT）结构的 $VH_{0.81}$ 基氢化物相（β 相），这主要是由于 $VH_{0.81}$ 基氢化物相的放氢平台压力太低、BCT 氢化物的稳定性较高引起的。由图还可看到，放氢产物除 $VH_{0.81}$ 主相外还存在少量的 $ZrCr_2H_{3.83}$ 第二相，且随着 Cr 含量的增加，$ZrCr_2H_{3.83}$ 相的含量逐渐增加。分析认为，上述两相在 333K 放氢温度下的稳定存在是该系含 Cr 合金在 333K 下的放氢量与吸氢量差距较大的主要原因。

为了研究 $Ti_{10}V_{80-x}Cr_xFe_6Zr_4$（$x=0,6,10,14$）系合金中 Cr 含量的变化对合金高温放氢行为的影响。对 333K 下测试完 P-C-T 放氢曲线后（即脱氢至截止压 0.1MPa）的样品进行了 DSC 分析（见图 5-59）。由图可见，所有合金均只出现一个吸热峰，结合图 5-58 可知，该吸热峰主要对应于反应：$VH_{0.81} \rightarrow V + 0.405H_2$。随着 Cr 含量的增加，吸热峰的温度从 $x=0$ 和 $x=6$ 时的 636.0K 和 639.4K 增加到 $x=14$ 时的 663.8K。这表明过高的 Cr 含量一定程度上增加了合金的第二个放氢过程，即 $VH_{0.81}$ 基氢化物相的放氢温度，即进一步增加了该氢化物相的稳定性。

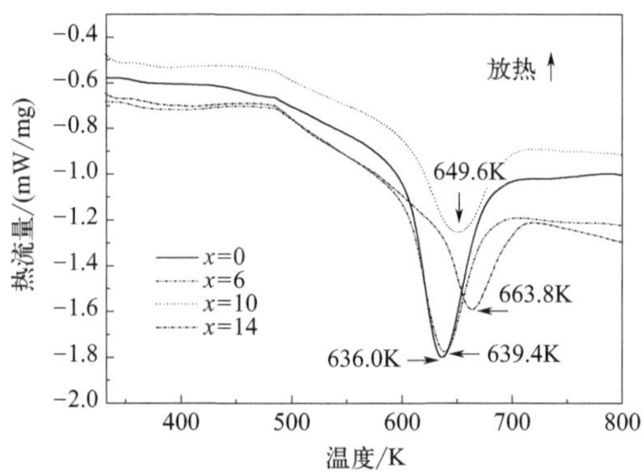

图 5-59　氢化后的 $Ti_{10}V_{80-x}Cr_xFe_6Zr_4$（$x=0,6,10,14$）系合金在 333K 放氢后样品的脱氢 DSC 曲线

5.8.3　小结

① $Ti_{10}V_{80-x}Cr_xFe_6Zr_4$（$x=0,6,10,14$）系储氢合金均由 BCC 主相和少量的 C14 Laves 第二相组成；随着 Cr 含量的增加，合金相的点阵常数和晶胞体积逐渐减小。

② 在没有活化预处理条件下，所有合金在室温首次吸氢就能活化，活化

孕育期均在 30min 以内。吸氢量随 Cr 含量的增加而递减，当 $x>6$ 时，吸氢量递减速度加快，当 $x=14$ 时，吸氢量降至 2.34%。

③ 合金样品的放氢速率随温度的升高和 Cr 含量的增加而明显增加。333K 下合金的有效放氢量则随 Cr 含量的增加先增后减，在 $x=6$ 时达到最大值 1.50%。

④ 随着 Cr 含量的增加，合金样品在 333K 时的放氢平台压力明显增加，当 $x=0$ 时，平台压力仅为 0.21MPa，而当 $x=14$ 时，平台压力已升至 1.95MPa；合金样品的放氢平台斜率逐渐减小，放氢平台的平坦度得到了改善。

⑤ 随着 x 从 6 增加至 14，单氢化物-双氢化物的反应生成焓的绝对值从 31.9kJ/mol H_2 减小至 25.15kJ/mol H_2。

⑥ 添加过量的 Cr 会导致高温放氢峰顶温度增加。综合而言，该系列合金中的 $Ti_{10}V_{74}Cr_6Fe_6Zr_4$ 合金具有最佳的综合储氢性能。

5.9　热处理对 $Ti_{10}V_{77}Cr_6Fe_6Zr$ 合金的微观结构和储氢性能的影响

除多元合金化以外，热处理也能在一定程度上改善 Ti-V-Cr 系合金的 P-C-T 平台特性及提高合金的有效储氢量等[143,151,205,206,217,242,268-270]。Okada 等[170] 研究了热处理对 Ti-V-Cr 系合金的吸放氢量的影响，认为对于 V 含量大于 10%（原子分数）的合金，在 1573K 短时间（1min）退火，能有效稳定 BCC 相，并且有利于 Laves 相向 BCC 相的转化，从而提高储氢量，此外，热处理后合

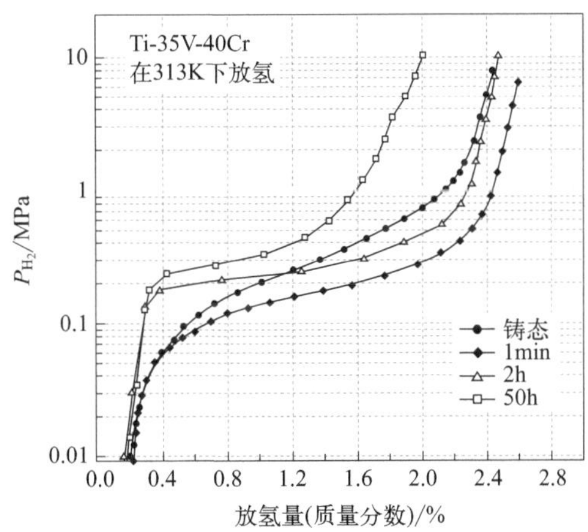

图 5-60　Cr-25Ti-35V 合金在 1573K 热处理后的放氢 P-C-T 曲线

金的P-C-T平台的平坦度明显改善。图5-60给出了热处理1min、2h和50h后合金的P-C-T曲线，发现退火时间越长，储氢量越小，平台压力也越高。退火1min的合金具有最大的有效储氢量，约为2.6%。V含量为5%和7.5%（原子分数）的Ti-xV-Cr合金，在1673K下热处理1h之后，可达到2.8%的储氢量（图5-61）。

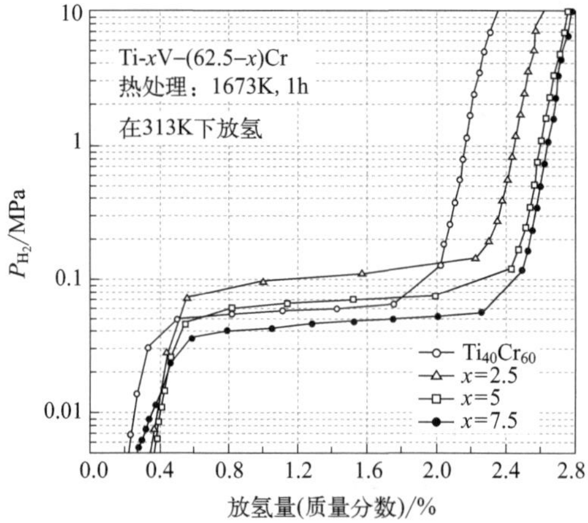

图5-61 Ti-xV-(62.5−x)Cr系合金在313K下的放氢P-C-T曲线

Itoh等[242]研究了热处理条件对Ti-Cr-V合金储氢性能的影响。图5-62给出了不同热处理条件对Ti-Cr-V合金P-C-T曲线的影响。由图可见，对合金进行高温短时间的热处理，可以使合金具有相对更好的平台特性。高温使合

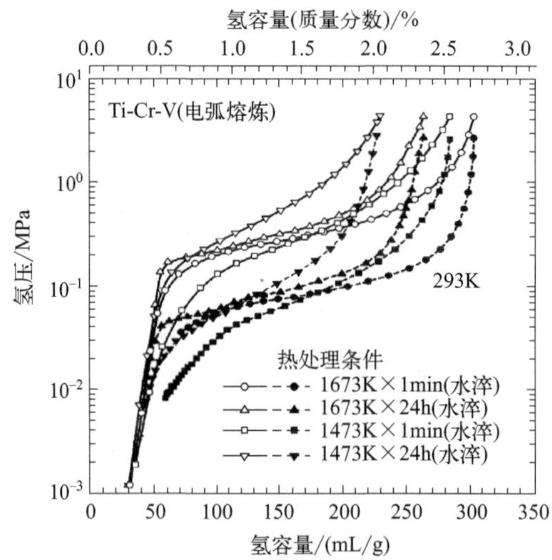

图5-62 不同热处理条件对Ti-Cr-V合金P-C-T曲线的影响

金样品吸放氢平台变得平坦，而短时间则可以提高合金的储氢量。

Tamura 等[196] 研究了热处理对 Ti-V-Cr-Mn 合金微结构和储氢性能的影响。图 5-63 给出了 Ti-35V-27Cr-10Mn 合金在铸态和退火后的 XRD 图谱。由图可以看到，铸态合金是单一的 BCC 相，而热处理后出现了少量 α-Ti 相。图 5-64 为 Ti-35V-27Cr-10Mn 铸态和热处理后合金的光学显微照片。由图可见，在退火后的样品中，可以清楚看到沿晶界处的黑色相（α-Ti 相），但在铸态样品中析出相并不明显。这说明 α-Ti 相是在热处理过程中沿晶界产生的。图 5-65 给出了热处理后 Cr-xTi-35V-10Mn(x=24,26,28) 系合金的 P-C-T 曲线。由图可以看到，随着 Ti 含量的增加，平台压力降低，所以可以通过控制 Ti 含量，抑制 α-Ti 相的形成，增加储氢量，但 Ti 含量减少太多，会使储氢量大幅下降。

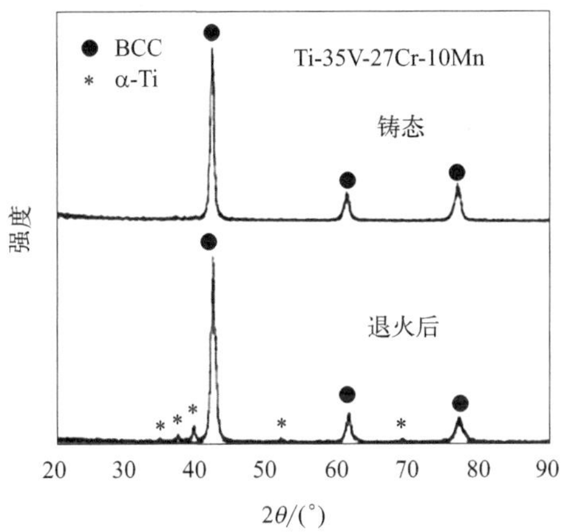

图 5-63 Ti-35V-27Cr-10Mn 合金在铸态和退火后的 XRD 图谱

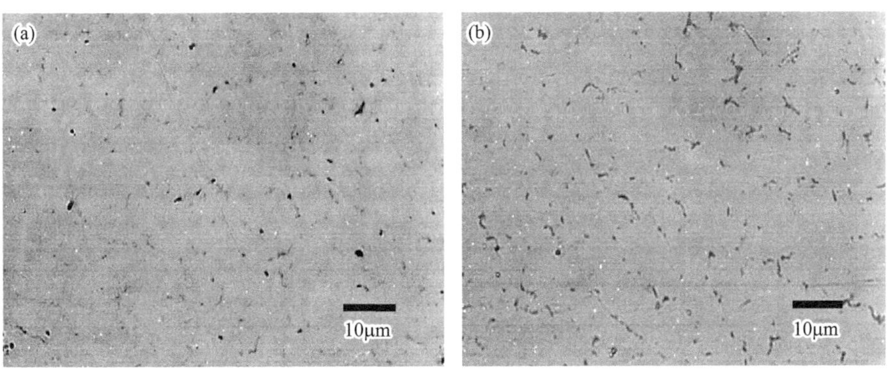

图 5-64 Ti-35V-27Cr-10Mn 铸态（a）和退火后（b）合金的光学显微照片

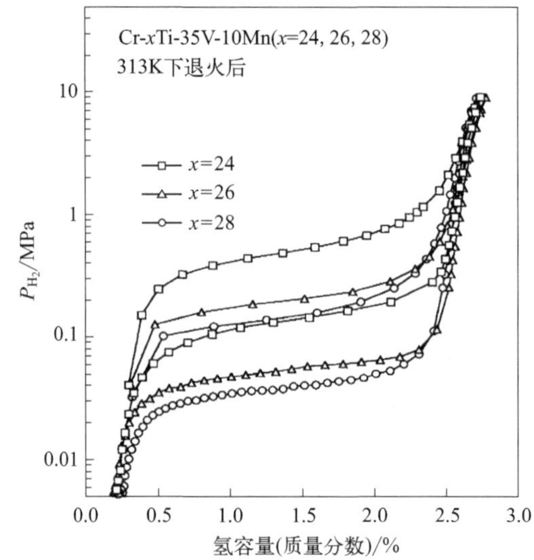

图 5-65 经过热处理的 Cr-xTi-35V-10Mn（x=24,26,28）系合金的 P-C-T 曲线

Cho 等[269] 研究了热处理对 $Ti_{0.32}Cr_{0.43}V_{0.25}$ 合金的结构和储氢性能的影响。研究发现铸态 $Ti_{0.32}Cr_{0.43}V_{0.25}$ 具有 3.25%和 1.7%的最大和有效储氢量，而经 1653K 下热处理 1min 后，可分别提升至 3.7%和 2.3%，且合金的吸放氢平台滞后减小，循环性能提升。图 5-66 给出了铸态和退火态的 $Ti_{0.32}Cr_{0.43}V_{0.25}$ 合金晶粒生长的光学显微照片。由图可见，热处理后的合金的晶粒尺寸大大增加，导致晶界区域减小，这可能是最大和有效储氢量增加的原因。

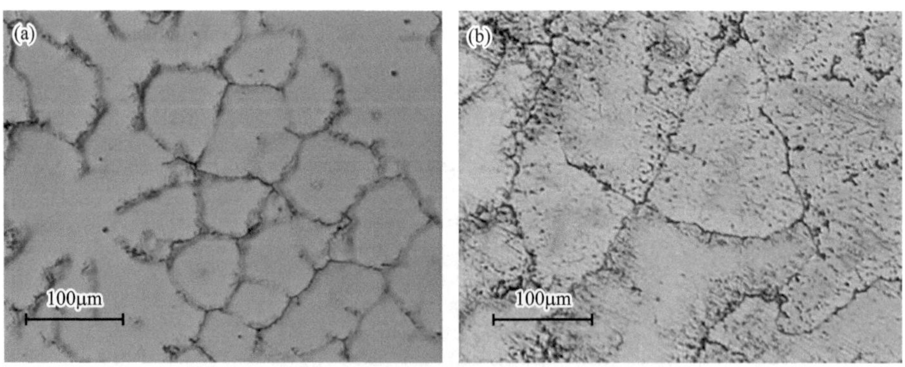

图 5-66 $Ti_{0.32}Cr_{0.43}V_{0.25}$ 合金晶粒生长的光学显微照片

(a) 铸态；(b) 热处理

Akiba 等[60] 发现 Ti-Cr-V 合金对热处理很敏感，通过适当的热处理改变

合金的组织结构，能够改善其储氢特性，特别是合金样品的吸放氢 P-C-T 特性。Okada 等[143] 研究发现，对于 V 含量大于 10%（原子分数）的 Ti-Cr-V 合金，当保温时间为 2h 和冷却方式为水淬时，热处理温度升至 1573K 以上，其放氢平台压才会变得平坦；而当热处理温度固定在 1573K，冷却方式为水淬，保温时间分别为 1min、2h 和 50h 时，保温时间越短，合金样品放氢平台的平坦度越好，放氢量越高。Cho 等[269] 报道了 1653K 下退火 1min 的 $Ti_{0.32}Cr_{0.43}V_{0.25}$ 合金具有更高的吸放氢量和更平的吸放氢平台。

为此，在之前研究基础上，笔者设计了成分为 $Ti_{10}V_{77}Cr_6Fe_6Zr$ 的合金，并研究了两种热处理工艺［1373K 下保温 8h（水淬）和 1523K 下保温 5min（水淬）］对该合金微观结构和储氢性能的影响。

5.9.1 合金的微观结构

图 5-67 是 $Ti_{10}V_{77}Cr_6Fe_6Zr$ 铸态合金和热处理样品的 XRD 图谱。由图可见，铸态合金由 BCC 结构的钒基固溶体主相和少量 C14 Laves 第二相组成，主相的三强峰所对应的衍射角分别约为 42.2°、61.5°、77.3°，而第二相对应的衍射角在 38.2°附近。经过热处理后，合金的 BCC 主相的衍射峰强度增高，C14 Laves 第二相仍然存在，但衍射峰的强度都已减弱；其中，经过 1373K 热处理后，主相衍射峰向高角度方向偏移，但经过 1523K 热处理后，主相衍射峰又往低角度方向偏移。通过 Jade 5 计算，铸态合金以及经 1373K、1523K 热处理的样品的晶格参数分别为 0.30363nm、0.30191nm、0.30283nm（图 5-68 所示）。

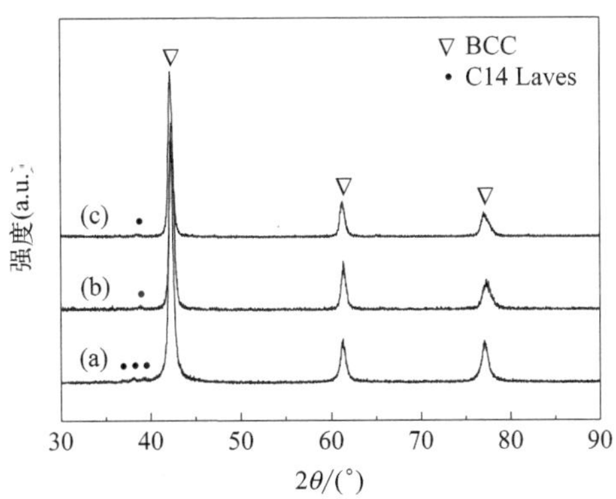

图 5-67　$Ti_{10}V_{77}Cr_6Fe_6Zr$ 铸态合金和热处理样品的 XRD 图谱

(a) 铸态；(b) 1373K 下保温 8h（水淬）；(c) 1523K 下保温 5min（水淬）

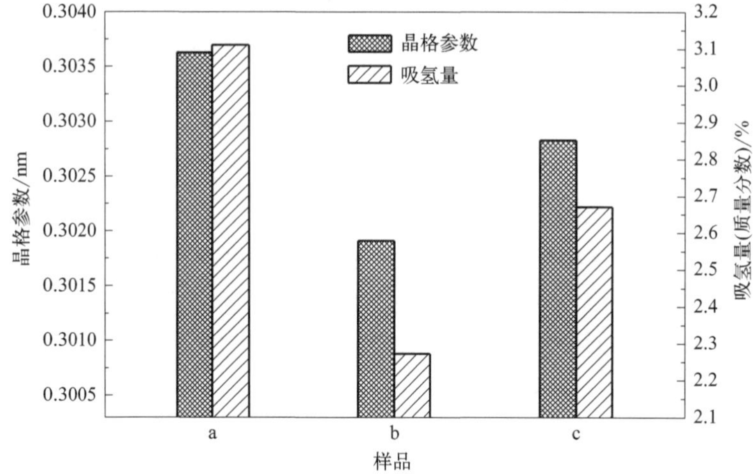

图 5-68　$Ti_{10}V_{77}Cr_6Fe_6Zr$ 铸态合金和热处理样品的 BCC 主相晶格参数和吸氢量

a—铸态；b—1373K 下保温 8h（水淬）；c—1523K 下保温 5min（水淬）

图 5-69 是热处理前后 $Ti_{10}V_{77}Cr_6Fe_6Zr$ 合金的组织形貌 SEM 照片。由图可见，所有合金均由两相组成，且第二相的含量很少，此结果与 XRD 分析结果

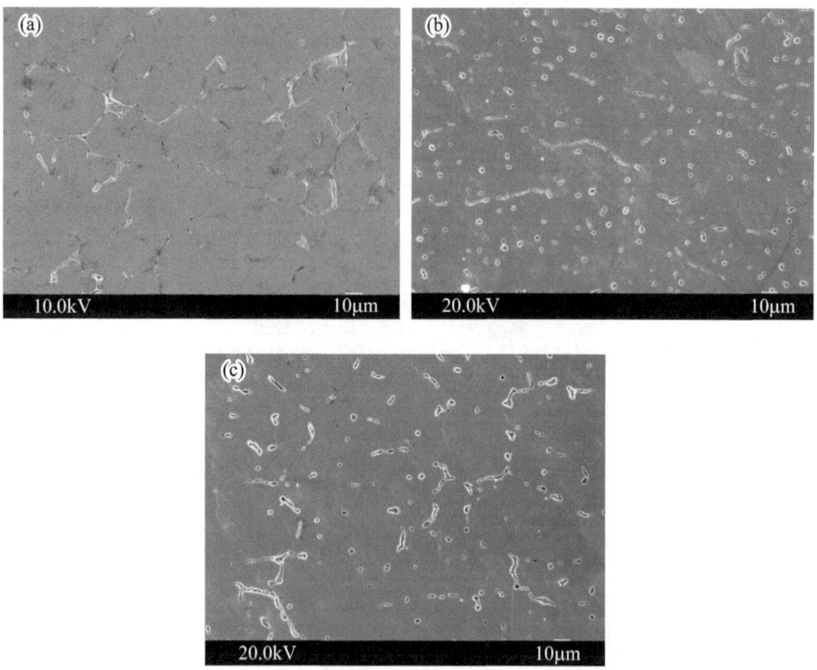

图 5-69　$Ti_{10}V_{77}Cr_6Fe_6Zr$ 铸态合金及热处理后合金的组织形貌 SEM 照片

(a) 铸态；(b) 1373K 下保温 8h（水淬）；(c) 1523K 下保温 5min（水淬）

基本一致。但经过热处理后，样品的形貌特征发生了明显的变化。其中，铸态合金中第二相沿主相晶界析出，并呈网络状分布；经 1373K 热处理后，合金样品的第二相减少，且呈点状分布；而经 1523K 热处理后，合金样品的表面形貌介于铸态样品和 1373K 热处理样品之间的中间态，即网状结构和点状偏析共存状态。经 EDS 分析（表 5-18）表明，图中深灰色的部分为 BCC 钒基固溶体，而亮灰色的部分为 C14 Laves 相。由表 5-18 还可以看到，由于热处理工艺（退火温度和保温时间）的不同，相组成的变化比较明显。1373K 热处理后，V 元素向 C14 Laves 相扩散，导致 C14 Laves 相中 V 的含量增加，而其他各元素在两相中的含量比较接近，说明长时间保温对组分均匀化的作用。而 1523K 热处理后，Cr 元素向 C14 Laves 相扩散，Ti、Fe 和 Zr 元素向 BCC 相扩散，导致 C14 Laves 相中，Cr 含量增加，BCC 相中 Ti、Fe 和 Zr 元素含量增加，而 V 元素对于其含量来说变化不大。

表 5-18　$Ti_{10}V_{77}Cr_6Fe_6Zr$ 铸态合金及热处理样品中各相的 EDS 成分分析结果

样品	相	组成(原子分数)/%				
		Ti	V	Cr	Fe	Zr
铸态	BCC	8.00	80.81	6.10	4.90	0.18
	C14	19.98	66.88	4.78	7.66	0.71
1373K 下热处理 8h(水淬)	BCC	9.39	79.14	5.29	5.86	0.31
	C14	9.77	79.39	5.41	5.10	0.33
1523K 下热处理 5min(水淬)	BCC	10.02	77.93	5.54	6.11	0.40
	C14	14.38	64.17	11.99	8.48	0.98

5.9.2　合金的储氢性能

图 5-70 是 $Ti_{10}V_{77}Cr_6Fe_6Zr$ 铸态合金及热处理样品初始活化时的氢化曲线。由图可知，热处理后合金的活化性能变差，且活化次数和孕育时间随热处理温度增加而增加，其中铸态合金在第二次吸氢时活化孕育时间约为 5min；经 1373K 热处理的样品在第二次吸氢时活化孕育时间约为 32min；而经 1523K 热处理的样品直到第三次吸氢才能活化。这主要还是在退火和淬火的过程中所产生的致密氧化膜造成的，但同时也可以看到，活化后合金的吸氢动力学性能均较好，吸氢速率与 V 基合金的本征吸氢速率相符，且样品在 5min 内吸氢量就能达到最大吸氢量的 90% 以上。铸态合金以及经 1373K、1523K 热处理的样品的最大吸氢量分别为 3.11%、2.27% 和 2.67%。图 5-68 中也给出了样品

的吸氢量与晶格参数的关系，由图可见，其最大吸氢量与晶格参数成正比关系。在之前的研究中提到，合金的吸氢量和电子原子比 e/a 的值存在一定的联系，而在本节中，热处理后合金的吸氢量有所减小，说明吸氢量与电子原子比的潜在联系应局限在铸态合金，这在以前的研究中未曾有过报道。热处理通常有两种作用，即成分均匀化和消除内应力，故我们认为对于铸态和退火态，电子原子比对合金储氢量的影响应考虑合金的相组成，如是两相，则其电子原子比的值应是各相的电子原子比的权重和，然后再考虑合金内应力的因素。如是单相则只需考虑内应力的影响。所以我们认为合金容量的影响因素应包括：合金相的晶胞体积、合金中各相的含量及合金的电子原子比。热处理后，第二相的含量减少，主相含量增加，但由于晶胞体积减小，故两者的综合作用使其储氢量减小。

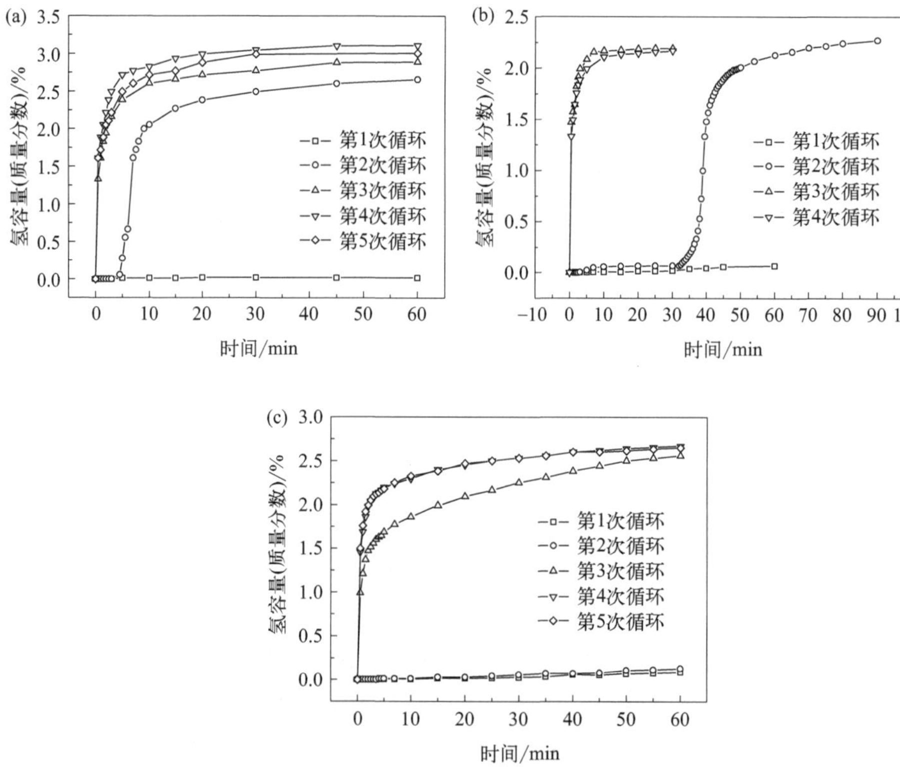

图 5-70　$Ti_{10}V_{77}Cr_6Fe_6Zr$ 铸态合金及热处理样品初始活化时的氢化曲线

（a）铸态；（b）1373K 下保温 8h（水淬）；（c）1523K 下保温 5min（水淬）

图 5-71 是 $Ti_{10}V_{77}Cr_6Fe_6Zr$ 铸态合金及热处理样品活化后在 333K 下的放

氢曲线。由图可见，所有合金样品均具有良好的放氢动力学性能，前 5min 内就基本放氢完毕，达到最大放氢量。其中，经 1373K 热处理的样品的放氢量较铸态合金时减小，而经 1523K 热处理的样品的放氢量则较铸态合金增大，这与其吸氢量的变化相一致。在 1573K 退火 5min 后，样品的最大放氢量达到 1.82%，超过了铸态合金的放氢量 1.44%。

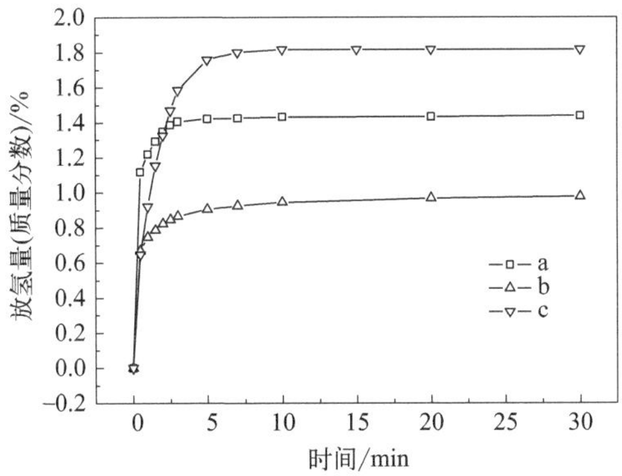

图 5-71　$Ti_{10}V_{77}Cr_6Fe_6Zr$ 铸态合金及热处理样品活化后在 333K 下的放氢曲线

a—铸态；b—1373K 下保温 8h（水淬）；c—1523K 下保温 5min（水淬）

图 5-72 为 $Ti_{10}V_{77}Cr_6Fe_6Zr$ 铸态合金及热处理样品在 333K 下的放氢 P-C-T 曲线。合金的放氢平台压（P_{eq}）和平台斜率（S_f）可分别由式(4.3) 和式(4.4) 表示。所有合金的 P_{eq}、S_f 值和有效放氢量列于表 5-19 中。由图 5-72 和表 5-19 可知，经过 1373K 下保温 8h（水淬）和 1523K 下保温 5min（水淬）热处理后，合金样品的放氢平台压先增加后减小，平台宽度和有效放氢量先减小后增加；图 5-73 给出了 BCC 主相的晶格参数与合金的放氢平台压和有效放氢量之间的关系，由图可见，合金的放氢平台压与晶胞体积成反比关系，这与之前所报道的规律一致[123,198,204,271]。有效放氢量则与晶格参数成正比关系，由于有效放氢量的关键影响因素包括合金样品的吸氢量（通常与其晶格参数成正比关系）、P-C-T 测试的压力范围、放氢平台的高度和宽度、放氢平台的斜率等，所以放氢量与晶格参数的正比关系应理解为这些影响因素的综合作用。由表 5-19 还可发现，合金样品经过热处理后，其放氢平台的斜率明显减小，平台平坦度得到了明显改善，这是由于热处理具有成分均匀化和消除内应力的作用所致。其中 1523K 热处理的样品因具有较大的吸氢量、合适的放氢平台压、较宽的放氢平台及良好的平台平坦度，故有效放氢量达到 1.82%。

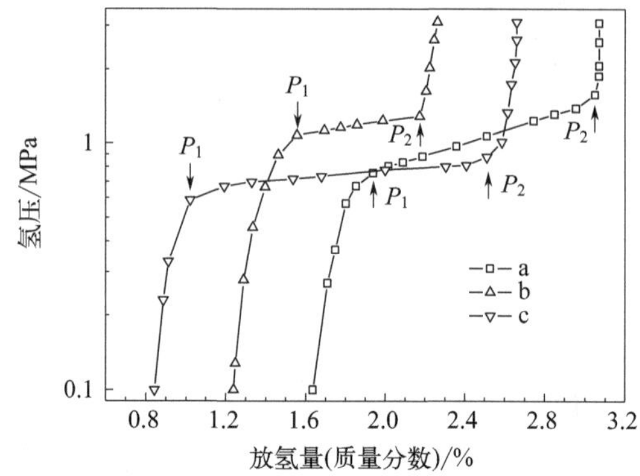

图 5-72 $Ti_{10}V_{77}Cr_6Fe_6Zr$ 铸态合金及热处理样品在 333K 下的放氢 P-C-T 曲线

a—铸态；b—1373K 下保温 8h（水淬）；c—1523K 下保温 5min（水淬）

表 5-19 $Ti_{10}V_{77}Cr_6Fe_6Zr$ 铸态合金和热处理样品的储氢特性

样品	电子原子比(e/a)	298K 时的最大吸氢量/%	333K 时的有效放氢量/%	333K 时的放氢平台压力(P_{eq})/MPa	平台斜率(S_f)
铸态	5.13	3.11	1.44	1.11	0.64
1373K 下保温 8h(水淬)		2.27	1.03	1.17	0.31
1523K 下保温 5min(水淬)		2.67	1.82	0.75	0.1

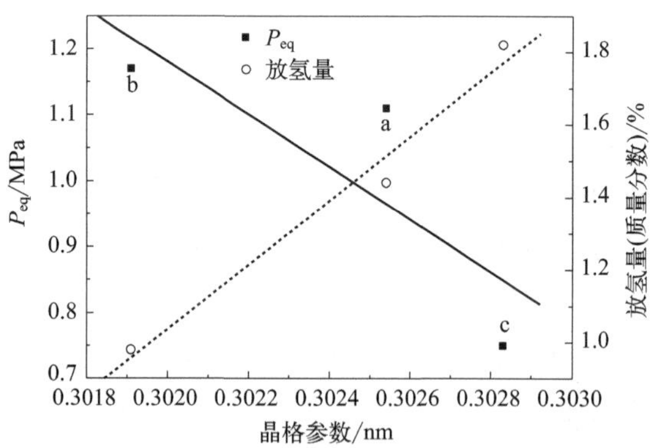

图 5-73 $Ti_{10}V_{77}Cr_6Fe_6Zr$ 铸态合金和热处理样品的放氢量、放氢平台压与主相晶格参数的关系

a—铸态；b—1373K 下保温 8h（水淬）；c—1523K 下保温 5min（水淬）

图 5-74 给出了 298K、313K 和 333K 下合金样品的放氢 P-C-T 曲线。由

图可见，各合金样品的放氢平台压均随着温度的升高而升高。

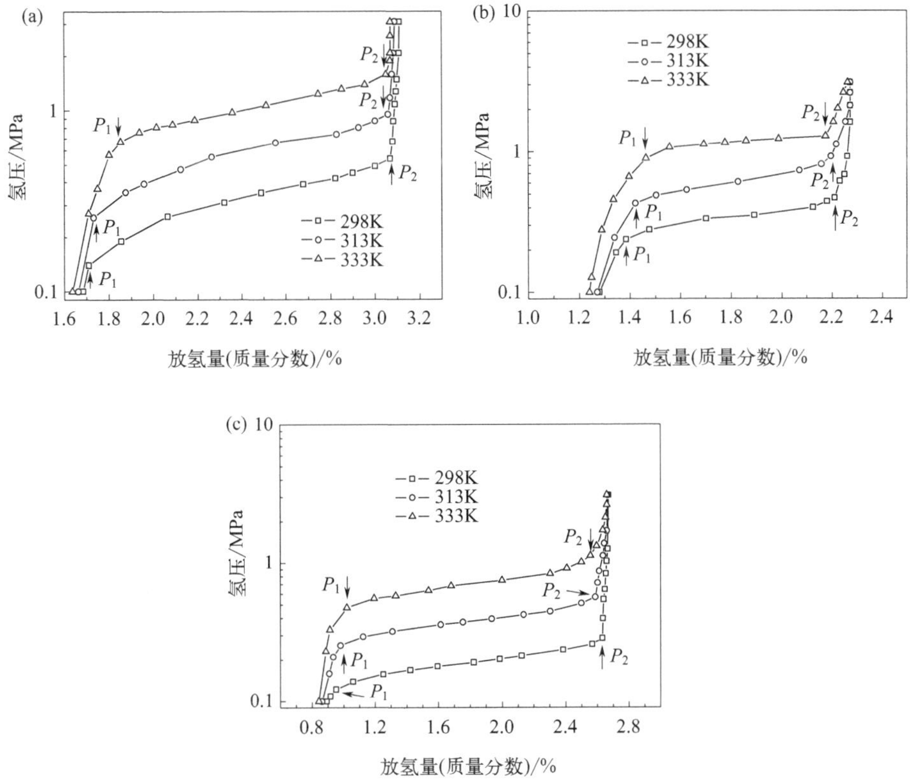

图 5-74　$Ti_{10}V_{77}Cr_6Fe_6Zr$ 铸态合金和热处理样品在不同温度下的放氢 P-C-T 曲线

(a) 铸态；(b) 1373K 下保温 8h（水淬）；(c) 1523K 下保温 5min（水淬）

为了得到图 5-74 中所对应的吸氢反应（β→γ 的相变）的焓变和熵变值，利用放氢平台压的自然对数值与温度的倒数作图（图 5-75），经线性拟合得到范特霍夫直线，其表达式如下：

$$\ln P_{H_2} = \frac{\Delta H^{\ominus}}{RT} - \frac{\Delta S^{\ominus}}{R}$$

式中，P_{H_2} 为温度 T 时合金放氢平衡压力，atm，1atm＝101.325kPa；$\Delta H^{\ominus}$ 为氢与合金反应的标准焓变值，kJ/mol H_2；$\Delta S^{\ominus}$ 为氢与合金反应的标准熵变值，J/(K・mol H_2)；R 为摩尔气体常数，R＝8.3144J/(mol・K)。

由图 5-75 的线性拟合结果计算得到的样品从 β 氢化物相到 γ 氢化物相的生成焓变和熵变数据列于表 5-20 中。由表可见，热处理后样品的 β 氢化物相到 γ 氢化物相的生成焓变和熵变的绝对值逐渐增大，但总体上变化不大，焓变值均在$-30kJ/mol\ H_2$附近，与$LaNi_5H_6$的$-31.8kJ/mol\ H_2$[33]生成焓相近，均较适合于储氢材料的应用，其中1523K热处理后的合金样品的$-3kJ/mol\ H_2$的生成焓与$LaNi_5H_6$的生成焓最为接近，这从一个方面说明了1523K热处理对于合金样品实际应用的积极意义，而且从焓变角度来看，1523K热处理在一定程度上增加了γ氢化物相的稳定性，这与从平台压的高度来判断的结果一致。

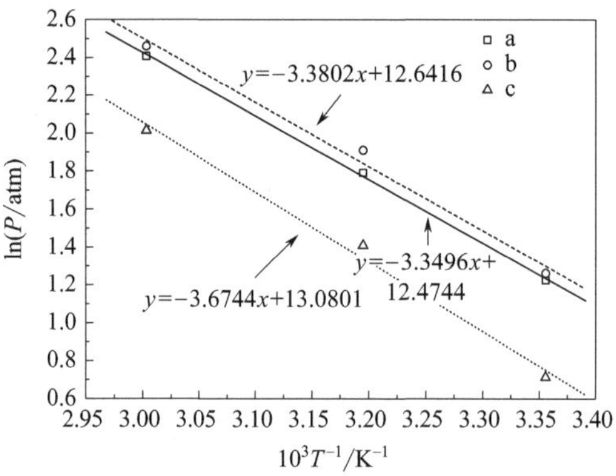

图 5-75　$Ti_{10}V_{77}Cr_6Fe_6Zr$铸态合金和热处理样品的范特霍夫直线

a—铸态；b—1373K下保温8h（水淬）；c—1523K下保温5min（水淬）

表 5-20　铸态合金和热处理样品的单氢化物→双氢化物（β→γ）转变的生成焓和生成熵

样品	焓变/($kJ/mol\ H_2$)	熵变/[$J/(K\cdot mol\ H_2)$]
铸态	−27.85	−103.71
1373K下保温8h(水淬)	−28.1	−105.1
1523K下保温5min(水淬)	−30.55	−108.75

众所周知，对于相同的粒度分布，半高宽（FWHM）可以定性地估计V基固溶体合金的晶格应力，而晶格应力和化学能效应在一定程度上影响着合金样品的吸放氢平台斜率。图5-76给出了三种合金的晶面指数为（110）的衍射峰的FWHM和333K下的放氢平台斜率。由图可以看到，热处理后，合金的FWHM值明显减小，说明晶格应力被有效的降低了，这也正好说明图中所显示的合金样品的放氢平台的斜率在减小，平台的平坦度得到提高。

图5-77是铸态和热处理合金在333K下P-C-T放氢测试后的样品的XRD图谱。由图可见，三种合金样品在333K下P-C-T放氢后，即经历了γ→β的相变后（图5-74观察到的放氢平台），主要产物为BCT结构的$VH_{0.85}$(β)相，说明在333K时，合金样品的放氢是不完全的，由于其产物的放氢压力已经低

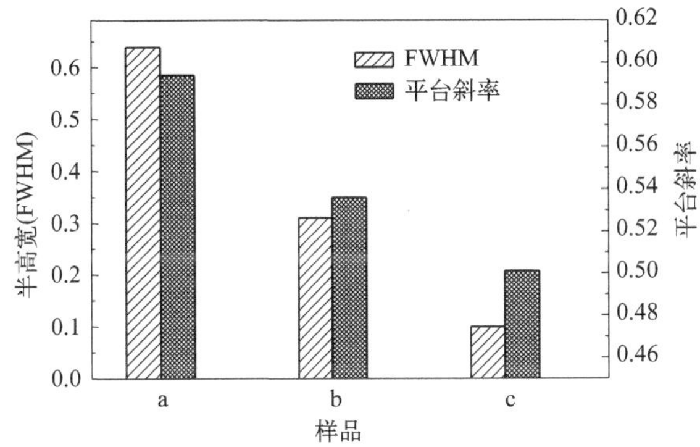

图 5-76　$Ti_{10}V_{77}Cr_6Fe_6Zr$ 铸态合金和热处理样品的 FWHM 和 333K 下的放氢平台斜率

a—铸态；b—1373K 下保温 8h（水淬）；c—1523K 下保温 5min（水淬）

于 0.1MPa，故不能再继续放氢，并以单氢化物的形式存在。由图还可看到，热处理后，谱图中最强峰和次强峰的位置发生了交换，且衍射峰从铸态的 4 个增加为 6 个，这说明热处理有利于 $VH_{0.85}$ 相的生成，这主要与热处理改变了合金的平台压，并进而影响其残留氢的量有关。

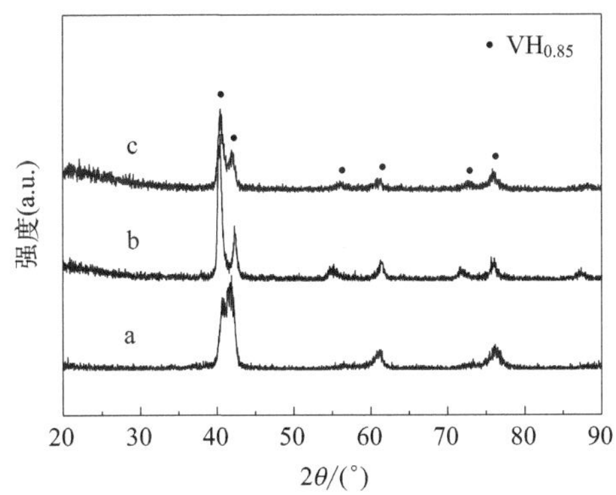

图 5-77　铸态和热处理合金在 333K 下 P-C-T 放氢测试后的样品的 XRD 图谱

a—铸态；b—1373K 下保温 8h（水淬）；c—1523K 下保温 5min（水淬）

图 5-78 为铸态和热处理合金在 333K 下 P-C-T 放氢测试后样品的 DSC 曲线。由图可见，三种样品的单氢化物的放氢温度均较高，放氢范围在 600～700K 之间，吸热峰对应的温度为 660K 附近，此数值比一般的 V 基合金的值偏高，单氢化物相（β）的分解焓分别为 153.8J/g、191J/g、192.7J/g。从这里可以看出，热处理后，合金样品的稳定性提高，说明热处理不利于其单氢化物的释氢。

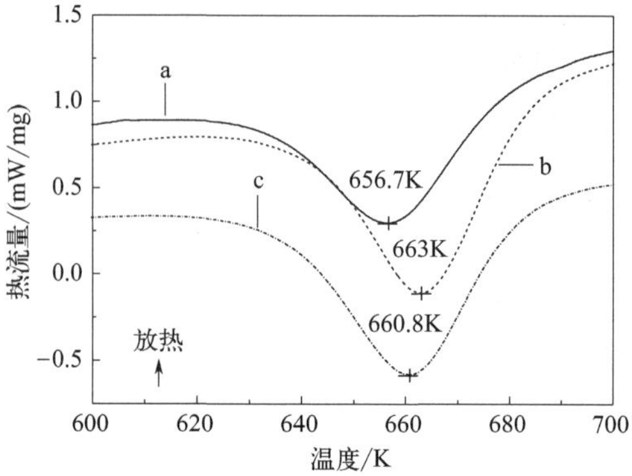

图 5-78 铸态和热处理合金在 333K 下 P-C-T 放氢测试后样品的 DSC 曲线

a—铸态；b—1373K 下保温 8h（水淬）；c—1523K 下保温 5min（水淬）

5.9.3 小结

① 热处理前后 $Ti_{10}V_{77}Cr_6Fe_6Zr$ 合金均由 BCC 结构 V 基固溶体主相和 C14 Laves 第二相组成。经热处理后，合金中第二相含量有不同程度的减少，且呈点状弥散分布。

② 热处理后合金的吸氢量均低于铸态合金的吸氢量，其中 1523K 热处理合金的吸氢量下降幅度较小。

③ 热处理明显改善了合金样品的放氢平台的平坦度。其中 1523K 退火 5min 后的合金在 333K 下的放氢平台倾斜因子仅为 0.1。

④ 热处理提高了合金样品 β→γ 相变的生成焓和生成熵，其中 1523K 退火 5min 的样品的生成焓为－30.55kJ/mol H_2，接近于 $LaNi_5H_6$ 的生成焓。

⑤ 在所研究的合金中，经 1523K 退火 5min，并用冷水淬火后的合金样品的综合储氢性能较佳，其 333K 的放氢量为 1.82%，放氢平台压为 0.75MPa。

5.10 $Ti_{16}Zr_5Cr_{22}V_{57-x}Fe_x$ (x＝2，4，6，8) 系合金的微观结构和储氢性能

在前几节中，我们所研究的钒基储氢合金样品均属于高 V 合金，V 含量达到 70%（原子分数）以上。从钒基储氢合金的实际应用目标和进一步降低成本考虑，在保证较高储氢量的前提下，开发中 V 含量的钒基储氢合金也是其重要发展方向之一。其中，中 V 含量的 Ti-Cr-V 系储氢合金得到了大量的

关注，且研究表明[143,155,189,196,242,267,271,272]，多元合金化能有效改善此类合金的综合储氢性能。在本节中，作者选择 Cho[187] 等优化研制的具有较高储氢量的 $Ti_{16}Zr_5Cr_{22}V_{57}$ 合金为基础，研究了 Fe 部分替代 V 元素对 $Ti_{16}Zr_5Cr_{22}V_{57-x}Fe_x$ ($x=2,4,6,8$) 系合金微观结构和储氢性能的影响，探索了采用 Fe 代替 V 以进一步降低中 V 合金成本和改善储氢性能的可行性。

5.10.1 合金的微观结构

图 5-79 是 $Ti_{16}Zr_5Cr_{22}V_{57-x}Fe_x$ ($x=2,4,6,8$) 系铸态合金的 XRD 图谱。由图可知，所有合金均由 BCC 主相和少量的 C14 Laves 第二相组成。随着 x 的增大，合金相的衍射峰位置向高角度方向偏移，这是因为 Fe 的原子半径 (0.124nm) 比 V 的原子半径 (0.132nm) 小[261]，增加合金中的 Fe 含量，会使合金 BCC 主相的点阵常数和晶胞体积减小。图 5-80 给出了 $Ti_{16}Zr_5Cr_{22}V_{57-x}Fe_x$ ($x=2,4,6,8$) 系合金中 Fe 含量和 BCC 相晶格参数之间的关系。表 5-21 列出了由 Rietveld 结构精修得到的上述合金中两相的晶格参数、晶胞体积和两相丰度，可见合金主相 BCC 的晶格参数随 Fe 含量的增加而线性减小，与 Vegard's 法则基本相符合。

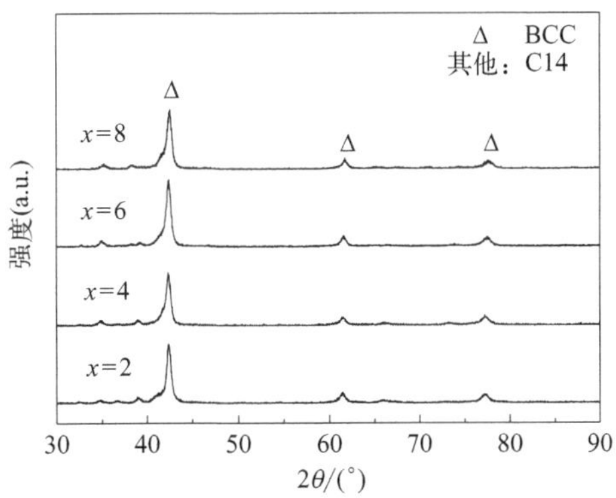

图 5-79　$Ti_{16}Zr_5Cr_{22}V_{57-x}Fe_x$ ($x=2,4,6,8$) 系铸态合金的 XRD 图谱

表 5-21　$Ti_{16}Zr_5Cr_{22}V_{57-x}Fe_x$ ($x=2,4,6,8$) 系合金中两相的晶格参数、晶胞体积和两相丰度

样品	空间群(编号)	相	相丰度/%	主相晶格参数/Å	主相晶胞体积/Å³
$x=2$	$Im3m$(229)	BCC	83.45	3.022	28.233
	$P6_3/mmc$(194)	C14	7.38		
$x=4$	$Im3m$(229)	BCC	89.45	3.019	27.928
	$P6_3/mmc$(194)	C14	10.55		

续表

样品	空间群(编号)	相	相丰度/%	主相晶格参数/Å	主相晶胞体积/Å³
$x=6$	$Im3m$(229) $P6_3/mmc$(194)	BCC C14	85.44 14.56	3.017	27.708
$x=8$	$Im3m$(229) $P6_3/mmc$(194)	BCC C14	88.04 11.96	3.012	27.626

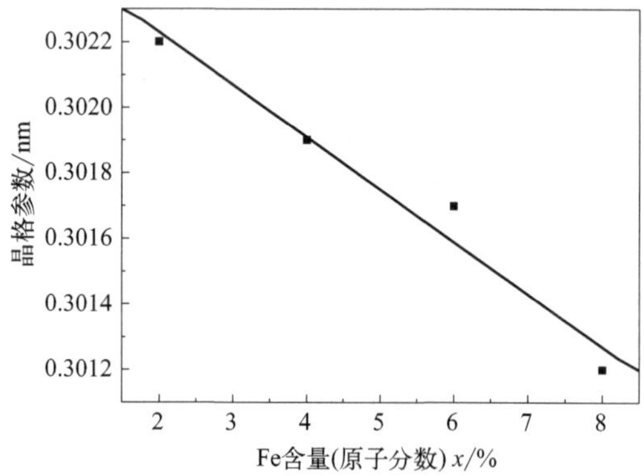

图 5-80 $Ti_{16}Zr_5Cr_{22}V_{57-x}Fe_x$（$x=2,4,6,8$）系合金中Fe 含量和 BCC 相晶格参数之间的关系

图 5-81 是 $Ti_{16}Zr_5Cr_{22}V_{57-x}Fe_x$（$x=2,4,6,8$）系合金的 SEM 照片。由图可见，所有合金均由两相组成，第二相 C14 Laves 相（浅灰色区域）沿着 BCC 主相（深灰色区域）的晶界析出，并成三维网络状分布，这与 XRD 分析的结果基本一致，由图所示，随着 Fe 含量的增加，其两相的分布并未呈现规律变化。

图 5-82 是 $Ti_{16}Zr_5Cr_{22}V_{55}Fe_2$ 合金的 SEM 照片和 EDS 面扫描分布图。由图可见，Ti 和 Fe 元素总体上较均匀地分布在整个合金表面，但 C14 Laves 相中的亮度稍高于 BCC 相，表明 C14 Laves 相中的 Ti 含量稍高于 BCC 相中的含量。V 和 Cr 元素亮区和 BCC 主相的分布基本重合，且两相亮度差异明显，说明 BCC 相中 V 和 Cr 含量远高于 C14 Laves 相中的含量。Zr 元素的亮区恰与 V 元素的亮区相反，其亮区几乎与 C14 Laves 相区吻合，且两相亮度差异非常显著，说明 Zr 元素几乎完全分布于 C14 相中。

为了更全面地了解 $Ti_{16}Zr_5Cr_{22}V_{57-x}Fe_x$（$x=2,4,6,8$）系合金中两相的化学组成，我们对该系合金中的两相做了 EDS 半定量微区分析，表 5-22 列出了 EDS 的分析数据。由表可以清楚地发现，Ti 元素在第二相的含量明显高于其在主相中的含量，尤其是当 $x=2$ 和 $x=4$ 时。而 Zr 在主相中的含量则较

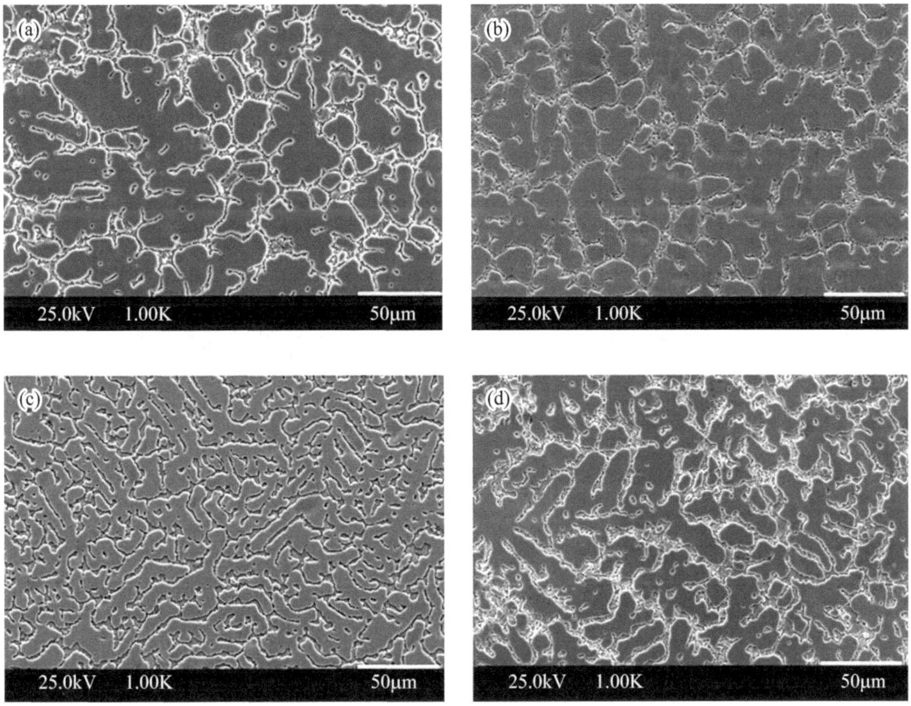

图 5-81　$Ti_{16}Zr_5Cr_{22}V_{57-x}Fe_x$ （x＝2，4，6，8）系合金的 SEM 照片

（a）x＝2；（b）x＝4；（c）x＝6；（d）x＝8

少，均在 4%（原子分数）附近，但在第二相中，Zr 的含量则比较大，均在 25%（原子分数）以上，且随着 Fe 含量的增加，含量呈增加趋势，当 x＝2 和 x＝4 时，与其他组成元素相比，Zr 含量排在了第二位，仅次于 V，而当 x 升至 6 和 8 时，Zr 在第二相的组成中比例已占到最大。Zr 的这种分布源于 Zr 是一种 C14 Laves 相的生成元素。V 在两相中的分布情况与 Zr 的分布基本相反，即 V 的主相中的含量约为其在第二相中含量的两倍，这也说明了 V 是一种 BCC 相的生成元素。随着 Fe 含量的增加，主相和第二相中的 V 含量均逐渐减少，这是由于 Fe 对 V 的替代所引起的，但 V 在两相中的含量均较高，均在 20%（原子分数）以上。Cr 元素的分布和 V 元素相似，在主相中的含量均比在第二相中的含量高约 8%（原子分数），且随着 Fe 含量的增加，Cr 在两相中的含量均较为稳定，即主相中含量在 22%（原子分数）附近，而第二相中含量在 14%（原子分数）附近。Fe 元素在两相中的含量均随着 Fe 替代量的增加而增加，但可以明显看到 Fe 在第二相中的含量约为其在主相中含量的 3 倍左右。以上分析和对图 5-82 的分析结果基本一致。

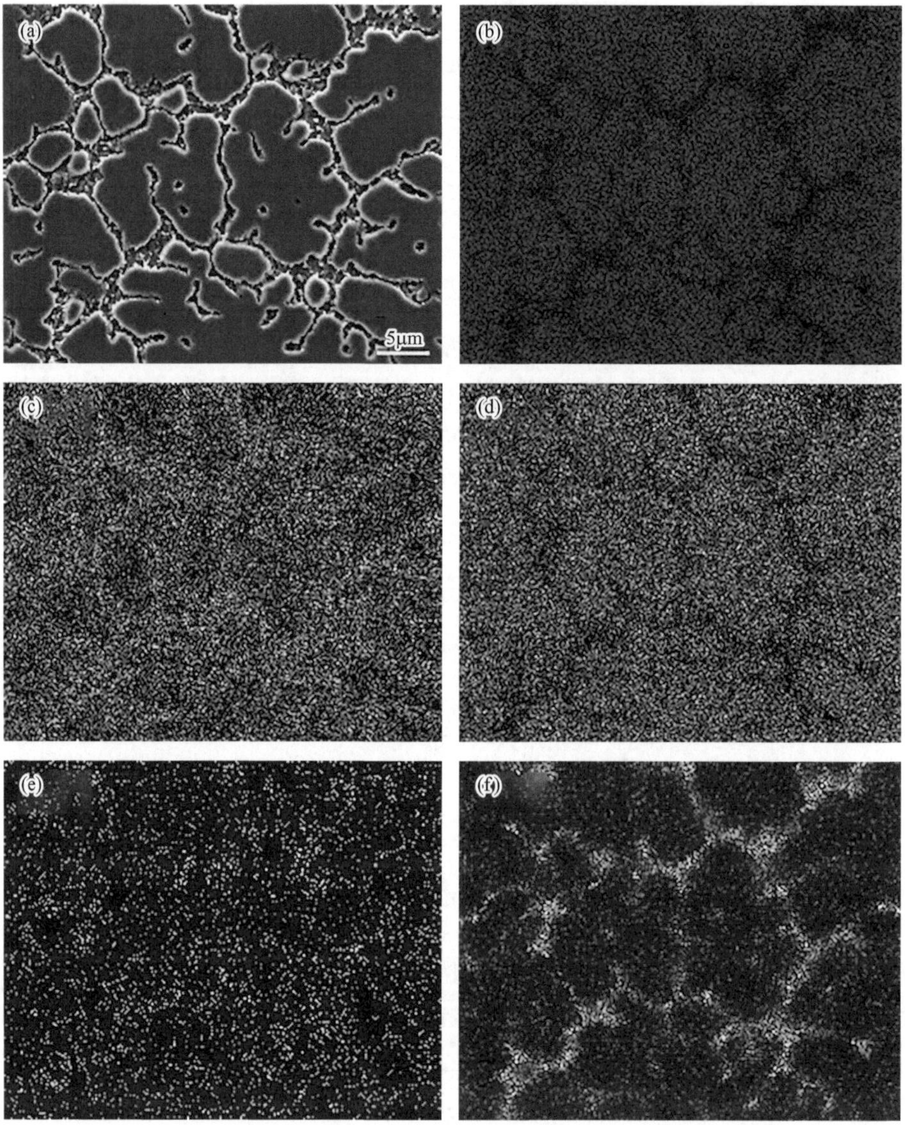

图 5-82 $Ti_{16}Zr_5Cr_{22}V_{55}Fe_2$ 合金的 SEM 照片和 EDS 面扫描分布图

(a) 合金 SEM 照片；EDS 面扫描分布图：(b) V_K；(c) Ti_K；(d) Cr_K；(e) Fe_K；(f) Zr_L

表 5-22 $Ti_{16}Zr_5Cr_{22}V_{57-x}Fe_x$ ($x=2,4,6,8$) 合金中各相的 EDS 成分分析结果

样品	相	组成(原子分数)/%				
		Ti	Zr	V	Cr	Fe
$x=2$	BCC	9.82	3.29	63.88	21.94	1.08
	C14	22.64	25.63	33.9	13.96	3.86

续表

样品	相	组成(原子分数)/%				
		Ti	Zr	V	Cr	Fe
$x=4$	BCC	11.23	4.62	59.6	22.04	2.52
	C14	22.6	25.56	30.28	14.02	7.54
$x=6$	BCC	12.24	4.38	56.51	22.1	4.78
	C14	14.84	33.29	25.06	15.17	11.64
$x=8$	BCC	11.71	4.23	55.37	22.45	6.24
	C14	14.92	35.07	22.77	14.06	13.17

5.10.2 合金的储氢性能

图 5-83 是 $Ti_{16}Zr_5Cr_{22}V_{57-x}Fe_x$（$x=2,4,6,8$）系合金初始活化时的氢化曲线。由图可见，该系合金的活化性能均较好，所有合金均在第一次吸氢过程中便已活化，且孕育期均在 12min 以内，这与合金中的 Zr 元素及促成的 C14 Laves 相有关。随着 Fe 含量的增加，容量分别为 3.27%、3.04%、2.6%、2.22%。活化后合金的吸氢动力学性能良好，在第二次及以后的吸氢过程中，合金从引入氢的瞬间便能快速吸氢，而且由图可以明显看到，第二次及以后吸氢过程中，$x=2$ 的合金的初期吸氢速度明显慢于其余合金，在吸氢前 20min 基本完成，而当 $x=4$，6 和 8 时，第二次至第四次吸氢过程的速度明显加快，吸氢前 1min，随着 x 的增加，合金的吸氢量占最大吸氢量的比例分别为 50.1%、63.2%、72.2%和 71.2%；吸氢前 5min，合金的吸氢量占最大吸氢量的比例则分别为 74.5%、77.4%、80.4%、81%，这说明 Fe 对 V 的替代可以有效改善该系合金的吸氢动力学。

图 5-84 是 $Ti_{16}Zr_5Cr_{22}V_{57-x}Fe_x$（$x=2,4,6,8$）系合金吸氢量和晶胞体积

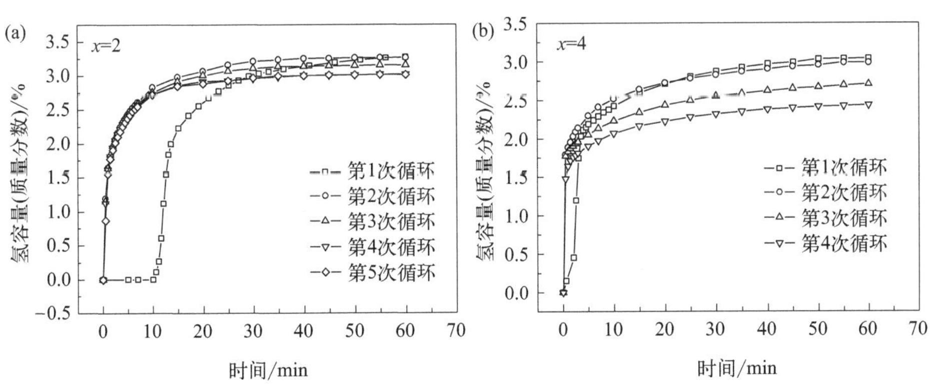

图 5-83

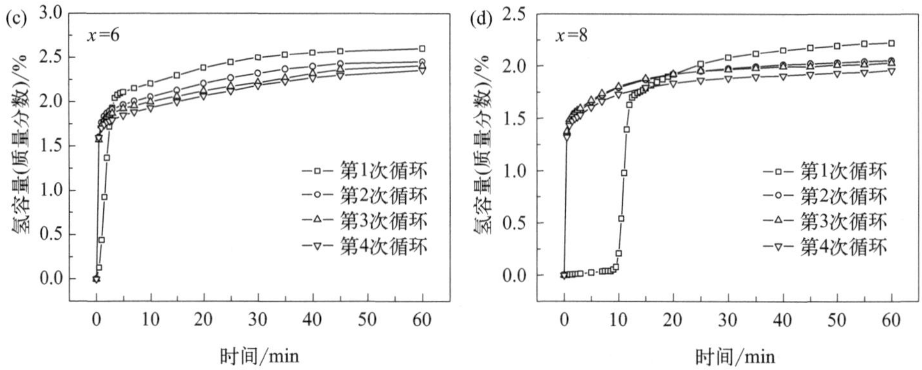

图 5-83 $Ti_{16}Zr_5Cr_{22}V_{57-x}Fe_x$（$x$=2,4,6,8）系合金初始活化时的氢化曲线（298K）

及电子原子比之间的关系。由图可见，随着 Fe 含量的增加，合金的电子原子比、晶胞体积和吸氢量均逐渐减小，吸氢量随电子原子比增大而逐渐减小，随晶胞体积的增大而增大。

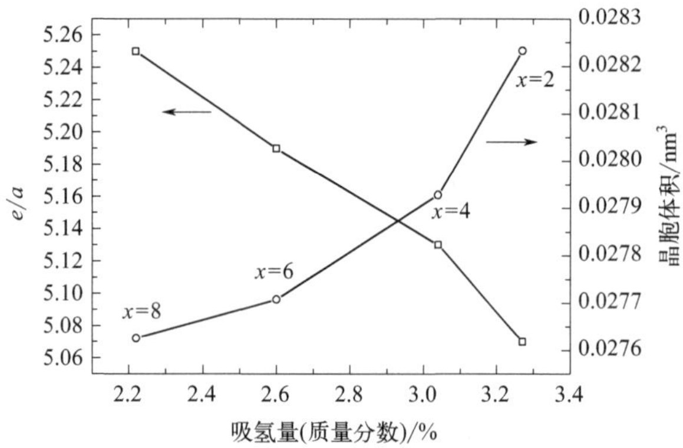

图 5-84 $Ti_{16}Zr_5Cr_{22}V_{57-x}Fe_x$（$x$=2,4,6,8）系合金吸氢量和晶胞体积及电子原子比之间的关系

图 5-85 为 $Ti_{16}Zr_5Cr_{22}V_{57-x}Fe_x$（$x$=2,4,6,8）系合金在 298K 下的放氢 P-C-T 曲线（放氢截止压力为 0.1MPa）。合金的放氢平台压（P_{eq}）和平台斜率（S_f）可分别由式(4.3) 和式(4.4) 表示。各合金样品的高压放氢平台压力与其主相的晶胞体积的关系绘于图 5-86 中。由图可见，该系合金由于较小的晶格参数，其室温放氢平台就显示出了较高的压力，并从 x=2 时的 0.39MPa 升高至 x=8 时的 0.99MPa，这个压力范围对于储氢合金的室温应用来说是非常有利的。但随着 Fe 含量的增加，其有效放氢量逐渐减小，从 x=2 时的 1.42%减小至 x=8 时的 0.95%。

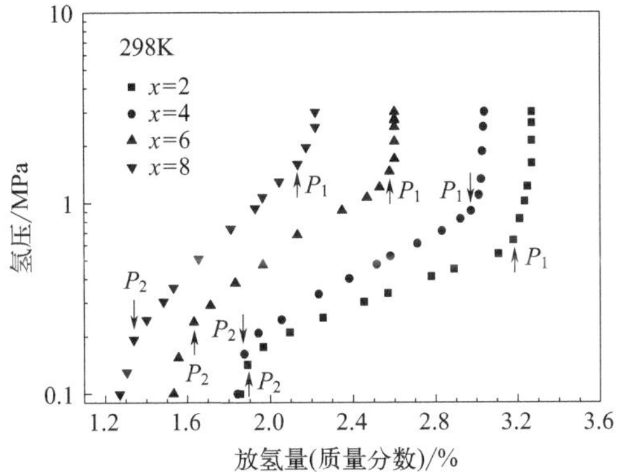

图 5-85　$Ti_{16}Zr_5Cr_{22}V_{57-x}Fe_x$（$x=2,4,6,8$）系合金在 298K 下的放氢 P-C-T 曲线

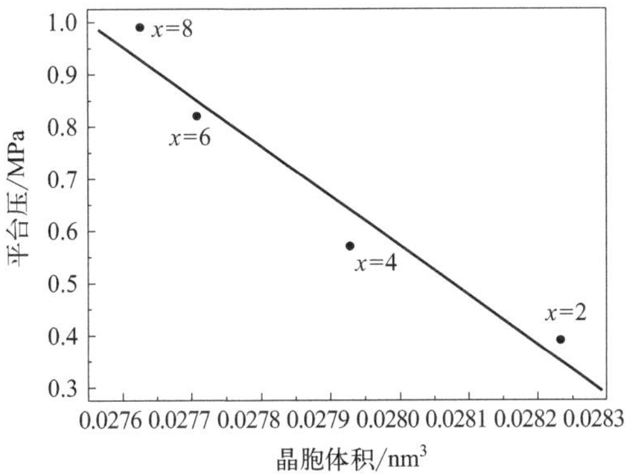

图 5-86　$Ti_{16}Zr_5Cr_{22}V_{57-x}Fe_x$（$x=2,4,6,8$）系合金放氢平台压与晶胞体积的关系

基于对吸放氢量的考虑，选择了当 $x=2$ 时的合金样品，对其在不同温度下的放氢 P-C-T 曲线进行了测试。图 5-87 为 $Ti_{16}Zr_5Cr_{22}V_{55}Fe_2$ 合金样品在不同温度下的放氢 P-C-T 曲线。由图可见，随着温度的升高，合金样品的放氢平台压有较大提高，分别为 0.41MPa、0.8MPa 和 1.5MPa，放氢量稍有增加，而最大吸氢量和平台宽度则梢有卜降，放氢量梢有增加。

$Ti_{16}Zr_5Cr_{22}V_{55}Fe_2$ 合金样品的放氢平台压力的自然对数值与温度的倒数的关系示于图 5-88 中。由图可见，放氢平衡压的自然对数值与温度的倒数具有良好的线性关系，经线性拟合得到的直线即为范特霍夫曲线，表达式如下：

$$\ln P_{H_2}=\frac{\Delta H^{\ominus}}{RT}-\frac{\Delta S^{\ominus}}{R}$$

式中，P_{H_2} 为温度 T 时合金放氢平衡压力，atm，1atm＝101.325kPa；

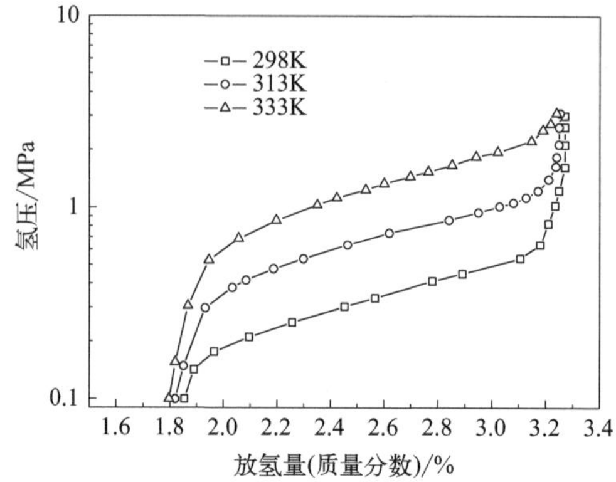

图 5-87 $Ti_{16}Zr_5Cr_{22}V_{55}Fe_2$ 合金样品在不同温度下的放氢 P-C-T 曲线

$\Delta H^{\ominus}$ 为氢溶解于合金中的标准焓变值，kJ/mol H_2；$\Delta S^{\ominus}$ 为氢溶解于合金中的标准熵变值，J/(K·mol H_2)；R 为摩尔气体常数，$R=8.3144$J/(mol·K)。由图 5-88 的线性拟合结果得到，该合金样品的 β→γ 相变的生成焓变为 −29.5kJ/mol H_2，熵变为 −110.5J/(K·mol H_2)，生成焓符合文献提到的实际应用要求[33]。

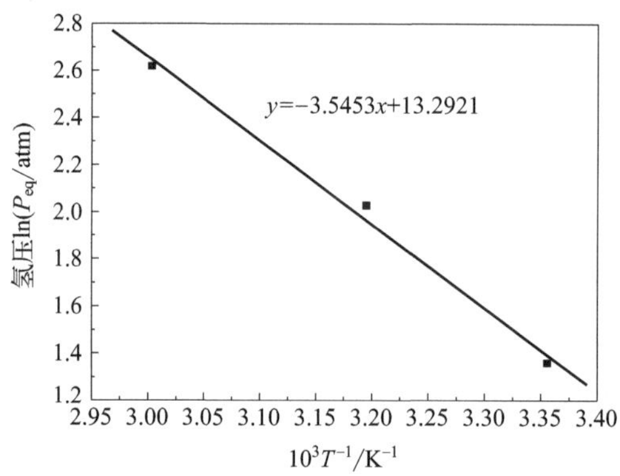

图 5-88 $Ti_{16}Zr_5Cr_{22}V_{55}Fe_2$ 合金样品的放氢平台压力与温度的关系

为了研究 $Ti_{16}Zr_5Cr_{22}V_{57-x}Fe_x$ ($x=2,4,6,8$) 系合金中 Fe 含量的变化对合金高温放氢行为的影响。对在 333K 下测试完 P-C-T 放氢曲线后（即脱氢至截止压 0.1MPa）的样品进行了 DSC 和 TG 分析（见图 5-89）。由图 5-89(a) 可见，当 $x=2,4,6$ 时，合金均只出现一个吸热峰，对应的反应为 β→α 的相变，经计算其放氢反应焓变分别为 226.2J/g、174.2J/g 和 162J/g，由此发现当 x 从 2 增加至 4 时，其反应焓变的下降幅度较大，继续增加时，则下降较少。由图还可看到，与焓变相比，吸热峰的峰顶温度变化较小，仅从 $x=2$ 时的 619.5K 升至 $x=6$ 时的 627.2K。对于 $x=8$，DSC 曲线上出现了除峰顶温度为 611.1K 的主吸热峰外，还出现了一个较小的吸热峰，峰顶温度为 499.3K，前者对应的反应为 β→α 的相变，反应焓变为 136.2J/g，而后者应为残留 γ 相的释氢，由于其量较少，故焓变仅为 9.663J/g。总体而言，随着 Fe 含量的增加，β 相氢化物的分解焓减小，说明 Fe 对 V 的替代，可以有效降低 β 相氢化物的稳定性，这对于有效放氢量的提高乃至金属氢化物的完全释氢也是具有积极意义的。

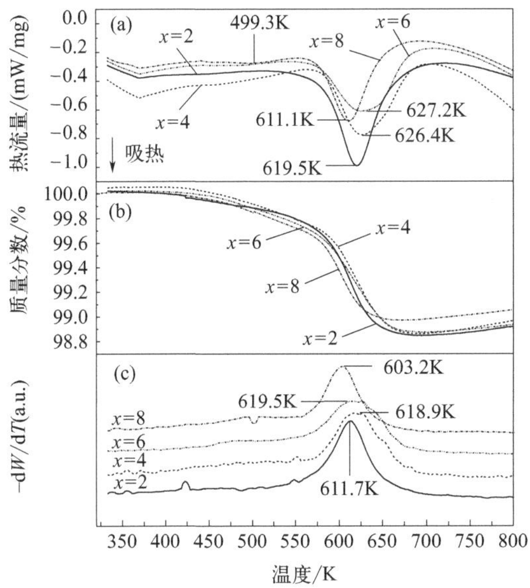

图 5-89　氢化后的 $Ti_{16}Zr_5Cr_{22}V_{57-x}Fe_x$（$x=2,4,6,8$）系合金样品（333K 放氢后）的各项曲线

（a）DSC 曲线；（b）TG 曲线；（c）DTG 曲线

通过对图 5-89(b) 中 TG 曲线的分析，可以发现合金样品的快速失重阶段发生在 550～700K，这与 DSC 曲线的吸热峰位置完全符合。这里需要指出，对于 $x=8$，由于其 γ 相含量较少，反应很微弱，故在 TG 曲线并没有观察到。为了更好地研究整个加热过程中合金样品的反应速率变化情况，我们对 TG 函数进行了微分处理，即图 5-89(c)，这条曲线即为失重速率与温度的关系，这可以从侧面反映合金样品的放氢反应速率。由图可以看到，所有合金样品在 550～700K 之间出现了一个非常明显的速率极值峰，峰顶温度与 DSC 曲线的吸热峰基本符合。

众所周知，合金样品的结构会随着氢容量的不同而呈现不同的结构，且合金的种类、成分不同，会出现较大的差异，如 B. Coluzzi 等[273] 就报道了三元或四元 Ti-(Cr)-V-(Mn)合金在整个吸放氢过程中，会出现以下几种结构变化 BCC↔BCT↔FCC；BCC↔变形的 BCC↔FCC；BCC↔变形的 FCC↔FCC[123]；BCC↔NaCl 型结构↔FCC[274]。为此，我们选择 $x=2$ 时的合金，通过 XRD 测试，分析其氢化物在不同放氢温度，即不同氢容量时的结构变化，见图 5-90。由图可见，合金样品经过室温放氢后，主相已经从 FCC 结构的 VH_2 氢化物相转变为 BCT 结构的 $V_4H_{2.88}$ 氢化物相（β），此外还存在一个重要的副相 $Zr_2Cr_4H_7$ 相（与其相似的 $ZrCr_2H_{3.83}$ 相曾在图 5-58 中探测到），且 $V_4H_{2.88}$ 相和 $Zr_2Cr_4H_7$ 相一直共存到 573K 放氢后。已有报道显示[187]，$ZrCr_2$ 相的存在会减小合金的储氢量，但其对放氢量的影响还未见报道。由图可以分析推知，$Zr_2Cr_4H_7$ 相的存在及高热稳定性对合金样品的有效放氢存在明显的抑制作用。通过对比图 5-89，可以确定 $Zr_2Cr_4H_7$ 相的消失出现在 573K 和 623K 的温度区间内，这和 β 主相的消失温度范围重合[275]，且由于其含量相比 β 相小很多，故在图 5-89 的曲线中没有看到明显的 $Zr_2Cr_4H_7$ 相的吸热峰。当合金样品在 623K 放氢后，其主相已转变为变形的 BCC 结构，即含氢固溶体相，当经 673K 抽真空后，其合金样品主相已回归为未吸氢时的 BCC 相。

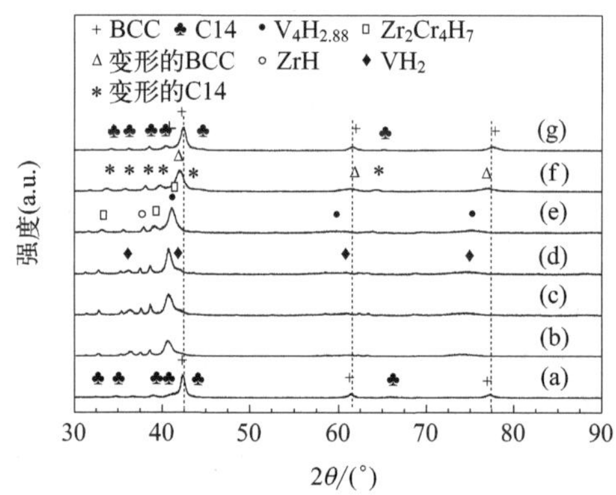

图 5-90 $Ti_{16}Zr_5Cr_{22}V_{55}Fe_2$ 合金样品在不同温度放氢后的 XRD 图谱

(a) 铸态；(b) 298K 放氢后；(c) 353K 放氢后；(d) 423K 放氢后；(e) 573K 放氢后；(f) 623K 放氢后；(g) 673K 抽真空后

由于吸氢过程的反应活化能很难直接测定，故我们采用了 Kissinger 方法，对合金（以 $Ti_{16}Zr_5Cr_{22}V_{55}Fe_2$ 为例）的单氢化物相（β）的生成反应的活化能进行了计算和分析。为此，实验采用 5℃/min、10℃/min、15℃/min 和

20℃/min 的升温速率，测得了该合金样品相应的 DSC 曲线（图 5-91）。由图可见，随着升温速率的提高，DSC 曲线的吸热峰（β→α 的相变）的峰顶温度逐渐增加，分别为 643.2K、646.7K、651.6K 和 664.4K。通过 β/T^2 的自然对数值对温度的倒数作图（图 5-92）并线性拟合，该合金的β相的生成反应的表观活化能和指前因子可通过 Kissinger 方程[257] 计算得到，方程式如下：

$$\ln(\beta/T_p^2)=-E_a/RT_p+\ln(AR/E_a)$$

式中，E_a 为表观活化能，kJ/mol；A 为指前因子，s^{-1}；T_p 为最大反应速率时的热力学温度，K；β 为升温速率，K/min；R 为气体常数，J/(mol·K)。经线性拟合得到的直线方程为 $\ln(\beta/T_p^2)=-22.9173/T_p+24.5832$，经计算，$E_a=190.53$kJ/mol，$A=1.088\times10^{15}s^{-1}$。

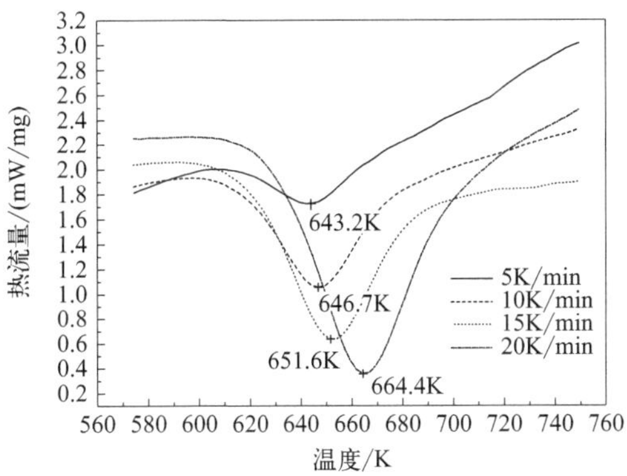

图 5-91　$Ti_{16}Zr_5Cr_{22}V_{55}Fe_2$ 合金样品在不同升温速率下的 DSC 曲线

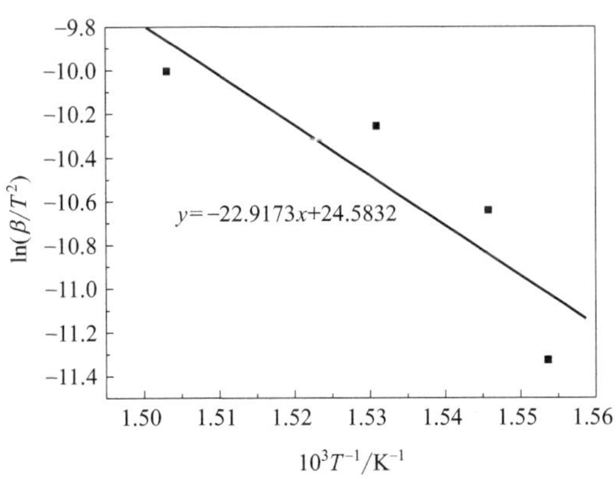

图 5-92　$Ti_{16}Zr_5Cr_{22}V_{55}Fe_2$ 合金样品的 Kissinger 曲线

5.10.3 小结

① $Ti_{16}Zr_5Cr_{22}V_{57-x}Fe_x$（$x$=2,4,6,8）系储氢合金均由 BCC 主相和少量的 C14 Laves 第二相组成。随着 Fe 含量的增加，合金主相的点阵常数和晶胞体积减小。

② 在没有高温抽真空的活化预处理条件下，所有合金样品在室温首次吸氢就能活化，且孕育期较短。吸氢量随 Fe 含量的增加而递减。

③ 随着 Fe 含量的增加，合金样品的 298K 放氢高平台压力逐渐升高，有效放氢量逐渐减小，在 x=2 时达到最大值 1.42%；放氢高平台压力适中为 0.39MPa，且该平台所对应的 $\beta\rightarrow\gamma$ 相变反应的生成焓为−29.5kJ/mol H_2。

④ Fe 对 V 的部分替代可以减小 β 氢化物相的分解焓，从而可以有效降低 β 相的热稳定性，其中当 x=4 时降低程度最大。

⑤ 在所研究的合金中，$Ti_{16}Zr_5Cr_{22}V_{55}Fe_2$ 合金具有最佳的综合储氢性能，其 β 氢化物相的生成反应活化能为 190.53kJ/mol。

5.11 $Ti_{16}Cr_{22}Zr_5V_{55-x}Fe_2Mn_x$（x=0，1，2，3）系合金的微观结构和储氢性能

在上一节中，我们研究了 Fe 部分替代 V 对中 V 合金 $Ti_{16}Zr_5Cr_{22}V_{57-x}Fe_x$（$x$=2,4,6,8）的微观结构和储氢性能的影响。结果表明，当 x=2 时，合金显示出了较好的综合储氢性能，而且在后续的热处理研究中，发现热处理后的 $Ti_{16}Zr_5Cr_{22}V_{55}Fe_2$ 合金的性能有了更进一步的提升，特别是在 P-C-T 特性上，热处理的改善作用显而易见。由于 Mn 能改善合金的 P-C-T 平台特性，本节在之前研究的基础上，选择了较低含量的 Mn 部分替代 V，研究了 $Ti_{16}Cr_{22}Zr_5V_{55-x}Fe_2Mn_x$（$x$=0,1,2,3）系合金的微观结构和储氢性能，试图在改善合金综合储氢性能（尤其是 P-C-T 特性）的基础上，进一步降低 V 含量及合金成本。

5.11.1 合金的微观结构

图 5-93 是 $Ti_{16}Cr_{22}Zr_5V_{55-x}Fe_2Mn_x$（$x$=0,1,2,3）系储氢合金的 XRD 图谱。由图可见，所有合金均由 BCC 主相和 C14 Laves 第二相组成，且随着 Mn 含量的增加，两相的含量没有发生明显变化，这可能有两个原因：一是合金中

的 Mn 添加量较低，所以未能引起两相含量的明显改变；二是 Mn 替代引起的两相含量变化太小，XRD 未能探测到。由图中还可以看到，随着 Mn 含量的增加，合金中 BCC 主相的衍射峰位置向右（高角度方向）偏移，表明 BCC 主相的晶格参数随之减小（见表 5-23）。通过合金 BCC 主相的晶格参数对 Mn 含量作图（见图 5-94），可以发现合金的四个数据点具有良好的线性关系，符合 Vegard's 法则。

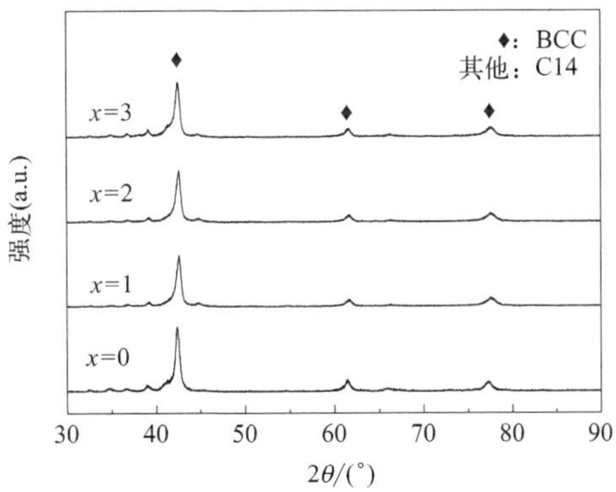

图 5-93　$Ti_{16}Cr_{22}Zr_5V_{55-x}Fe_2Mn_x$（$x$=0,1,2,3）系合金的 XRD 图谱

表 5-23　$Ti_{16}Cr_{22}Zr_5V_{55-x}Fe_2Mn_x$（$x$=0,1,2,3）系合金中 BCC 主相的晶格参数

样品	x=0	x=1	x=2	x=3
晶格参数 a/nm	0.30197	0.30167	0.3013	0.30085
晶胞体积 V/nm³	0.02822	0.02811	0.02796	0.02791

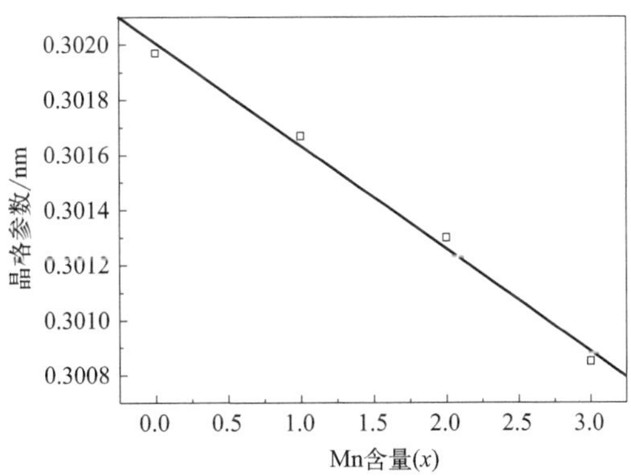

图 5-94　$Ti_{16}Cr_{22}Zr_5V_{55-x}Fe_2Mn_x$（$x$=0,1,2,3）系合金 BCC 主相的晶格参数与 Mn 含量关系

图 5-95 为 $Ti_{16}Cr_{22}Zr_5V_{55-x}Fe_2Mn_x$（$x$=0,1,2,3）系合金的 SEM 照片。

由图可见，所有合金均由 BCC 主相和 C14 Laves 第二相组成，且第二相沿着主相的晶界析出形成三维网络状结构。此外，由 $x=3$ 时合金的局部放大图［图 5-95(e)］可以看到，样品表面存在一些凹坑，这可能是由制样时的刻蚀和抛光所引起[247]。总体而言，随着 x 值的增大，两相含量的变化不是很明显，这与 XRD 分析的结果基本一致。

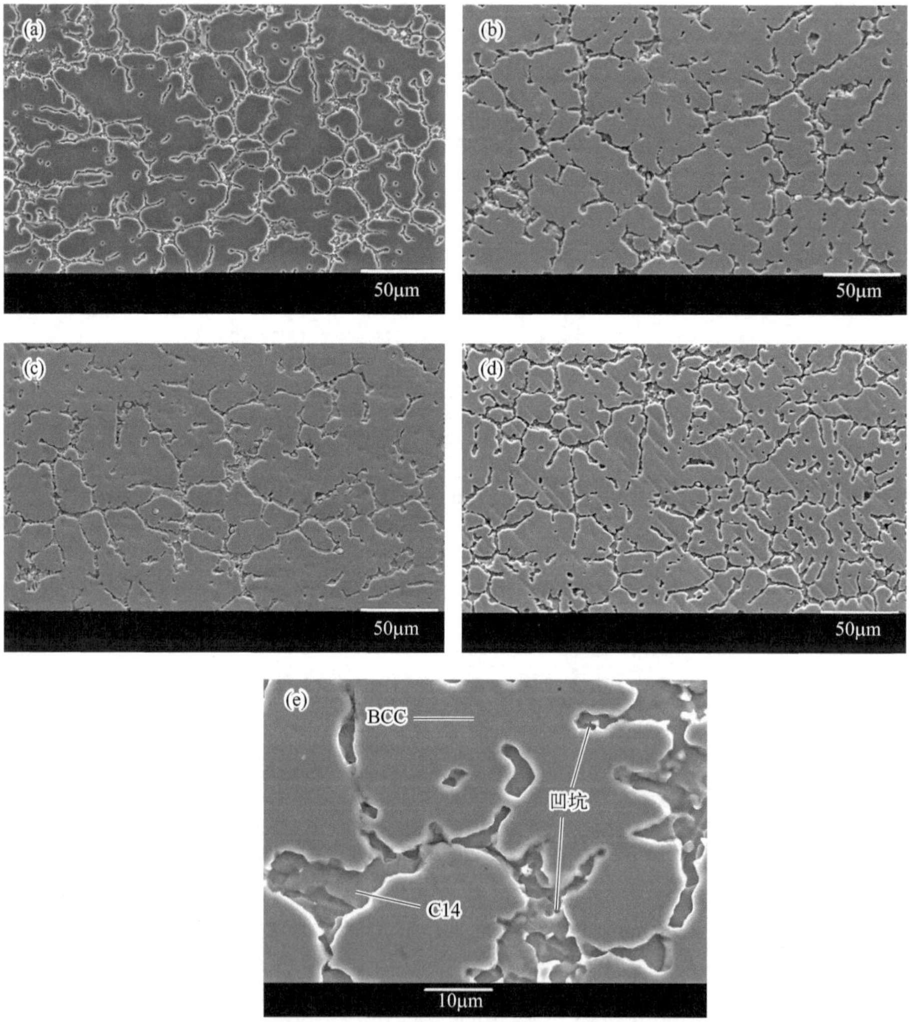

图 5-95　$Ti_{16}Cr_{22}Zr_5V_{55-x}Fe_2Mn_x$（$x=0,1,2,3$）系合金的 SEM 照片

（a）$x=0$；（b）$x=1$；（c）$x=2$；（d）$x=3$；（e）$x=3$ 时合金的局部放大图

图 5-96 为 $Ti_{16}Cr_{22}Zr_5V_{53}Fe_2Mn_2$ 合金的 EDS 面扫描分布图。可以看出，BCC 和 C14 Laves 相之间的 Mn 含量没有显著差异。C14 Laves 相中 Fe 和 Ti

的含量分别略高于 BCC 相中的含量。此外，两相中 Ti 含量的对比比 Fe 更明显。V 和 Cr 显示出明显的区域分布，BCC 相中这两种元素的含量都明显高于 C14 Laves 相中的含量。此外，与 Cr 相比，两相中的 V 含量显示出鲜明的对比，这与 V 是促进 BCC 相形成的元素的事实是一致的[146,226]。而 Zr 几乎完全分布在 C14 Laves 相中，在 BCC 相中贫化，这为 Zr 有利于 C14 Lave 相形成的说法提供了强有力的证据[157,174,196,224,235,244]。显然，EDS 分析可以很好地证实 XRD 和 SEM 的结果。

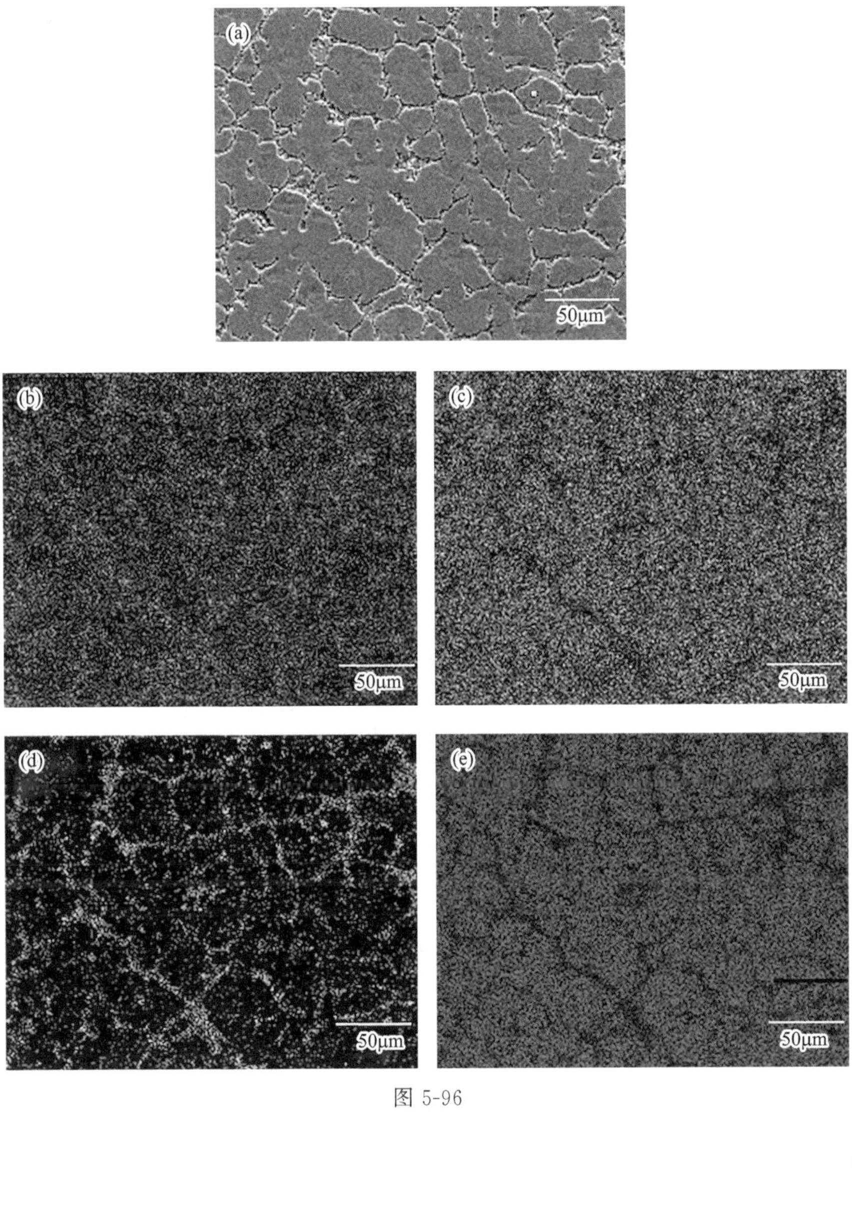

图 5-96

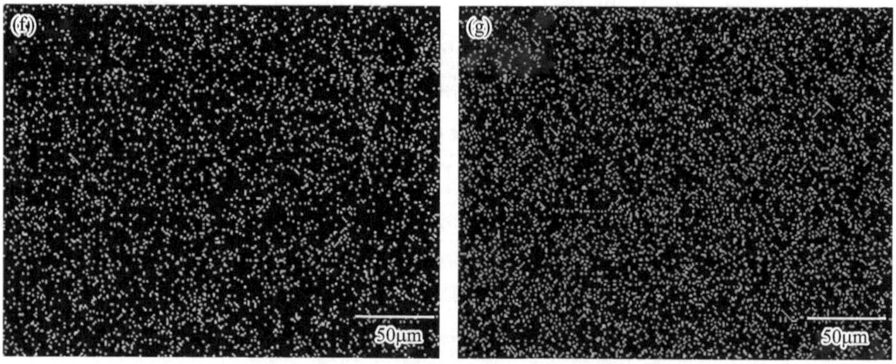

图 5-96 $Ti_{16}Cr_{22}Zr_5V_{53}Fe_2Mn_2$ 合金的 EDS 面扫描分布图

(a) 合金的 SEM 照片；EDS 面扫描分布图：(b) Ti_K；(c) Cr_K；(d) Zr_L；(e) V_K；(f) Fe_K；(g) Mn_K

5.11.2 合金的储氢性能

图 5-97 给出了 $Ti_{16}Cr_{22}Zr_5V_{55-x}Fe_2Mn_x$（$x$=0,1,2,3）系合金的初始活化曲线。由图可见，该系列合金的活化孕育期均较短，活化性能均比较良好，且随 Mn 含量的增加，合金的活化孕育期缩短，特别是当 Mn 含量增加至 x=2 和 x=3 时，合金的活化孕育期从无 Mn 时的 10min 骤减至 42s 和 30s，这主要还是 Mn 的添加在一定程度上增加了 C14 Laves 第二相的含量[130]，但此处这种变化较小，故在 XRD 和 SEM 中未能明显观察到。总体而言，该系合金活化后吸氢速度很快，且在短时间内基本达到吸氢饱和。随着 Mn 含量的增加，合金的吸氢量逐渐减少，从无 Mn 合金的 3.27%减小至 x=3 时的 2.56%，下降幅度较大，这是由于 BCC 主相的晶胞体积减小所致（参见表 5-23）。

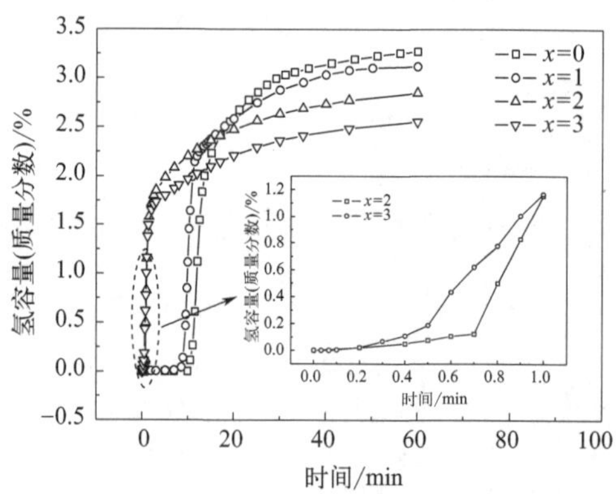

图 5-97 $Ti_{16}Cr_{22}Zr_5V_{55-x}Fe_2Mn_x$（$x$=0,1,2,3）系合金的初始活化吸氢曲线

图 5-98 是 $Ti_{16}Cr_{22}Zr_5V_{55-x}Fe_2Mn_x$（$x=0,1,2,3$）系合金在 298K 下的放氢曲线。由图可见，$Ti_{16}Cr_{22}Zr_5V_{55-x}Fe_2Mn_x$（$x=0,1,2,3$）系合金在 298K 下的放氢量均较低，且随着 Mn 含量的增加，合金样品的放氢量逐渐减小，从无 Mn 合金的 1.42%降低至 $x=3$ 时的 1.03%，总体上，变化程度不大。同时，由图 5-97 也可发现，该系合金样品的放氢量虽然较低，但放氢初期（放氢前 2min）的放氢速率较大，在放氢 10min 内，合金样品的放氢基本完成，说明在 298K 下该系合金的放氢动力学性能良好。总体而言，含 Mn 合金的放氢速率普遍高于无 Mn 合金，这说明 Mn 的添加可以提高合金样品的放氢速率，改善合金样品的放氢动力学性能。

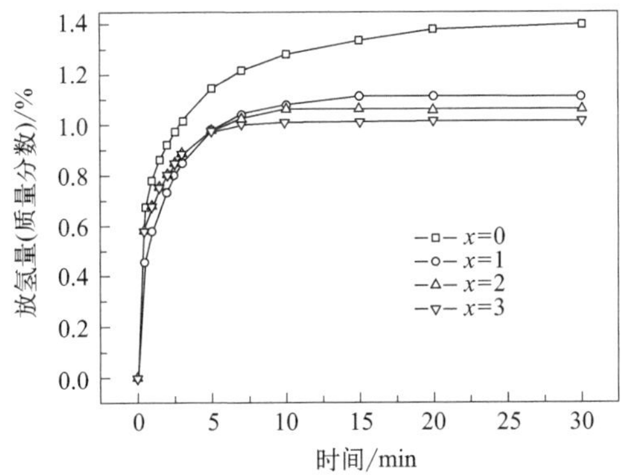

图 5-98　$Ti_{16}Cr_{22}Zr_5V_{55-x}Fe_2Mn_x$（$x=0,1,2,3$）系合金在 298K 下的放氢曲线

图 5-99 为 $Ti_{16}Cr_{22}Zr_5V_{55-x}Fe_2Mn_x$（$x=0,1,2,3$）系合金在 298K 下吸放氢 P-C-T 曲线（放氢截止压力为 0.1MPa）。由图可见，随着 Mn 含量的增加，合金样品的吸放氢平台压递增，放氢平台压从 $x=0$ 时的约 0.4MPa 增加

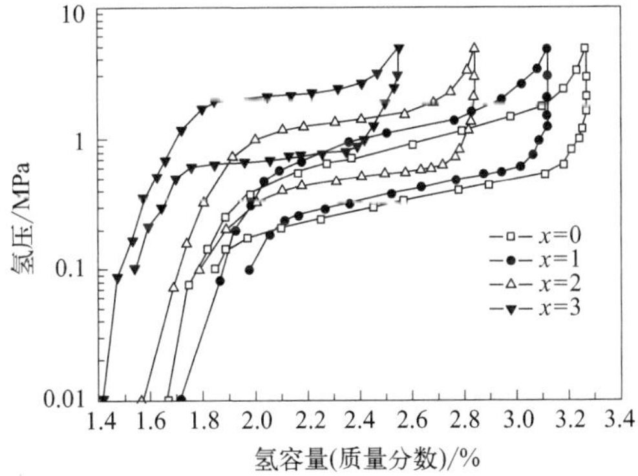

图 5-99　$Ti_{16}Cr_{22}Zr_5V_{55-x}Fe_2Mn_x$（$x=0,1,2,3$）系合金在 298K 下吸放氢 P-C-T 曲线

至 $x=3$ 时的约 0.7MPa，这是由于 Mn 含量的增加导致了晶胞收缩所致，同时，放氢平台宽度和有效放氢量递减（与图 5-98 一致）。合金样品的放氢 P-C-T 曲线平台区域的平坦度随 Mn 含量的增加得到有效改善，说明 Mn 替代 V 可以显著改善合金样品的放氢 PCT 特性，但放氢量的减小不容忽视。

5.11.3 小结

① $Ti_{16}Cr_{22}Zr_5V_{55-x}Fe_2Mn_x$（$x=0,1,2,3$）系合金均由 BCC 主相和 C14 Laves 第二相组成，且合金 BCC 主相的晶胞常数随着 Mn 含量的增加而逐渐减小。

② 该系列合金的活化性能优良，在室温和 4MPa 初始氢压条件下，合金的活化孕育期随 Mn 含量的增加而缩短，特别是当 $x=3$ 时，合金活化孕育期仅为 30s。合金活化后吸氢速度较快，吸氢约 10min 即可基本饱和。合金的室温吸氢量则随着 Mn 含量的增加而明显下降，从无 Mn 合金的 3.27%减小至 $x=3$ 时的 2.56%。

③ 该系列合金的室温放氢量普遍较低，且随着 Mn 含量的增加，合金样品的室温有效放氢量逐渐减少。当 $x=3$ 时，合金样品的放氢量仅为 1.03%。

④ 随着 Mn 含量的增加，合金样品的 298K 放氢平台压显著提升，平台区域的宽度缩短，平台平坦度得到明显改善。

5.12 $Ti_{20-x}Zr_xCr_{24}Mn_8V_{40}Fe_8$（$x=0,1,2,3,4$）系合金的微观结构和储氢性能

之前本章已经研究了高钒和中钒储氢合金，考虑到合金成本依然较高，本文选择了低钒含量的 $Ti_{20}Cr_{24}Mn_8V_{40}Fe_8$ 储氢合金，固定 Cr、Mn、V、Fe 元素的含量，以 Zr 元素部分替代 Ti 元素，系统研究了 $Ti_{20-x}Zr_xCr_{24}Mn_8V_{40}Fe_8$（$x=0,1,2,3,4$）系合金的微结构及其室温储氢性能。

5.12.1 合金的微观结构

图 5-100 为 $Ti_{20-x}Zr_xCr_{24}Mn_8V_{40}Fe_8$（$x=0,1,2,3,4$）系储氢合金的 XRD 谱线。由图可知，当样品中不含 Zr 时，合金为 BCC 单相，而随着 Zr 的添加，合金中开始出现 C14 Laves 相，并且 C14 Laves 相的含量随着 Zr 含量的增加而增加。结合图 5-100 结果计算，可得 BCC 主相以及 C14 Laves 第二相

的晶格常数和晶胞体积。

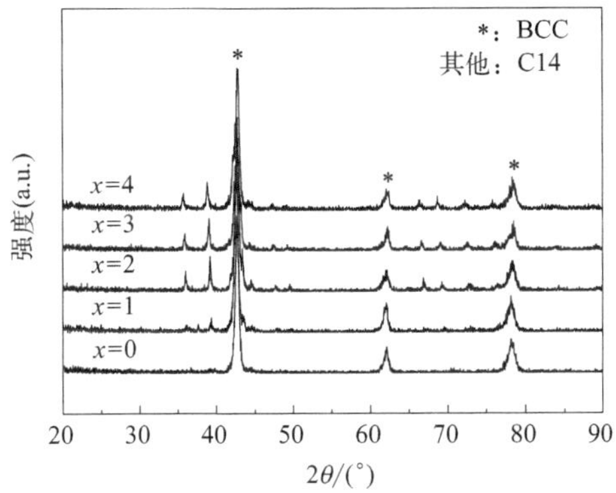

图 5-100　$Ti_{20-x}Zr_xCr_{24}Mn_8V_{40}Fe_8$（$x$=0,1,2,3,4）系储氢合金的 XRD 谱线

表 5-24 给出了 $Ti_{20-x}Zr_xCr_{24}Mn_8V_{40}Fe_8$（$x$=0,1,2,3,4）系合金中 BCC 主相和 C14 Laves 第二相中的晶格常数及晶胞体积。由表可见，当合金中少量添加 Zr 时（x=1），BCC 主相的晶格常数增加，随后随着 Zr 含量的增加，主相的晶格常数和晶胞体积逐渐减小。C14 Laves 第二相的晶格常数和晶胞体积随 Zr 含量的增加逐渐增加，这主要是由于 Zr 的原子半径（145pm）比 Ti 的原子半径（132pm）大。

表 5-24　$Ti_{20-x}Zr_xCr_{24}Mn_8V_{40}Fe_8$（$x$=0,1,2,3,4）系合金中 BCC 主相和 C14 Laves 第二相的晶体学数据

样品	相	空间群(编号)	晶格参数/nm		晶胞体积/nm^3
			a	c	
x=0	BCC	$Im3m$(229)	0.29906		0.02673
x=1	BCC	$Im3m$(229)	0.29923		0.02679
	C14	$P6_3/mmc$(194)	0.49580	0.81654	0.17383
x=2	BCC	$Im3m$(229)	0.29871		0.02665
	C14	$P6_3/mmc$(194)	0.49818	0.81363	0.17488
x=3	BCC	$Im3m$(229)	0.29822		0.02652
	C14	$P6_3/mmc$(194)	0.49949	0.81753	0.17664
x=4	BCC	$Im3m$(229)	0.29811		0.02649
	C14	$P6_3/mmc$(194)	0.501947	0.81629	0.17811

图 5-101 是 $Ti_{20-x}Zr_xCr_{24}Mn_8V_{40}Fe_8$（$x$=1,2,3,4）系合金中 C14 Laves 第二相晶胞体积与 Zr 含量的关系曲线。由图可见，C14 Laves 第二相的晶胞

体积随 Zr 含量的增加而线性递增，拟合曲线方程为 $V=0.17222+0.00146X_{Zr}$，其中，V 为第二相晶胞体积，X_{Zr} 为合金中 Zr 含量。

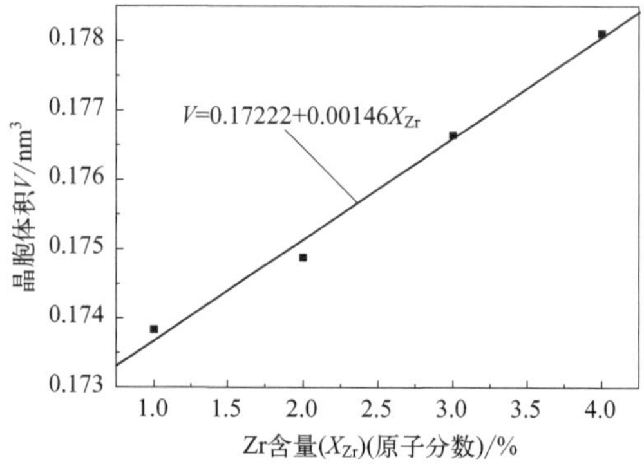

图 5-101 $Ti_{20-x}Zr_xCr_{24}Mn_8V_{40}Fe_8$（$x=1,2,3,4$）系合金中 C14 Laves 第二相晶胞体积与 Zr 含量的关系

图 5-102 为 $Ti_{20-x}Zr_xCr_{24}Mn_8V_{40}Fe_8$（$x=0,1,2,3,4$）系储氢合金的 SEM 照片。由图可见，当样品中不含 Zr 时，储氢合金为单相 BCC 结构，而含 Zr 合金样品均由两相组成。所有双相合金中主相均为 BCC 固溶体，第二相为 C14 Laves 相，并沿主相晶界析出，随着 Zr 含量的增加，第二相的含量逐渐增多，这同前面的 XRD 分析结果相一致。由图还可看出，当 Zr 在 $x=1$

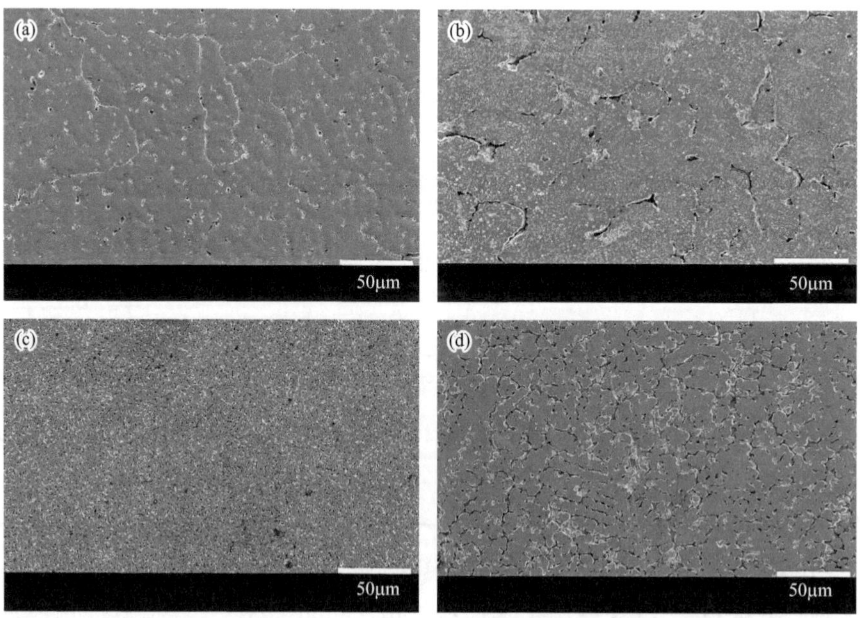

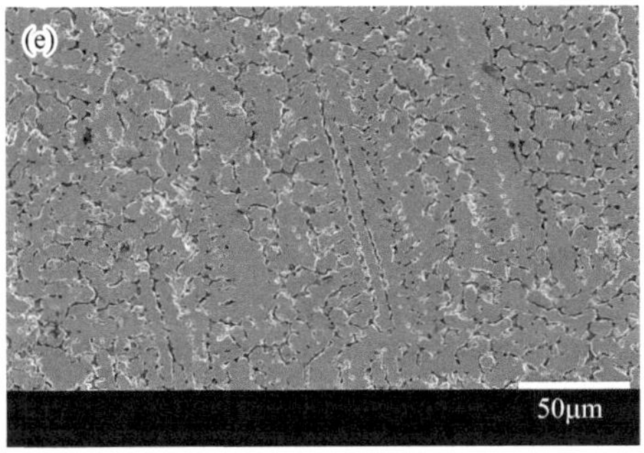

图 5-102　$Ti_{20-x}Zr_xCr_{24}Mn_8V_{40}Fe_8$（$x$=0,1,2,3,4）系合金的 SEM 照片

（a）x=0；（b）x=1；（c）x=2；（d）x=3；（e）x=4

时，仅有少量的第二相出现在 BCC 主相中，且第二相相对比较集中于某些特定的区域。当 Zr 含量再增加时，第二相的含量会进一步增加并形成网络状结构。

图 5-103 是 $Ti_{20-x}Zr_xCr_{24}Mn_8V_{40}Fe_8$（$x$=0,1,2,3,4）系合金的 BCC 主相中各元素含量的 EDS 分析结果。由图可见，所有合金的 BCC 相的组成元素中，V 的含量最高，都在 40%（原子分数）以上；由于在该系合金中，Zr 元素含量均较低，且 Zr 元素易进入 C14 Laves 相并促成该相的生成，故在 BCC 相中几乎观察不到 Zr 元素的存在[276]。

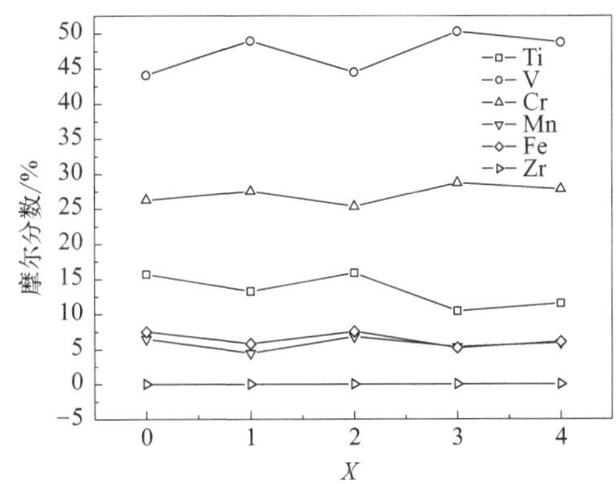

图 5-103　$Ti_{20-x}Zr_xCr_{24}Mn_8V_{40}Fe_8$（$x$=0,1,2,3,4）系合金的 BCC 主相中各元素含量的 EDS 分析结果

5.12.2　合金的储氢性能

图 5-104 是 $Ti_{20-x}Zr_xCr_{24}Mn_8V_{40}Fe_8$（$x$=0,1,2,3,4）系储氢合金的初始吸氢曲线。由图可见，对于无 Zr 合金，合金的活化有 10min 左右的孕育期，

约 25min 后合金吸氢基本饱和，而含 Zr 合金初始吸氢动力学性能均很好，在所处实验条件下首次吸氢时，无需氢化孕育期就能快速吸氢，10min 左右吸氢量达总吸氢量的 80%以上。该系合金的吸氢量随 Zr 含量的增加而逐渐提高，依次为 1.48%、1.94%、2.21%、2.24%、2.38%。由此可见，Zr 的替代可有效提高 $Ti_{20-x}Zr_xCr_{24}Mn_8V_{40}Fe_8$ 系合金的吸氢量。另外，由于合金表面往往有一层纳米级的氧化膜，抑制了吸氢反应的进行，故合金的吸氢一般有一个活化过程。本节中无 Zr 合金的活化相比其他含 Zr 合金相对困难，活化时有一个 25min 的孕育期，而其他含 Zr 合金则无明显的孕育期出现，这主要是 Zr 的添加使得合金的氧化膜的组成或厚度发生了变化，从而导致氢原子穿透氧化膜更加容易[133]。总体而言，Zr 的替代有效改善了 $Ti_{20-x}Zr_xCr_{24}Mn_8V_{40}Fe_8$ ($x=0,1,2,3,4$) 系合金的活化性能及其吸氢量。

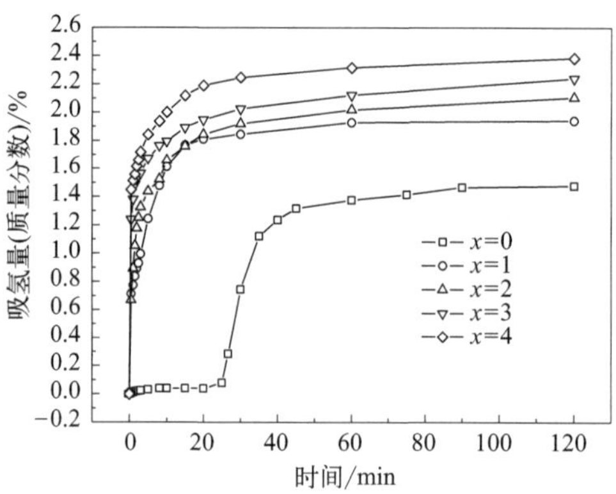

图 5-104　$Ti_{20-x}Zr_xCr_{24}Mn_8V_{40}Fe_8$ ($x=0,1,2,3,4$) 系储氢合金在 293K 下的初始活化吸氢曲线

图 5-105 为 $Ti_{20-x}Zr_xCr_{24}Mn_8V_{40}Fe_8$ ($x=0,1,2,3,4$) 系合金在 293K 下的放氢动力学曲线（放氢截止压力为 0.1MPa）。由图可见，该系合金的放氢动力学性能均比较优良，在放氢 3min 后，随着 Zr 含量的增加，放氢量占最大放氢量的比例分别为 82.5%、90.9%、94.9%、76%、83.7%，放氢 10min 后，该系合金的放氢基本完成。由图还可看到，该系合金虽动力学性能良好，但放氢量普遍较低，随着 Zr 含量的增加，最大放氢量分别为 0.63%、1.09%、1.08%、1%、0.86%，有效放氢率（放氢量与吸氢量的比值）分别为 42.7%、56.2%、51.4%、44.6%、36.1%。由上可以看到，该系合金的放氢量和有效放氢率都不高，说明在该放氢条件下，合金中有较多的残留氢未能释放。

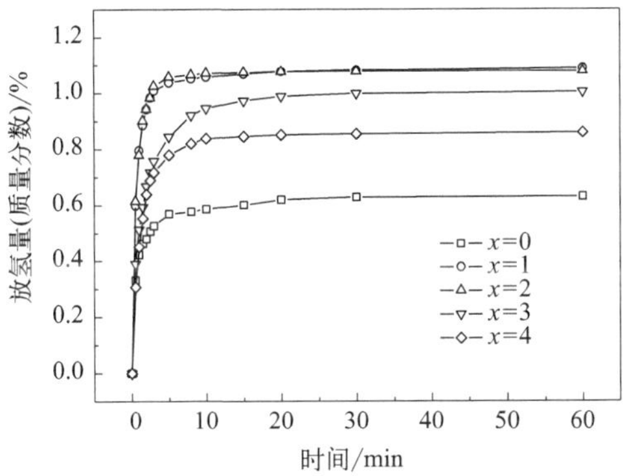

图 5-105　$Ti_{20-x}Zr_xCr_{24}Mn_8V_{40}Fe_8$（$x=0,1,2,3,4$）系储氢合金在 293K 下的放氢曲线

为揭示该合金体系的放氢量较低的原因，对 293K 下放氢至 0.1MPa 截止压力的合金样品进行了相结构分析，其 XRD 图谱如图 5-106 所示。由图可知，这五个样品的放氢产物均主要为体心四方（BCT）结构的 $VH_{0.81}$ 基氢化物相，由于该氢化物相的放氢平台压力较低，仅为约 10^{-9}MPa[140]，故在本实验条件下，该系合金脱氢均不完全。

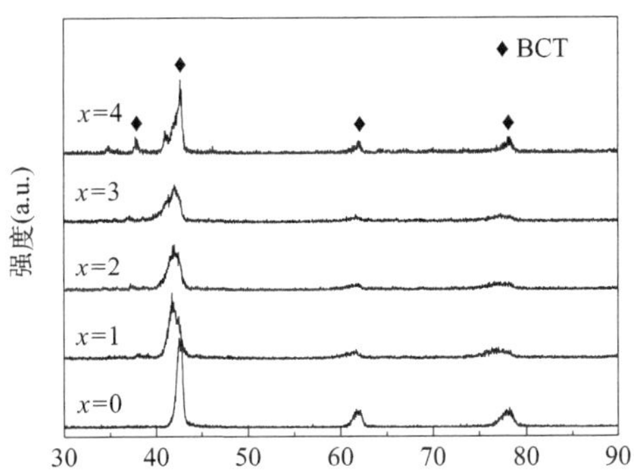

图 5-106　在 293K 下放氢至 0.1MPa 截止压力后的 $Ti_{20-x}Zr_xCr_{24}Mn_8V_{40}Fe_8$（$x=0,1,2,3,4$）合金样品的 XRD 图谱

5.12.3　小结

在 $Ti_{20-x}Zr_xCr_{24}Mn_8V_{40}Fe_8$（$x=0,1,2,3,4$）系储氢合金中，无 Zr 合金（$x=0$）的由体心立方（BCC）结构的固溶体单相组成；而含 Zr 合金（$x=1,2,3,4$）的均由 BCC 主相和 C14 Laves 第二相组成。合金中第二相的晶胞常数随着 Zr 含量的增加而呈线性增加。该系列合金的吸放氢动力学性能较好，在室温

和 4MPa 初始氢压条件下，含 Zr 合金无需氢化孕育期就能快速吸氢，且随着 Zr 含量的增加，合金的吸氢量逐渐增加，当 $x=4$ 时，合金的吸氢量为 2.38%。该系合金的放氢动力学性能均较好，放氢能在 10min 内基本完成，当 $x=1$ 时，有效放氢量最大为 1.09%。由于室温下放氢产物主要为放氢平台压力较低的体心四方（BCT）结构的 $VH_{0.81}$ 基氢化物相，故合金的放氢量和有效放氢率不高。

参考文献

[1] 刘啸锋，马光，李银娥，等．储氢材料的研究与进展 [J]. 合成化学，2007 (S1)：161-164.

[2] 朱敏．先进储氢材料导论 [M]. 北京：科学出版社，2015.

[3] WANG X, CHENG T, HONG H, et al. Challenges and opportunities in hydrogen storage and transportation: A comprehensive review [J]. Renewable and Sustainable Energy Reviews, 2025, 219: 115881.

[4] PADMANABHAN N T, CLARIZIA L, GANGULY P. Advancing hydrogen storage: Critical insights to potentials, challenges, and pathways to sustainability [J]. Current Opinion in Chemical Engineering, 2025, 48: 101135.

[5] ABBASIAN HAMEDANI E, ALENABI S A, TALEBI S. Hydrogen as an energy source: A review of production technologies and challenges of fuel cell vehicles [J]. Energy Reports, 2024, 12: 3778-3794.

[6] ALTAF M, DEMIRCI U B, HALDAR A K. Review of solid-state hydrogen storage: Materials categorisation, recent developments, challenges and industrial perspectives [J]. Energy Reports, 2025, 13: 5746-5772.

[7] JOHNSON N, LIEBREICH M, KAMMEN D M, et al. Realistic roles for hydrogen in the future energy transition [J]. Nature Reviews Clean Technology, 2025, 1 (5): 351-371.

[8] JONES R H, THOMAS G. An overview of materials for the hydrogen economy [J]. JOM, 2007, 59 (12): 50-55.

[9] HOFMANN F, TRIES C, NEUMANN F, et al. H_2 and CO_2 network strategies for the European energy system [J]. Nature Energy, 2025, 10 (6): 715-724.

[10] BADAWI M N, AGRAWAL N, LUQMAN M, et al. Developments and challenges in batteries, and hydrogen as a future fuel, and storage and carrier devices [J]. Int J Hydrogen Energy, 2025, 105: 1242-1260.

[11] SCHLAPBACH L, ZüTTEL A. Hydrogen-storage materials for mobile applications [J]. Nature, 2001, 414 (6861): 353-358.

[12] BARTHELEMY H, WEBER M, BARBIER F. Hydrogen storage: Recent improvements and industrial perspectives [J]. Int J Hydrogen Energy, 2017, 42 (11): 7254-7262.

[13] NAVINKUMAR T M, BHARATIRAJA C. Sustainable hydrogen energy fuel cell electric vehicles: A critical review of system components and innovative development recommendations [J]. Renewable and Sustainable Energy Reviews, 2025, 215: 115601.

[14] 吴朝玲，王刚，王倩．氢能与燃料电池 [M]. 北京：化学工业出版社，2022.

[15] USMAN M R. Hydrogen storage methods: Review and current status [J]. Renewable and Sustainable Energy Reviews, 2022, 167: 112743.

[16] HIRSCHER M, YARTYS V A, BARICCO M, et al. Materials for hydrogen-based energy storage-past, recent progress and future outlook [J]. J Alloys Compd, 2020, 827: 153548.

[17] HE T, PACHFULE P, WU H, et al. Hydrogen carriers [J]. Nature Reviews Materials, 2016,

1 (12): 16059.

[18] 蔡颖，许剑轶，胡锋，等．储氢技术与材料［M］．北京：化学工业出版社，2018.

[19] 许炜，陶占良，陈军．储氢研究进展［J］．化学进展，2006（Z1）：200-210.

[20] DOE. DOE technical targets for onboard hydrogen storage for light-duty vehicles [Z]. 2025. https: //www. energy. gov/eere/fuelcells/doe-technical-targets-onboard-hydrogen-storage-light-duty-vehicles.

[21] XU Z, ZHAO N, HILLMANSEN S, et al. Techno-economic analysis of hydrogen storage technologies for railway engineering: A review [J]. Energies, 2022, 15 (17): 6467.

[22] EBERLE U, FELDERHOFF M, SCHUTH F. Chemical and physical solutions for hydrogen storage [J]. Angew Chem Int Ed Engl, 2009, 48 (36): 6608-6630.

[23] 曹军文，覃祥富，耿嘎，等．氢气储运技术的发展现状与展望［J］．石油学报（石油加工），2021，37（6）：1461-1478.

[24] KADIRGAMA K, SAMYLINGAM L, ASLFATTAHI N, et al. Advancements and challenges in numerical analysis of hydrogen energy storage methods: Techniques, applications, and future direction [J]. Int J Hydrogen Energy, 2025, 125: 67-85.

[25] 丁贺，刘宇实．专利视角下的高压气态储氢压力容器技术趋势分析［J］．石油与天然气化工，2025，54（2）：71-78.

[26] 陈志伟，贾晓亮，李翔，等．加氢站用高压气态储氢容器标准体系现状分析和若干建议［J］．压力容器，2022，39（7）：50-56.

[27] 周树辉，王秀林，段品佳，等．高压气态储氢技术形势分析［J］．储能科学与技术，2023，12（8）：2668-2679.

[28] 王昊成，杨敬瑶，董学强，等．氢液化与低温高压储氢技术发展现状［J］．洁净煤技术，2023，29（3）：102-113.

[29] 韩利，李琦，冷国云，等．氢能储存技术最新进展［J］．化工进展，2022，41（z1）：108-117.

[30] 郭志钒，巨永林．低温液氢储存的现状及存在问题［J］．低温与超导，2019，47（6）：21-29.

[31] REN J, MUSYOKA N M, LANGMI H W, et al. Current research trends and perspectives on materials-based hydrogen storage solutions: A critical review [J]. Int J Hydrogen Energy, 2017, 42 (1): 289-311.

[32] CHEN P, ZHU M. Recent progress in hydrogen storage [J]. Mater Today, 2008, 11 (12): 36-43.

[33] 大角泰章．金属氢化物的性质与应用［M］．北京：化学工业出版社，1990.

[34] HE T, CAO H, CHEN P. Complex hydrides for energy storage, conversion, and utilization [J]. Adv Mater, 2019, 31 (50): 1902757.

[35] 胡子龙．贮氢材料［M］．北京：化学工业出版社，2002.

[36] 卢国俭，周仕学，姜瑶瑶，等．金属合金及碳材料储氢的研究进展［J］．材料导报，2007（03）：86-89.

[37] VUCHT J V, KUIJPERS F, BRUNING H. Reversible room-temperature absorption of large quantities of hydrogen by intermetallic compounds [J]. Philips Res Repts, 1970, 25: 133-140.

[38] 唐睿，柳永宁，郭生武，等．非化学计量 $LaNi_5$ 型储氢合金的性能［J］．材料研究学报，2002，16（4）：395-398.

[39] ADZIC G D, JOHNSON J R, REILLY J J, et al. Cerium content and cycle life of multicomponent AB_5 hydride electrodes [J]. J Electrochem Soc, 1995, 142 (10): 3429.

[40] PEBLER A, GULBRANSEN E A. Thermochemical and structural aspects of the reaction of hydrogen with alloys and intermetallic compounds of zirconium [J]. Electrochem Technol (US) Absorbed J Electrochem Soc, 1966, 4: 211-215.

[41] SINHA V K, WALLACE W E. The hyperstoichiometric $ZrMn_{1+x}Fe_{1+y}$-H_2 system Ⅱ: Hysteresis effect [J]. Journal of the Less Common Metals, 1983, 91 (2): 239-249.

[42] LIU B-H, KIM D-M, LEE K-Y, et al. Hydrogen storage properties of $TiMn_2$-based alloys [J]. J Alloys Compd, 1996, 240 (1): 214-218.

[43] REILLY J J, WISWALL R H J I C. Formation and properties of iron titanium hydride [J]. 1974, 13 (1): 77-112.

[44] NAGAI H, KITAGAKI K, SHOJI K. Microstructure and hydriding characteristics of FeTi alloys containing manganese [J]. Journal of the Less Common Metals, 1987, 134 (2): 275-286.

[45] 马建新，潘洪革，李寿权，等. $Fe_{0.85}Mn_{0.15}Ti_{0.9}M_{0.1}$（M=Zr, V, Ca）合金的贮氢性能 [J]. 稀有金属材料与工程，2000，29 (2): 137-140.

[46] LEE S M, PERNG T P. Effect of the second phase on the initiation of hydrogenation of $TiFe_{1-x}M_x$ (M=Cr,Mn) alloys [J]. Int J Hydrogen Energy, 1994, 19 (3): 259-263.

[47] OGURO K, OSUMI Y, SUZUKI H, et al. Hydrogen storage properties of $TiFe_{1-x}Ni_yM_z$ alloys [J]. Journal of the Less Common Metals, 1983, 89 (1): 275-279.

[48] 雷永泉. 新能源材料 [M]. 天津：天津大学出版社，2000.

[49] SANDROCK G. A panoramic overview of hydrogen storage alloys from a gas reaction point of view [J]. J Alloys Compd, 1999, 293-295: 877-888.

[50] HANG Z, HU Z, XIAO X, et al. Enhancing hydrogen storage kinetics and cycling properties of $NaMgH_3$ by 2D transition metal carbide MXene Ti_3C_2 [J]. Processes, 2021, 9 (10): 1690.

[51] SADHASIVAM T, KIM H-T, JUNG S, et al. Dimensional effects of nanostructured Mg/MgH_2 for hydrogen storage applications: A review [J]. Renewable and Sustainable Energy Reviews, 2017, 72: 523-534.

[52] SELVAM P, VISWANATHAN B, SWAMY C S, et al. Magnesium and magnesium alloy hydrides [J]. Int J Hydrogen Energy, 1986, 11 (3): 169-192.

[53] KADIR K, KURIYAMA N, SAKAI T, et al. Structural investigation and hydrogen capacity of $CaMg_2Ni_9$: A new phase in the AB_2C_9 system isostructural with $LaMg_2Ni_9$ [J]. J Alloys Compd, 1999, 284 (1): 145-154.

[54] KADIR K, SAKAI T, UEHARA I. Structural investigation and hydrogen capacity of YMg_2Ni_9 and $(Y_{0.5}Ca_{0.5})(MgCa)Ni_9$: New phases in the AB_2C_9 system isostructural with $LaMg_2Ni_9$ [J]. J Alloys Compd, 1999, 287 (1): 264-270.

[55] CHEN J, TAKESHITA H T, TANAKA H, et al. Hydriding properties of $LaNi_3$ and $CaNi_3$ and their substitutes with $PuNi_3$-type structure [J]. J Alloys Compd, 2000, 302 (1): 304-313.

[56] ZHAI Y T, LI Y M, WEI S H, et al. Progress in V-BCC based solid solution hydrogen storage alloys [J]. Journal of Energy Storage, 2025, 109: 115103.

[57] SHEN S, LI Y, OUYANG L, et al. V—Ti-based solid solution alloys for solid-state hydrogen storage [J]. Nano-Micro Letters, 2025, 17: 175.

[58] HUANG Z, LI C, CHU Y, et al. Potential and challenges for V-based solid solution hydrogen storage alloys [J]. Energy, 2025, 316: 134574.

[59] LYNCH J F, MAELAND A J, LIBOWITZ G G. Lattice parameter variation and thermodynamics of dihydride formation in the vanadium-rich V—Ti—Fe/H_2 system [J]. 1985, 145 (1-2): 51-59.

[60] AKIBA E, IBA H. Hydrogen absorption by Laves phase related BCC solid solution [J]. Intermetallics, 1998, 6 (6): 461-470.

[61] KUMAR S, JAIN A, ICHIKAWA T, et al. Development of vanadium based hydrogen storage material: A review [J]. Renewable and Sustainable Energy Reviews, 2017, 72: 791-800.

[62] HANG Z, JIANG R, SHI L, et al. Sodium alanate in-situ doped with Ti_2C MXene with enhanced hydrogen storage properties [J]. Int J Hydrogen Energy, 2024, 71: 250-258.

[63] CHEN P, XIONG Z, LUO J, et al. Interaction of hydrogen with metal nitrides and imides [J]. Nature, 2002, 420 (6913): 302-304.

[64] WANG K, ZHAO F-T, ZHAO S-M, et al. TiVC MXene mediated enhancement in hydrogen storage performance of $NaAlH_4$ and the related mechanisms [J]. Int J Hydrogen Energy, 2025, 119: 194-203.

[65] MA N, MA X, MA L, et al. Multi-fold catalytic activities of Ni nanoparticles supported on TiN for improving the hydrogen storage of $NaAlH_4$ [J]. Appl Surf Sci, 2025, 685: 161952.

[66] PAN Y, YANG F. Structural, hydrogen storage capacity, electronic and optical properties of Li-N-H hydrogen storage materials from first-principles investigation [J]. Journal of Energy Storage, 2024, 87: 111492.

[67] WEI J, LENG H, LI Q, et al. Improved hydrogen storage properties of $LiBH_4$ doped Li-N-H system [J]. Int J Hydrogen Energy, 2014, 39 (25): 13609-13615.

[68] FERNáNDEZ ALBANESI L, GARRONI S, ARNEODO LAROCHETTE P, et al. Role of aluminum chloride on the reversible hydrogen storage properties of the Li—N—H system [J]. Int J Hydrogen Energy, 2015, 40 (39): 13506-13517.

[69] SAKINTUNA B, LAMARI-DARKRIM F, HIRSCHER M. Metal hydride materials for solid hydrogen storage: A review [J]. Int J Hydrogen Energy, 2007, 32 (9): 1121-1140.

[70] BOGDANOVIĆB, EBERLE U, FELDERHOFF M, et al. Complex aluminum hydrides [J]. Scripta Mater, 2007, 56 (10): 813-816.

[71] SANDROCK G, GROSS K, THOMAS G. Effect of Ti-catalyst content on the reversible hydrogen storage properties of the sodium alanates [J]. J Alloys Compd, 2002, 339 (1): 299-308.

[72] BOGDANOVIĆ B, SCHWICKARDI M. Ti-doped alkali metal aluminium hydrides as potential novel reversible hydrogen storage materials [J]. J Alloys Compd, 1997, 253-254: 1-9.

[73] YAO J H, SHANG C, AGUEY-ZINSOU K F, et al. Desorption characteristics of mechanically and chemically modified $LiNH_2$ and ($LiNH_2$ + LiH) [J]. J Alloys Compd, 2007, 432 (1): 277-282.

[74] VARIN R A, JANG M, POLANSKI M. The effects of ball milling and molar ratio of LiH on the

hydrogen storage properties of nanocrystalline lithium amide and lithium hydride ($LiNH_2+LiH$) system [J]. J Alloys Compd，2010，491 (1)：658-667.

[75] ZHANG T，ISOBE S，WANG Y，et al. A homogeneous metal oxide catalyst enhanced solid-solid reaction in the hydrogen desorption of a lithium-hydrogen-nitrogen system [J]. Chem Cat Chem，2014，6 (3)：724-772.

[76] 龙沛沛，程绍娟，赵强，等．金属-有机骨架材料的合成及其研究进展 [J]. 山西化工，2008，28 (06)：21-25.

[77] ROSI N L，ECKERT J，EDDAOUDI M，et al. Hydrogen storage in microporous metal-organic frameworks [J]. Science，2003，300 (5622)：1127-1129.

[78] HOU C-C，XU Q. Metal-organic frameworks for energy [J]. Advanced Energy Materials，2019，9 (23)：1801307.

[79] ZHANG X，LIN R B，WANG J，et al. Optimization of the pore structures of MOFs for record high hydrogen volumetric working capacity [J]. Adv Mater，2020，32 (17)：1907995.

[80] SHET S P，SHANMUGA PRIYA S，SUDHAKAR K，et al. A review on current trends in potential use of metal-organic framework for hydrogen storage [J]. Int J Hydrogen Energy，2021，46 (21)：11782-11803.

[81] 郑倩，徐绘，崔元靖，等．金属-有机框架物（MOFs）储氢材料研究进展 [J]. 材料导报，2008，22 (11)：106-110.

[82] 贾超，原鲜霞，马紫峰．金属有机骨架化合物（MOFs）作为储氢材料的研究进展 [J]. 化学进展，2009，21 (9)：1954-1962.

[83] ALLENDORF M D，HULVEY Z，GENNETT T，et al. An assessment of strategies for the development of solid-state adsorbents for vehicular hydrogen storage [J]. Energy & Environmental Science，2018，11 (10)：2784-2812.

[84] ZHANG X，LIU P，ZHANG Y. The application of MOFs for hydrogen storage [J]. Inorg Chim Acta，2023，557.

[85] GANGU K K，MADDILA S，MUKKAMALA S B，et al. Characteristics of MOF，MWCNT and graphene containing materials for hydrogen storage：A review [J]. Journal of Energy Chemistry，2019，30：132-144.

[86] QURESHI F，YUSUF M，AHMED S，et al. Advancements in sorption-based materials for hydrogen storage and utilization：A comprehensive review [J]. Energy，2024，309：132855.

[87] CHEN Z，MIAN M R，LEE S J，et al. Fine-tuning a robust metal-organic framework toward enhanced clean energy gas storage [J]. J Am Chem Soc，2021，143 (45)：18838-18843.

[88] LI Y，GUO Q，DING Z，et al. MOFs-based materials for solid-state hydrogen storage：Strategies and perspectives [J]. Chem Eng J，2024，485：149665.

[89] 邬娇娇，徐向亚，刘东兵，等．金属有机骨架材料在储氢领域的应用 [J]. 化工新型材料，2023，51 (11)：16-21.

[90] ALLENDORF M D，STAVILA V，SNIDER J L，et al. Challenges to developing materials for the transport and storage of hydrogen [J]. Nature Chemistry，2022，14 (11)：1214-1223.

[91] 沈绍辉，徐国华，安越，等．有机液体与储氢材料组成的浆液储氢体系的能量分析 [J]. 太阳能

学报，2006，27（11）：1124-1131.

［92］ SHI Y，LUO B，SANG R，et al. Combination of nanoparticles with single-metal sites synergistically boosts co-catalyzed formic acid dehydrogenation［J］. Nature Communications，2024，15（1）：8189.

［93］ TEICHMANN D，ARLT W，WASSERSCHEID P. Liquid organic hydrogen carriers as an efficient vector for the transport and storage of renewable energy［J］. Int J Hydrogen Energy，2012，37（23）：18118-18132.

［94］ EYPASCH M，SCHIMPE M，KANWAR A，et al. Model-based techno-economic evaluation of an electricity storage system based on liquid organic hydrogen carriers［J］. Applied Energy，2017，185：320-330.

［95］ ZOU Y-Q，VON WOLFF N，ANABY A，et al. Ethylene glycol as an efficient and reversible liquid-organic hydrogen carrier［J］. Nature Catalysis，2019，2（5）：415-422.

［96］ PREUSTER P，PAPP C，WASSERSCHEID P. Liquid organic hydrogen carriers（LOHCs）：Toward a hydrogen-free hydrogen economy［J］. Acc Chem Res，2017，50（1）：74-85.

［97］ MCWHORTER S，O'MALLEY K，ADAMS J，et al. Moderate temperature dense phase hydrogen storage materials within the US department of energy（DOE） H_2 storage program：Trends toward future development［J］. Crystals，2012，2（2）：413-445.

［98］ JUSTI E W，EWE H H，KALBERLAH A W，et al. Electrocatalysis in the nickel-titanium system［J］. Energy Conversion，1970，10（4）：183-187.

［99］ KöLBIG M，WECKERLE C，LINDER M，et al. Review on thermal applications for metal hydrides in fuel cell vehicles：Operation modes，recent developments and crucial design aspects［J］. Renewable and Sustainable Energy Reviews，2022，162：112385.

［100］ WIMMER A，KORDEL M，LINDER M，et al. High performance reactor of a metal hydride based cooling system for air-conditioning of fuel cell electric vehicles［J］. Applied Energy，2025，391：125911.

［101］ EIKENG E，MAKHSOOS A，POLLET B G. Critical and strategic raw materials for electrolysers，fuel cells，metal hydrides and hydrogen separation technologies［J］. Int J Hydrogen Energy，2024，71：433-464.

［102］ ZHANG X Y，GE Y T. Performance analysis of metal hydride heat pump system with CFD modelling development and actual reactor designs［J］. Int J Hydrogen Energy，2024，94：1146-1159.

［103］ WANG K，CHU T，SHEN S，et al. Comparative optimization of the thermal performance for H_2-metal hydride heat storage and heat pump systems［J］. Appl Therm Eng，2025，260：124991.

［104］ GE Y T，LANG P Y. Alloy selections in high-temperature metal hydride heat pump systems for industrial waste heat recovery［J］. Energy Reports，2022，8：3649-3660.

［105］ LIBOWITZ G G，MAELAND A J. Use of vanadium-based solid solution alloys in metal hydride heat pumps［J］. Journal of the Less Common Metals，1987，131（1）：275-282.

［106］ GUO L，WU Z，LI R，et al. New insights into the impurity transport and separation behaviours during metal hydride dehydrogenation for ultra-pure hydrogen [J]. Applied Energy, 2024, 353: 122178.

[107] DUNIKOV D O, BEZDUDNY A V, BLINOV D V, et al. Extraction of natural hydrogen from a natural gas probe by $LaNi_{4.8}Al_{0.2}$ metal hydride [J]. Int J Hydrogen Energy, 2025, 134: 84-91.

[108] LOTOTSKYY M V, YARTYS V A, POLLET B G, et al. Metal hydride hydrogen compressors: A review [J]. Int J Hydrogen Energy, 2014, 39 (11): 5818-5851.

[109] PENG Z, LI Q, OUYANG L, et al. Overview of hydrogen compression materials based on a three-stage metal hydride hydrogen compressor [J]. J Alloys Compd, 2022, 895: 162465.

[110] CHANDRAKALA B, KUMAR S A, KUMAR E A. Performance assessment of metal hydride hydrogen compressor: An irreversibility study [J]. Int J Hydrogen Energy, 2025, 144: 901-911.

[111] PARIDA A, KUMAR A, MUTHUKUMAR P, et al. Experimental study and performance evaluation of a large-scale multistage metal hydride-based hydrogen compressor [J]. Applied Energy, 2025, 390: 125798.

[112] ZHANG X, LI J, ZHAO Y, et al. Cycling decay mechanism of AB_5-type hydrogen storage alloy for metal hydride hydrogen compressor [J]. Journal of Rare Earths, 2025.

[113] AVRAMI M. Kinetics of phase change. I general theory [J]. The Journal of Chemical Physics, 1939, 7 (12): 1103-1112.

[114] JOHNSON W A, MEHL R F. Reaction kinetics in processes of nucleation and growth [J]. Trans Am Inst Min Metall Eng, 1939, 135: 416-442.

[115] LI Q, LIN X, LUO Q, et al. Kinetics of the hydrogen absorption and desorption processes of hydrogen storage alloys: A review [J]. International Journal of Minerals, Metallurgy and Materials, 2022, 29 (1): 32-48.

[116] PANG Y, LI Q. A review on kinetic models and corresponding analysis methods for hydrogen storage materials [J]. Int J Hydrogen Energy, 2016, 41 (40): 18072-18087.

[117] KIRCHER O, FICHTNER M. Hydrogen exchange kinetics in $NaAlH_4$ catalyzed in different decomposition states [J]. J Appl Phys, 2004, 95 (12): 7748-7753.

[118] PANG Y, SUN D, GU Q, et al. Comprehensive determination of kinetic parameters in solid-state phase transitions: An extended Jonhson-Mehl-Avrami-Kolomogorov model with analytical solutions [J]. Crystal Growth & Design, 2016, 16 (4): 2404-2415.

[119] LIU F, SOMMER F, BOS C, et al. Analysis of solid state phase transformation kinetics: Models and recipes [J]. Int Mater Rev, 2007, 52 (4): 193-212.

[120] RUZ P, SUDARSAN V. An investigation of hydriding performance of $Zr_{2-x}Ti_xNi$ ($x=0.0$, 0.3, 0.7, 1.0) alloys [J]. J Alloys Compd, 2015, 627: 123-131.

[121] MOOIJ L, DAM B. Nucleation and growth mechanisms of nano magnesium hydride from the hydrogen sorption kinetics [J]. PCCP, 2013, 15 (27): 11501-11510.

[122] CHEN X Y, CHEN R R, DING X, et al. Effect of phase formation on hydrogen storage properties in Ti-V-Mn alloys by zirconium substitution [J]. Energy, 2019, 166: 587-597.

[123] YU X B, WU Z, XIA B J, et al. Enhancement of hydrogen storage capacity of Ti-V-Cr-Mn BCC phase alloys [J]. J Alloys Compd, 2004, 372 (1): 272-277.

[124] PICKERING L, LI J, REED D, et al. Ti-V-Mn based metal hydrides for hydrogen storage [J]. J Alloys Compd, 2013, 580: S233-S237.

[125] GAO Y, YIN D, LI Y, et al. Composition optimization and hydrogen storage properties of Ti-V-Mn-Fe alloys [J]. Int J Hydrogen Energy, 2024, 51: 88-97.

[126] DANGWAL S, EDALATI K. Significance of interphase boundaries on activation of high-entropy alloys for room-temperature hydrogen storage [J]. Int J Hydrogen Energy, 2024, 50: 626-636.

[127] LIANG J, LI G, DING X, et al. Effect of C14 Laves/BCC on microstructure and hydrogen storage properties of $(Ti_{32.5}V_{27.5}Zr_{7.5}Nb_{32.5})_{1-x}Fe_x$ (x=0.03, 0.06, 0.09) high entropy hydrogen storage alloys [J]. Journal of Energy Storage, 2023, 73: 108852.

[128] SANTOS S F, HUOT J. Hydrogen storage in Ti-Mn-(FeV) BCC alloys [J]. J Alloys Compd, 2009, 480 (1): 5-8.

[129] LUO L, LI Y, YUAN Z, et al. Nanoscale microstructures and novel hydrogen storage performance of as cast $V_{47}Fe_{11}Ti_{30}Cr_{10}RE_2$ (RE = La, Ce, Y, Sc) medium entropy alloys [J]. J Alloys Compd, 2022, 913: 165273.

[130] MOURI T, IBA H. Hydrogen-absorbing alloys with a large capacity for a new energy carrier [J]. Materials Science and Engineering: A, 2002, 329-331: 346-350.

[131] HANG Z, CHEN L, XIAO X, et al. The effect of Cr content on the structural and hydrogen storage characteristics of $Ti_{10}V_{80-x}Fe_6Zr_4Cr_x$ (x=0-14) alloys [J]. J Alloys Compd, 2010, 493 (1-2): 396-400.

[132] HANG Z, XIAO X, YU K, et al. Influence of Fe content on the microstructure and hydrogen storage properties of $Ti_{16}Zr_5Cr_{22}V_{57-x}Fe_x$ (x=2-8) alloys [J]. Int J Hydrogen Energy, 2010, 35 (15): 8143-8148.

[133] HANG Z, XIAO X, TAN D, et al. Microstructure and hydrogen storage properties of $Ti_{10}V_{84-x}Fe_6Zr_x$ (x=1-8) alloys [J]. Int J Hydrogen Energy, 2010, 35 (7): 3080-3086.

[134] HANG Z, CHEN L, XIAO X, et al. Microstructure and hydrogen storage properties of $Ti_{10+x}V_{80-x}Fe_6Zr_4$ (x = 0 ~ 15) alloys [J]. Int J Hydrogen Energy, 2021, 46 (54): 27622-27630.

[135] HANG Z, SHI L, FENG Y, et al. Experimental and theoretical insights into vanadium-based alloys for room temperature hydrogen storage on the example of $Ti_{16}Cr_{22}Zr_5V_{55-x}Fe_2Mnx$ (x= 0—3) alloys [J]. J Alloys Compd, 2024, 988: 174315.

[136] SINGH A, KUMARI P, SAHOO S K, et al. Studies on hydrogen storage properties of TiVFeNi, $(TiVFeNi)_{95}Zr_5$ and $(TiVFeNi)_{90}Zr_{10}$ high entropy alloys [J]. Int J Hydrogen Energy, 2025, 141: 738-749.

[137] SONG G, DOLAN M D, KELLAM M E, et al. V-Ni-Ti multi-phase alloy membranes for hydrogen purification [J]. J Alloys Compd, 2011, 509 (38): 9322-9328.

[138] 李朵，娄豫皖，杜俊霖，等．钒基储氢合金的研究进展 [J]．材料导报，2015，29 (23):

92-97.

[139] KABUTOMORI T, TAKEDA H, WAKISAKA Y, et al. Hydrogen absorption properties of TiCrA (A≡V, Mo or other transition metal) B. C. C. solid solution alloys [J]. J Alloys Compd, 1995, 231 (1): 528-532.

[140] KUMAR S, BALASUBRAMANIAM R. Theoretical analysis of hysteresis during hydrogen transformations in the vanadium-hydrogen system [J]. Int J Hydrogen Energy, 1995, 20 (3): 211-220.

[141] LIBOWITZ G G, MAELAND A J. Hydride formation by B. C. C. solid solution alloys [J]. Mater Sci Forum, 1988, 31: 177-196.

[142] PAPATHANASSOPOULOS K, Wenzl H. Pressure-composition isotherms of hydrogen and deuterium in vanadium films measured with a vibrating quartz microbalance [J]. Journal of Physics F: Metal Physics, 1982, 12 (7): 1369-1381.

[143] OKADA M, KURIIWA T, TAMURA T, et al. Ti-V-Cr b. c. c. alloys with high protium content [J]. J Alloys Compd, 2002, 330-332: 511-516.

[144] NOMURA K, AKIBA E. H_2 Absorbing-desorbing characterization of the TiVFe alloy system [J]. J Alloys Compd, 1995, 231 (1): 513-517.

[145] REILLY J J, WISWALL R H J I C. The higher hydrides of vanadium and niobium [J]. Inorganic Chemistry, 1970, 9 (7): 1678-1682.

[146] ONO S, NOMURA K, IKEDA Y. The reaction of hydrogen with alloys of vanadium and titanium [J]. Journal of the Less Common Metals, 1980, 72 (2): 159-165.

[147] YAN J, XUE B, XIAO W, et al. Intrinsic mechanisms of superior hydrogen storage properties in V-Fe-Ti alloys: A combined experimental and theoretical study [J]. J Phys Chem Solids, 2023, 182: 111582.

[148] SAKAKI K, KIM H, MAJZOUB E H, et al. Displacement of hydrogen position in di-hydride of V-Ti-Cr solid solution alloys [J]. Acta Mater, 2022, 234: 118055.

[149] EDALATI K, NOVELLI M, ITANO S, et al. Effect of gradient-structure versus uniform nanostructure on hydrogen storage of Ti-V-Cr alloys: Investigation using ultrasonic SMAT and HPT processes [J]. J Alloys Compd, 2018, 737: 337-346.

[150] PLANTé D, ANDRIEUX J, LAVERSENNE L, et al. In situ X-Ray diffraction study of hydrogen sorption in V-rich Ti-V-Cr bcc solid solutions [J]. J Alloys Compd, 2015, 648: 79-85.

[151] ZHOU H Y, WANG F, WANG J, et al. Hydrogen storage properties and thermal stability of $V_{35}Ti_{20}Cr_{45}$ alloy by heat treatment [J]. Int J Hydrogen Energy, 2014, 39 (27): 14887-14895.

[152] MIRAGLIA S, DE RANGO P, RIVOIRARD S, et al. Hydrogen sorption properties of compounds based on BCC $Ti_{1-x}V_{1-y}Cr_{1+x+y}$ alloys [J]. J Alloys Compd, 2012, 536: 1-6.

[153] KUMAR A, SHASHIKALA K, BANERJEE S, et al. Effect of cycling on hydrogen storage properties of Ti_2CrV alloy [J]. Int J Hydrogen Energy, 2012, 37 (4): 3677-3682.

[154] WANG J, JENG R, NIEH J, et al. Comparing the hydrogen storage alloys—TiCrV and vanadiumrich TiCrMnV [J]. Int J Hydrogen Energy, 2007, 32 (16): 3959-3964.

[155] TAMURA T, KAZUMI T, KAMEGAWA A, et al. Protium absorption properties and protide formations of Ti-Cr-V alloys [J]. J Alloys Compd, 2003, 356-357: 505-509.

[156] KURIIWA T, MARUYAMA T, KAMEGAWA A, et al. Effects of V content on hydrogen storage properties of V-Ti-Cr alloys with high desorption pressure [J]. Int J Hydrogen Energy, 2010, 35 (17): 9082-9087.

[157] CHEN X Y, CHEN R R, DING X, et al. Crystal structure and hydrogen storage properties of Ti-V-Mn alloys [J]. Int J Hydrogen Energy, 2018, 43 (12): 6210-6218.

[158] CHEN R R, CHEN X Y, DING X, et al. Effects of Ti/Mn ratio on microstructure and hydrogen storage properties of Ti-V-Mn alloys [J]. J Alloys Compd, 2018, 748: 171-178.

[159] BIBIENNE T, TOUSIGNANT M, BOBET J-L, et al. Synthesis and hydrogen sorption properties of $TiV_{(2-x)}Mn_x$ BCC alloys [J]. J Alloys Compd, 2015, 624: 247-250.

[160] KIM H, SAKAKI K, NAKAMURA Y. Improving the cyclic stability of V-Ti-Mn bcc alloys using interstitial elements [J]. Materials Transactions, 2014, 55 (8): 1144-1148.

[161] SHIBUYA M, NAKAMURA J, ENOKI H, et al. High-pressure hydrogenation properties of Ti-V-Mn alloy for hybrid hydrogen storage vessel [J]. J Alloys Compd, 2009, 475 (1-2): 543-545.

[162] CHALLET S, LATROCHE M, HEURTAUX F. Hydrogenation properties and crystal structure of the single BCC $(Ti_{0.355}V_{0.645})_{100-x}M_x$ alloys with M=Mn, Fe, Co, Ni($x=7,14$ and 21) [J]. J Alloys Compd, 2007, 439 (1-2): 294-301.

[163] NAKAMURA Y, AKIBA E. Hydriding properties and crystal structure of NaCl-type monohydrides formed from Ti-V-Mn BCC solid solutions [J]. J Alloys Compd, 2002, 345 (1): 175-182.

[164] NAKAMURA Y, AKIBA E. New hydride phase with a deformed FCC structure in the Ti-V-Mn solid solution-hydrogen system [J]. J Alloys Compd, 2000, 311 (2): 317-321.

[165] SINGH A K, SINGH A K, SRIVASTAVA O N. On the synthesis, characterisation and hydrogenation behaviour of V-Ti-Fe alloy [J]. Int J Hydrogen Energy, 1995, 20 (8): 647-651.

[166] PARK J G, KIM D M, JANG K J, et al. The intrinsic degradation behavior of $(V_{0.53}Ti_{0.47})_{0.925}Fe_{0.075}$ alloy during temperature-induced hydrogen absorption-desorption cycling [J]. J Alloys Compd, 1999, 295: 150-155.

[167] BASAK S, SHASHIKALA K, SENGUPTA P, et al. Hydrogen absorption properties of Ti-V-Fe alloys: Effect of Cr substitution [J]. Int J Hydrogen Energy, 2007, 32 (18): 4973-4977.

[168] VILLARS P, PRINCE A, OKAMOTO H. Handbook of ternary alloy phase diagrams [M]. Materials Park, OH: ASM International, 1995.

[169] CHO S-W, HAN C-S, PARK C-N, et al. The hydrogen storage characteristics of Ti-Cr-V alloys [J]. J Alloys Compd, 1999, 288 (1): 294-298.

[170] OKADA M, KURIIWA T, KAMEGAWA A, et al. Role of intermetallics in hydrogen storage materials [J]. Materials Science and Engineering: A, 2002, 329-331: 305-312.

[171] IBA H, AKIBA E. The relation between microstructure and hydrogen absorbing property in Laves phase-solid solution multiphase alloys [J]. J Alloys Compd, 1995, 231 (1): 508-512.

[172] IBA H, AKIBA E. Hydrogen absorption and modulated structure in Ti-V-Mn alloys [J]. J Alloys Compd, 1997, 253-254: 21-24.

[173] YANG C, WANG Q, WANG M, et al. Effect of V content on hydrogen storage properties and cyclic durability of V-Ti-Cr-Fe alloys [J]. Int J Hydrogen Energy, 2023, 48 (69): 26870-26880.

[174] HU H, MA C, CHEN Q. Mechanism and microstructural evolution of TiCrVFe hydrogen storage alloys upon de-/hydrogenation [J]. J Alloys Compd, 2021, 877: 160315.

[175] WANG Q, DAI X, WU C, et al. Lattice defects and micro-strains in $V_{60}Ti_{25}Cr_3Fe_{12}$ alloy and influence on the ab/desorption of hydrogen [J]. J Alloys Compd, 2020, 830: 154675.

[176] WU C, WANG Q, MAO Y, et al. Relationship between lattice defects and phase transformation in hydrogenation/dehydrogenation process of the $V_{60}Ti_{25}Cr_3Fe_{12}$ alloy [J]. Int J Hydrogen Energy, 2019, 44 (18): 9368-9377.

[177] MAO Y, YANG S, WU C, et al. Preparation of $(FeV80)_{48}Ti_{26+x}Cr_{26}$ (x=0-4) alloys by the hydride sintering method and their hydrogen storage performance [J]. J Alloys Compd, 2017, 705: 533-538.

[178] ABDUL J M, CHOWN L H. Influence of Fe on hydrogen storage properties of V-rich ternary alloys [J]. Int J Hydrogen Energy, 2016, 41 (4): 2781-2787.

[179] YAN Y, CHEN Y, ZHOU X, et al. Some factors influencing the hydrogen storage properties of 30V-Ti-Cr-Fe alloys [J]. J Alloys Compd, 2008, 453 (1): 428-432.

[180] TAIZHONG H, ZHU W, BAOJIA X, et al. Effect of stoichiometry on hydrogen storage performance of Ti-Cr-VFe based alloys [J]. Intermetallics, 2005, 13 (10): 1075-1078.

[181] LIU J, XU J, SLEIMAN S, et al. Microstructure and hydrogen storage properties of Ti-V-Cr based BCC-type high entropy alloys [J]. Int J Hydrogen Energy, 2021, 46 (56): 28709-28718.

[182] YOO J-H, SHIM G, CHO S-W, et al. Effects of desorption temperature and substitution of Fe for Cr on the hydrogen storage properties of $Ti_{0.32}Cr_{0.43}V_{0.25}$ alloy [J]. Int J Hydrogen Energy, 2007, 32 (14): 2977-2981.

[183] YAN Y, CHEN Y, LIANG H, et al. Hydrogen storage properties of V30-Ti-Cr-Fe alloys [J]. J Alloys Compd, 2007, 427 (1): 110-114.

[184] DIXIT V, HUOT J. Investigation of the microstructure, crystal structure and hydrogenation kinetics of Ti-V-Cr alloy with Zr addition [J]. J Alloys Compd, 2019, 785: 1115-1120.

[185] RUZ P, BANERJEE S, HALDER R, et al. Thermodynamics, kinetics and microstructural evolution of $Ti_{0.43}Zr_{0.07}Cr_{0.25}V_{0.25}$ alloy upon hydrogenation [J]. Int J Hydrogen Energy, 2017, 42 (16): 11482-11492.

[186] KAMBLE A, SHARMA P, HUOT J. Effect of doping and particle size on hydrogen absorption properties of BCC solid solution 52Ti-12V-36Cr [J]. Int J Hydrogen Energy, 2017, 42 (16): 11523-11527.

[187] CHO S-W, HAN C-S, PARK C-N, et al. Hydrogen storage characteristics of Ti-Zr-Cr-V alloys [J]. J Alloys Compd, 1999, 289 (1): 244-250.

[188] KAMBLE A, SHARMA P, HUOT J. Effect of addition of Zr, Ni, and Zr-Ni alloy on the hydrogen absorption of body centred cubic 52Ti-12V-36Cr alloy [J]. Int J Hydrogen Energy, 2018, 43 (15): 7424-7429.

[189] SHASHIKALA K, BANERJEE S, KUMAR A, et al. Improvement of hydrogen storage properties of TiCrV alloy by Zr substitution for Ti [J]. Int J Hydrogen Energy, 2009, 34 (16): 6684-6689.

[190] LI X, WU D, ZHOU Q, et al. Improved hydrogen storage properties of low-cost Ti-Cr-V alloys by minor alloying of Mn [J]. Int J Hydrogen Energy, 2024, 50: 224-234.

[191] YOO J-H, SHIM G, PARK C-N, et al. Influence of Mn or Mn plus Fe on the hydrogen storage properties of the Ti-Cr-V alloy [J]. Int J Hydrogen Energy, 2009, 34 (22): 9116-9121.

[192] YU X B, WU Z, XIA B J, et al. Improvement of activation performance of the quenched Ti-V-based BCC phase alloys [J]. J Alloys Compd, 2005, 386 (1-2): 258-260.

[193] YU X B, WU Z, XIA B J, et al. Hydrogen storage performance of quenched Ti-V-based alloy [J]. J Alloys Compd, 2004, 373 (1): 134-136.

[194] YU X B, WU Z, XIA B J, et al. The activation mechanism of Ti-V-based hydrogen storage alloys [J]. J Alloys Compd, 2004, 375 (1-2): 221-223.

[195] YU X B, CHEN J Z, WU Z, et al. Effect of Cr content on hydrogen storage properties for Ti-V-based BCC-phase alloys [J]. Int J Hydrogen Energy, 2004, 29 (13): 1377-1381.

[196] TAMURA T, TOMINAGA Y, MATSUMOTO K, et al. Protium absorption properties of Ti-V-Cr-Mn alloys with a b. c. c. structure [J]. J Alloys Compd, 2002, 330-332: 522-525.

[197] YAN Y, CHEN Y, LIANG H, et al. Hydrogen storage properties of V-Ti-Cr-Fe alloys [J]. J Alloys Compd, 2008, 454 (1): 427-431.

[198] SEO C-Y, KIM J-H, LEE P S, et al. Hydrogen storage properties of vanadium-based b. c. c. solid solution metal hydrides [J]. J Alloys Compd, 2003, 348 (1): 252-257.

[199] CZUB J, TAKASAKI A, HOSER A, et al. Synthesis and hydrogenation of the $Ti_{45-x}V_xZr_{38}Ni_{17}$ ($5\leqslant x\leqslant 40$) mechanically alloyed materials [J]. Energies, 2023, 16 (16): 5857.

[200] KUMAR S, SINGH P K, KOJIMA Y, et al. Cyclic hydrogen storage properties of V-Ti-Cr-Al alloy [J]. Int J Hydrogen Energy, 2018, 43 (14): 7096-7101.

[201] CHEN X Y, CHEN R R, YU K, et al. Effect of Ce substitution on hydrogen absorption/ desorption of Laves phase-related BCC solid solution $Ti_{33}V_{37}Mn_{30}$ alloy [J]. J Alloys Compd, 2019, 783: 617-624.

[202] SILVA B H, ZLOTEA C, CHAMPION Y, et al. Design of TiVNb-(Cr, Ni or Co) multicomponent alloys with the same valence electron concentration for hydrogen storage [J]. J Alloys Compd, 2021, 865: 158767.

[203] CHO S-W, YOO J-H, SHIM G, et al. Effects of B addition on the hydrogen absorption—desorption property of $Ti_{0.32}Cr_{0.43}V_{0.25}$ alloy [J]. Int J Hydrogen Energy, 2008, 33 (6): 1700-1705.

[204] JENG R-R, LEE S-L, HSU C-W, et al. Effects of the addition of Pd on the hydrogen absorption—desorption characteristics of $Ti_{33}V_{33}Cr_{34}$ alloys [J]. J Alloys Compd, 2008, 464 (1):

467-471.

[205] KEFI C, HUOT J. Microstructure and first hydrogenation properties of $Ti_{30}V_{60}M_{10}$+4 wt% Zr (M=Fe, Co, and Ni) [J]. Int J Hydrogen Energy, 2025, 126: 170-177.

[206] KURIIWA T, TAMURA T, AMEMIYA T, et al. New V-based alloys with high protium absorption and desorption capacity [J]. J Alloys Compd, 1999, 293-295: 433-436.

[207] HANG Z, XIAO X, LI S, et al. Influence of heat treatment on the microstructure and hydrogen storage properties of $Ti_{10}V_{77}Cr_{6}Fe_{6}Zr$ alloy [J]. J Alloys Compd, 2012, 529: 128-133.

[208] ZADOROZHNYY V, TOMILIN I, BERDONOSOVA E, et al. Composition design, synthesis and hydrogen storage ability of multi-principal-component alloy TiVZrNbTa [J]. J Alloys Compd, 2022, 901: 163638.

[209] WU Y, ZHAO W, JIANG L, et al. Effect of Fe and Al on hydrogen storage properties of 75 V-Ti-Cr alloys [J]. J Alloys Compd, 2021, 887: 161181.

[210] LUO L, LI Y, ZHAI T, et al. Microstructure and hydrogen storage properties of $V_{48}Fe_{12}Ti_{15-x}Cr_{25}Al_{x}$ (x=0,1) alloys [J]. Int J Hydrogen Energy, 2019, 44 (46): 25188-25198.

[211] ZHU J, MA L, LIANG F, et al. Effect of Sc substitution on hydrogen storage properties of Ti-V-Cr-Mn alloys [J]. Int J Hydrogen Energy, 2015, 40 (21): 6860-6865.

[212] LUO L, WU C, YANG S, et al. Decaying behaviors of $V_{40}(TiCr)_{51}Fe_{8}Mn$ hydrogen storage alloys with different particle sizes [J]. J Alloys Compd, 2015, 645: S178-S183.

[213] HAO L, YUNGUI C, YIGANG Y, et al. Cyclic properties of hydrogen absorption and desorption in V-Ti-Cr-Fe(Al,Si) alloy [J]. Materials Science and Engineering: A, 2007, 448 (1): 128-134.

[214] YAN Y, CHEN Y, LIANG H, et al. The effect of Si on $V_{30}Ti_{35}Cr_{25}Fe_{10}$ BCC hydrogen storage alloy [J]. J Alloys Compd, 2007, 441 (1): 297-300.

[215] DANGWAL S, EDALATI K. High-entropy alloy $TiV_{2}ZrCrMnFeNi$ for hydrogen storage at room temperature with full reversibility and good activation [J]. Scripta Mater, 2024, 238: 115774.

[216] ZAREIPOUR F, SHAHMIR H, HUANG Y, et al. Hydrogen storage in TiVCr(Fe,Co)(Zr,Ta) multi-phase high-entropy alloys [J]. Int J Hydrogen Energy, 2024, 94: 639-649.

[217] ZHANG X, XIAO H, LI S, et al. Improved hydrogen storage capacity and cyclic properties of TiCr (FeV80) alloys by heat treatment and Ce doping [J]. Int J Hydrogen Energy, 2024, 94: 341-350.

[218] ZHANG X, ZHANG Z, XU C, et al. Ti/Cr regulated and strategic Ce doped V-Ti-Cr-Mn-Fe high-entropy alloys with extraordinary reversible hydrogen storage properties at ambient temperature [J]. Chem Eng J, 2024, 499: 156643.

[219] CHANCHETTI L F, HESSEL SILVA B, MONTERO J, et al. Structural characterization and hydrogen storage properties of the $Ti_{31}V_{26}Nb_{26}Zr_{12}M_{5}$ (M=Fe,Co,or Ni) multi-phase multi-component alloys [J]. Int J Hydrogen Energy, 2023, 48 (6): 2247-2255.

[220] YU X, WU Z, LI F, et al. Body-centered-cubic phase hydrogen storage alloy with improved capacity and fast activation [J]. Appl Phys Lett, 2004, 84 (16): 3199-3201.

[221] MI J, LIU X, LI Y, et al. Effect of cerium content on microstructure and hydrogen storage performance of $Ti_{24}Cr_{17.5}V_{50}Fe_{8.5}Ce_x$ (x=0—1.0) alloys [J]. Journal of Rare Earths, 2009, 27 (1): 154-158.

[222] YAN Y, CHEN Y, LIANG H, et al. Effect of Al on hydrogen storage properties of $V_{30}Ti_{35}Cr_{25}Fe_{10}$ alloy [J]. J Alloys Compd, 2006, 426 (1): 253-255.

[223] YAN Y, CHEN Y, LIANG H, et al. Effect of Ce on the structure and hydrogen storage properties of $V_{55}Ti_{22.5}Cr_{16.1}Fe_{6.4}$ [J]. J Alloys Compd, 2007, 429 (1): 301-305.

[224] LIANG H, CHEN Y, YAN Y, et al. Influence of Ni or Mn on hydrogen absorption-desorption performance of V-Ti-Cr-Fe alloys [J]. Materials Science and Engineering: A, 2007, 459 (1): 204-208.

[225] YU X, YANG Z, FENG S, et al. Influence of Fe addition on hydrogen storage characteristics of Ti-V-based alloy [J]. Int J Hydrogen Energy, 2006, 31 (9): 1176-1181.

[226] TSUKAHARA M, TAKAHASHI K, MISHIMA T, et al. Influence of various additives in vanadium-based alloys $V_3TiNi_{0.56}$ on secondary phase formation, hydrogen storage properties and electrode properties [J]. J Alloys Compd, 1996, 245 (1): 59-65.

[227] TONG Y, GAO J, DENG G, et al. Effects of Al-and Fe-contents on the microstructure and property of V-based hydrogen storage alloys [J]. Mater Lett, 2013, 112: 142-144.

[228] YOUNG K, NEI J, WONG D F, et al. Structural, hydrogen storage, and electrochemical properties of Laves phase-related body-centered-cubic solid solution metal hydride alloys [J]. Int J Hydrogen Energy, 2014, 39 (36): 21489-21499.

[229] ASANO K, HAYASHI S, NAKAMURA Y. Formation of hydride phase and diffusion of hydrogen in the V-H system varied by substitutional Fe [J]. Int J Hydrogen Energy, 2016, 41 (15): 6369-6375.

[230] 杭州明，赵敏寿，乔玉卿，等．Ni添加对 $Ti_{0.4}Zr_{0.1}V_{1.1}Mn_{0.5}Cr_{0.1}$ 合金的相结构和电化学性能的影响 [J]. 无机化学学报，2006 (12): 2141-2146.

[231] YU X B, FENG S L, WU Z, et al. Hydrogen storage performance of Ti-V-based BCC phase alloys with various Fe content [J]. J Alloys Compd, 2005, 393 (1): 128-134.

[232] 郑坊平，陈立新，李露，等．$Ti_{0.096}V_{0.864}Fe_{0.04}$ 合金的储氢性能研究与物相分析 [J]. 功能材料，2006, 37 (2): 243-246.

[233] 龙雁，张李敬，杨继荣，等．TiVNbTa 难熔高熵合金的吸放氢动力学 [J]. 材料工程 2024, 52 (1): 101-7.

[234] 唐孝宗，吴朝玲，黄吉，等．一种高均匀性钒钛基储氢合金及其制备方法，CN114427045A [P/OL]. 2022-10-21.

[235] BALCERZAK M. Hydrogenation properties of nanocrystalline Ti V Mn body-centered-cubic alloys [J]. Int J Hydrogen Energy, 2020, 45 (31): 15521-15529.

[236] BALCERZAK M. Effect of Ni on electrochemical and hydrogen storage properties of V-rich body-centered-cubic solid solution alloys [J]. Int J Hydrogen Energy, 2018, 43 (17): 8395-8403.

[237] 胡以君．新型钒基储氢合金的机械合金化制备工艺研究 [J]. 热加工工艺，2017, 46 (2): 47-49.

[238] 张海峰，吕曼祺，胡壮麒，等．难活化储氢材料钒的表面改性［J］．金属学报，1994，30（22）：459-464.

[239] 乔志刚，赵军强．钒基储氢电池合金智能控制自蔓延制备工艺研究［J］．钢铁钒钛，2018，39（6）：65-68.

[240] KAWABATA A，YOSHINAGA H，SAKURAI S，et al. A novel thermic process for producing V-based solid solution type hydrogen storage alloy［J］. J Jpn Inst Met，2000，64（4）：221-226.

[241] 李荣，周上祺，刘守平，等．自蔓延高温合成 $V_3TiNi_{0.56}Al_{0.2}$ 贮氢材料［J］．重庆大学学报：自然科学版，2005，28（4）：53-55，69.

[242] ITOH H，ARASHIMA H，KUBO K，et al. The influence of microstructure on hydrogen absorption properties of Ti-Cr-V alloys［J］. J Alloys Compd，2002，330-332：287-291.

[243] LIANG F，DING N，LIU W，et al. Superior reversible hydrogen storage capacity of V-based solid solution alloy above atmospheric pressure with yttrium substitution［J］. Mater Lett，2021，297：129945.

[244] CHO S-W，ENOKI H，AKIBA E. Effect of Fe addition on hydrogen storage characteristics of $Ti_{0.16}Zr_{0.05}Cr_{0.22}V_{0.57}$ alloy［J］. J Alloys Compd，2000，307（1）：304-310.

[245] ZHANG S，DING X，CHEN R，et al. Modification of nano-eutectic structure and the relation on hydrogen storage properties：A novel Ti-V-Zr medium entropy alloy［J］. Int J Hydrogen Energy，2022，47（81）：34533-34544.

[246] LIU B，CHEN X，SHANG L，et al. Crucial role of Zr_xNi_y addition during hydrogen absorption/desorption of $Ti_{37}V_{40}Mn_{23}$ alloy［J］. J Alloys Compd，2024，997：174840.

[247] BANERJEE S，KUMAR A，RUZ P，et al. Influence of Laves phase on microstructure and hydrogen storage properties of Ti-Cr-V based alloy［J］. Int J Hydrogen Energy，2016，41（40）：18130-18140.

[248] ZHU Y，LI X，YANG X-S，et al. Compositionally complex doping for low-V Ti-Cr-V hydrogen storage alloys［J］. Chem Eng J，2023，477：146970.

[249] 国家市场监督管理总局、国家标准化管理委员会．稀土系储氢合金　压力-组成等温线（PCI）的测试方法：GB/T 29918-2023［S］．北京：中国标准出版社，2023.

[250] 国家市场监督管理总局、国家标准化管理委员会．稀土系储氢合金　吸放氢反应动力学性能测试方法：GB/T 42656-2023［S］．北京：中国标准出版社，2023.

[251] AIJAZ A，AKITA T，YANG H，et al. From ionic-liquid@metal-organic framework composites to heteroatom-decorated large-surface area carbons：Superior CO_2 and H_2 uptake［J］. 2014，50（49）：6498-6501.

[252] PARK J-G，JANG H-Y，HAN S-C，et al. The thermodynamic properties of Ti-Zr-Cr-Mn Laves phase alloys［J］. J Alloys Compd，2001，325（1）：293-298.

[253] LI Q，CHOU K-C，LIN Q，et al. Hydrogen absorption and desorption kinetics of Ag-Mg-Ni alloys［J］. Int J Hydrogen Energy，2004，29（8）：843-849.

[254] PIJOLAT M，VALDIVIESO F，SOUSTELLE M. Experimental test to validate the rate equation "$d\alpha/dt=kf(\alpha)$" used in the kinetic analysis of solid state reactions［J］. Thermochim

Acta，2005，439 (1)：86-93.

[255] PEI P，SONG X P，LIU J，et al. The effect of rapid solidification on the microstructure and hydrogen storage properties of $V_{35}Ti_{25}Cr_{40}$ hydrogen storage alloy [J]. Int J Hydrogen Energy，2009，34 (19)：8094-8100.

[256] SRINIVAS G，SANKARANARAYANAN V，RAMAPRABHU S. Kinetics of hydrogen absorption in $Ho_{1-x}Mm_xCo_2$ alloys [J]. J Alloys Compd，2008，448 (1)：159-165.

[257] KISSINGER，H. E J A C. Reaction kinetics in differential thermal analysis [J]. 1957，29 (11)：1702-1206.

[258] KAZUMI T，TAMURA T，KAMEGAWA A，et al. Effect of absorption-desorption cycles on structure and stability of protides in Ti-Cr-V alloys [J]. Materials Transactions，2002，43 (11)：2748-2752.

[259] 裴沛，宋西平，赵铭，等. V含量对低钒Ti-V-Cr储氢合金储氢性能的影响 [J]. 稀有金属材料与工程，2008，37 (8)：1419-1423.

[260] NYGåRD M M，SøRBY M H，GRIMENES A A，et al. The influence of Fe on the structure and hydrogen sorption properties of Ti—V-based metal hydrides [J]. Energies，2020，13 (11)：2874.

[261] HUANG T，ZHU W，CHEN J，et al. Dependence of hydrogen storage capacity of $TiCr_{1.8-X}(VFe)_X$ on V-Fe content [J]. Materials Science and Engineering：A，2004，385 (1)：17-21.

[262] DIXIT V，HUOT J. Structural，microstructural and hydrogenation characteristics of Ti-V-Cr alloy with Zr-Ni addition [J]. J Alloys Compd，2019，776：614-619.

[263] ZHU Y，LIU Y，HUA F，et al. Effect of rapid solidification on the structural and electrochemical properties of the Ti-V-based hydrogen storage electrode alloy [J]. J Alloys Compd，2008，463 (1)：528-532.

[264] ITOH H，ARASHIMA H，KUBO K，et al. Improvement of cyclic durability of BCC structured Ti-Cr-V alloys [J]. J Alloys Compd，2005，404-406：417-420.

[265] BELKOUFA I，MISSKI B，ALAOUI-BELGHITI A，et al. Improved thermodynamic properties of (Sc，V，Ti，Fe，Mn，Co，and Ni) doped $NaBH_4$ for hydrogen storage：First-principal calculation [J]. Int J Hydrogen Energy，2024，68：481-490.

[266] 耿伟贤，陈长聘，陈立新，等. $Ti_{0.9}Zr_{0.2}Mn_{(1.8-x)}M_xV_{0.2}$ (M=Ni，Cr；x=0，0.2) 合金的贮氢性能 [J]. 中国有色金属学报，2001，11 (5)：777-779.

[267] LIN H，LIN K，WU K，et al. Cyclic hydrogen absorption-desorption characteristics of TiCrV and $Ti_{0.8}Cr_{1.2}V$ alloys [J]. Int J Hydrogen Energy，2007，32 (18)：4966-4972.

[268] CHO S-W，YOO J-H，CHANG H-K，et al. Changes in the microstructure and hydrogen storage properties of Ti-Cr-V alloys by ball milling and heat treatment [J]. J Alloys Compd，2011，509 (18)：5545-5550.

[269] CHO S-W，SHIM G，CHOI G-S，et al. Hydrogen absorption—desorption properties of $Ti_{0.32}Cr_{0.43}V_{0.25}$ alloy [J]. J Alloys Compd，2007，430 (1)：136-141.

[270] RONG M，WANG F，WANG J，et al. Effect of heat treatment on hydrogen storage properties and thermal stability of $V_{68}Ti_{20}Cr_{12}$ alloy [J]. Progress in Natural Science：Materials International，2017，27 (5)：543-549.

[271] CHO S-W, PARK C-N, YOO J-H, et al. Hydrogen absorption-desorption characteristics of $Ti_{(0.22+X)}Cr_{(0.28+1.5X)}V_{(0.5-2.5X)}$ $(0 \leqslant X \leqslant 0.12)$ alloys [J]. J Alloys Compd, 2005, 403 (1): 262-266.

[272] LIU X P, CUEVAS F, JIANG L J, et al. Improvement of the hydrogen storage properties of Ti-Cr-V-Fe BCC alloy by Ce addition [J]. J Alloys Compd, 2009, 476 (1): 403-407.

[273] COLUZZI B, BISCARINI A, MAZZOLAI G, et al. Physical properties of hydrogen in TiVMnCr bcc alloys as deduced from hydrogen absorption/desorption and mechanical spectroscopy experiments [J]. J Alloys Compd, 2008, 456 (1): 118-124.

[274] NAKAMURA Y, OIKAWA K-I, KAMIYAMA T, et al. Crystal structure of two hydrides formed from a Ti-V-Mn BCC solid solution alloy studied by time-of-flight neutron powder diffraction—a NaCl structure and a CaF_2 structure [J]. J Alloys Compd, 2001, 316 (1): 284-289.

[275] KOHLMANN H, FAUTH F, YVON K. Hydrogen order in monoclinic $ZrCr_2H_{3.8}$ [J]. J Alloys Compd, 1999, 285 (1): 204-211.

[276] 葛红卫，刘剑，范修林，等．$(Ti\text{-}Cr)_{40}V_{55}Zr_5$ 储氢合金的热处理改性 [J]. 材料科学与工程学报，2008 (04)：567-569，53.